表哥的Access入门

以Excel视角快速学习数据库开发

林书明 / 著

U0299832

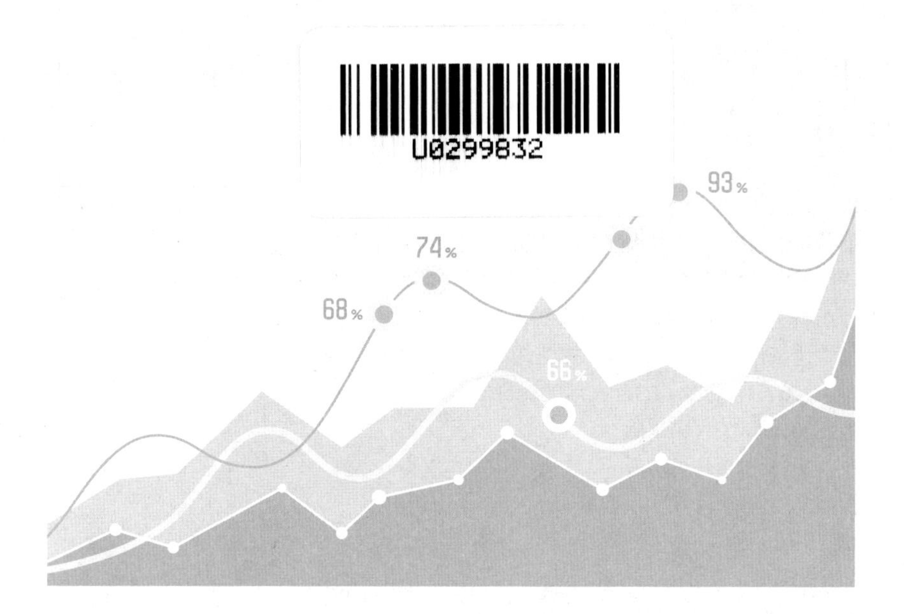

電子工業出版社
Publishing House of Electronics Industry
北京•BEIJING

内容简介

本书是一本帮助读者了解Access功能，建立数据库思维，并且指导读者快速开发一个小型数据库应用程序的指导手册。与大部分Access书籍一开始就引入大量数据库专业术语不同，本书以读者已有的Excel知识为基础，逐步过渡到Access的相关知识，让读者感觉自己不是在学习一门全新的Access技术，而是在已掌握的Excel技术上进行自然扩展，极大地减轻了读者的学习负担。

本书适合对Excel操作比较熟悉，想进一步利用Access知识提升个人能力的Microsoft Office爱好者，以及想利用Microsoft Office技术进一步提高工作效率的职场人士阅读。此外，本书对于已掌握一些Access知识，但对Access还没有形成清晰逻辑的Access初学者也非常适用。

未经许可，不得以任何方式复制或抄袭本书之部分或全部内容。
版权所有，侵权必究。

图书在版编目（CIP）数据

表哥的Access入门：以Excel视角快速学习数据库开发 / 林书明著．—2版．—北京：电子工业出版社，2021.9

ISBN 978-7-121-41963-8

Ⅰ．①表… Ⅱ．①林… Ⅲ．①关系数据库系统 Ⅳ．① TP311.132.3

中国版本图书馆CIP数据核字（2021）第180746号

责任编辑：张慧敏　　　　特约编辑：田学清
印　　刷：三河市双峰印刷装订有限公司
装　　订：三河市双峰印刷装订有限公司
出版发行：电子工业出版社
　　　　　北京市海淀区万寿路173信箱　　邮编：100036
开　　本：720×1000　1/16　印张：16　字数：287千字
版　　次：2016年3月第1版
　　　　　2021年9月第2版
印　　次：2021年9月第1次印刷
定　　价：79.00元

凡所购买电子工业出版社图书有缺损问题，请向购买书店调换。若书店售缺，请与本社发行部联系，联系及邮购电话：（010）88254888，88258888。

质量投诉请发邮件至zlts@phei.com.cn，盗版侵权举报请发邮件至dbqq@phei.com.cn。

本书咨询联系方式：010-51260888-819，faq@phei.com.cn。

第 2 版说明

读者们好！《表哥的 Access 入门：以 Excel 视角快速学习数据库开发》（第 2 版）终于与大家见面了。本书第 1 版最早是以电子版的形式发布在网络平台上的，在收到大量的读者好评后改写出版了纸质版。在纸质版图书出版后，同样受到读者的热烈欢迎，仅第 1 版就重印了近 20 次，着实让笔者受宠若惊，感觉有责任对本书的第 1 版做一些优化和内容上的扩充，用于回馈读者的厚爱。

本书除了在第 1 版的基础上更新了所有配图以适应 Access 最新版本，还增加了如下内容：

- Access 交叉表查询、生成表查询、追加查询的讲解。
- Access 中的 AutoExec 自动执行宏的重要应用。
- 如何以 Access 可视化查询为辅助工具快速入门 SQL。

本书保留了第 1 版通俗易懂、一气呵成的特色，在内容上更完善，并且力争让读者在不对照电脑操作的情况下也能轻松阅读。本书的目标是大幅减轻读者的学习负担，让读者轻松、快速地掌握Access的相关知识与技能，帮助读者构建全新的“数据观”。毕竟，Excel的高级应用阶段离不开数据库知识。

祝广大读者学习愉快！问题交流请关注笔者微博@MrExcel。

作　者

为什么要学习数据库知识?

当你在商场或超市结账时，是否注意过收银员面前显示器上的软件？收银员利用这个软件，结合扫描设备，就可以完成扫描商品、记录销售金额、扣减库存、查看历史记录、退货、换货等操作，我们可以将这个软件称为“一个卖货的软件”，用专业一点儿的术语来说，这其实是一个典型的商品进销存软件。

你可能会想：商品进销存软件，如此高大上的名字，不是只有在企业中才用的吗？它与我们的生活有什么关系？是的，商品进销存软件确实是企业中最常用的软件之一，但其实我们的生活时时刻刻都离不开类似的软件。

商品进销存软件本质上属于数据记录和处理软件，在人工智能技术广泛应用的今天，智能设备无时无刻不在记录和处理着与你有关的数据，很多时候你甚至意识不到。

在数据库无处不在、数据思维无处不在的今天，不主动了解一点数据库知识，真的有点“OUT”了。特别是对于已经熟悉Excel的我们来说，学习点儿数据库知识，不仅可以帮助我们深刻理解这个数字时代的世界，还可以提高我们的工作效率，从而构建全新的“数据观”。

为什么要学习Access？

回到前面超市收银台的场景，利用Microsoft Office中的Access也能制作出具有类似功能的软件，并且几乎不用编写代码，即可让Office用户过把软件设计的瘾。

Access作为Microsoft Office组件之一，在众多领域中发挥着作用：利用Access可以构建中小型企业的生产、计划、库存、销售、人事管理、培训等数据库管理系统，可以开发大公司的“部门级”应用，等等。不仅如此，Access还是一款极具效力的个人工作效率提升工具，在很多Excel难以施展能力的场所，Access能轻松应对。

提到数据库，有些人（特别是对数据库一知半解的人）动不动就拿Oracle、SQL Server等大型数据库系统说事儿。笔者在这里告诉大家，如果你想学习数据库知识，Access绝对是一款优秀的入门工具，原因很简单，Access具有易获得性、易安装性及普及性。Access作为一款易学、易用、功能灵活的小型桌面数据库管理系统，其能力主要体现在以下两方面。

1. 简单的操作，强大的功能

Access具有强大的可视化操作能力，这一点在所有的数据库管理系统中是领先的。Access让人印象尤其深刻的是其查询、窗体、报表及宏的可视化设计方式，它让用户无须编写代码，就能开发数据库应用程序。

由于本书的目标是使Excel用户快速入门Access数据库知识，因此很多地方会以Excel为Access的参照物进行对比。我们知道，同为

Office 组件之一的 Excel 具有灵活的数据处理和分析能力，然而其能力是有局限的。例如，对数据的规范化存储与管理、表间的同步修改及删除、无代码应用程序的开发等功能，如果使用 Excel 实现，则会非常麻烦，甚至无能为力；如果使用 Access 实现，则可以以其内置功能轻松完成。

利用 Access 中强大的查询功能，可以非常容易地进行各类统计分析操作，并且可以方便地组合多个相关的数据表，从而实现灵活的表间操作。此外，在处理数据的数量方面，与 Excel 相比，Access 在分析处理几十万、上百万行数据时，速度优势相当明显，能够大幅提升工作效率。

在数据处理自动化方面，如果使用 Excel，那么通常需要编写复杂的 VBA 程序代码来实现；如果使用 Access，那么利用其自带的“宏”功能，我们几乎可以抛弃 VBA，简单地以拖曳鼠标的方式，就像拼七巧板一样，将 Access 中的基础操作按照自定义的顺序排列起来，形成连续、定制化的业务逻辑，从而轻松实现数据业务的自动化操作，这样不但显著提升了数据库应用程序的开发效率，还大大降低了用户的学习难度。

2. 使用 Access 可以开发软件

对没有接受过编程训练的人来说，学习编程不亚于学习“火星文”，而Access改变了这一切，让我们可以轻松开发出实用的数据库应用程序。

使用 Access 可以开发各种数据库应用程序，如生产管理、销售管理、库存管理等企业管理软件。利用 Access，我们可以轻松地建立数据之间的关系，在不编写代码的情况下模拟真实商业活动的业务逻辑，从而设计出功能完善的软件界面。此外，我们可以通过 Access 的“报表”功能，设计出满足用户需求的各种格式的单据报表。通过对本书内容的学习，你会发现，Access 作为一款开发数据库应用程序的“傻瓜”软件，即使是非计算机专业人员，也能快速掌握。

Access 软件满足了企业管理人员的需求，使其无须学习编程语言，就能开发出实现自己管理思想的软件，并且使其能够借助软件来规范企业的业务规则，推行其管理理念。Access 可以帮助非计算机专业的管理人员实现开发软件的“梦想”，使其成长为懂管理、会编程的复合型人才。

很多管理人员有绝妙的想法和创意，他们也能够很清晰地将这些想法和创意以图文形式表达出来，但由于这些想法和创意需要一些计算机技能来实现，因此束手无策，或者不得不求助“永远很忙”的信息技术（IT）部门的支援，以至于好的想法和创意长时间无法变为现实。如果他们能够花一些时间，学习一些Access知识，自己编写一个体现自己独特管理思想的软件，将这些想法和创意变成现实，岂不快哉！

Access和Excel对比，有什么优势?

读到这里，你可能会产生这样的疑问：Access的功能如此强大，为什么用户普及率远远不如Excel呢？笔者认为，造成这种现状的主要原因有以下两点。

1. “自由”软件与“强规则”软件

与Access对用户的要求相比，Excel几乎是一款“自由”软件，Excel界面对用户的操作行为几乎没有任何约束，用户可以在Excel的单元格中输入任何内容，包括文本、数字、日期等，甚至可以在Excel单元格中输入几千字的文章。

Access是一款“强规则”软件，用户在使用Access前，必须预先了解Access中必须遵守的一些“规则”。在Access数据表中，如果规定了在某一列中只能输入日期，那么该列绝对不会接收其他类型的数据，如果强行输入，那么Access会以报错的方式拒绝接收。如果规定Access数据表中的某一列中不能有重复内容出现，那么在该列中不能输入重复内容。

民间有句俗话，叫作“没有规矩，不成方圆”，正是Access中的各种“规则”，避免了数据处理活动中各种“意外”的发生。要知道，在Excel中，由于用户组织数据不规范，造成Excel报告难以理解、难以维护、难以扩展的例子比比皆是。因此，用“自律才能自由”这句话描述Access简直再合适不过了。

2. 当前的Access培训存在问题

如果你恰巧在书店翻阅本书，那么，请你随手翻阅几本其他关于Access的书籍，你会发现，这些书籍基本遵循一个套路，那就是如何创建数据表、创建查询、设计窗体和制作报表。

这个套路本身没有错误，然而，大部分Access培训资料只让读者知其然，而不知其所以然；只介绍Access的操作，却不介绍这些操作背后隐藏的逻辑。按照这种教材学习，充其量只能成为Access的操作工，很难成为Access数据库应用程序的设计者。

当前的Access培训机构基本也存在同样的问题，很多培训师只是按照培训资料上的操作步骤，告诉学员先进行什么操作，后进行什么操作，一个界面控件的排列介绍几十分钟，将Access的核心内容淹没在琐碎的操作细节中，让学员感到茫然，难以抓住培训的重点。

本书特点

本书会竭力避免当前Access书籍和培训中普遍存在的问题，以案例教学的方式，通过一个简单的小饭馆数据库管理软件的开发案例，介绍如何规范Access数据、创建查询和设计窗体，以及如何制作Access报表和宏。本书不仅会介绍Access的操作，而且会详细介绍这些操作背后隐含的Access数据库的相关知识，让读者不但知其然，还知其所以然。

Access作为一款流行的小型数据库管理系统，与其他数据库管理系统相比，具有易学、易用的特点，在很大程度上避免了对用户的编程要求。但是有得必有失，Access 为了保持其开发的灵活性，在开发过程中会涉及各种各样的设置选项，介绍 Access 中全部选项的设置方法和设置效果是庞杂且无趣的。所以，本书以一个小饭馆数据库管理软件为例，从头到尾介绍整个软件的设计过程。在设计过程中，我们只对案例中用到的设置选项进行详细介绍，从而避免打断思路、分散注意力，并且减轻学习负担。

本书不是一本大而全的 Access 书籍，而是一本以案例为导向，帮助读者快速了解 Access 功能、理解数据库思维，指导读者开发一个小型数据库管理软件的案例手册。

因为本书假设读者对 Excel 已经有了一定程度的了解或使用经验，所以没有像大部分 Access 书籍那样，一开始就引入大量的数据库专业术语，而是以读者的 Excel 知识为基础，逐步过渡到 Access 相关知识，让读者感觉自己不是在学习一门全新的技术，而是将已掌握的 Excel 技术“自然扩展”到 Access 技术，从而减轻读者的学习负担。

本书适合对 Excel 比较熟悉，并且想进一步利用 Access 技术提升个人能力的 Microsoft Office 技术爱好者，以及想进一步利用 Access 技术提高个人及本部门工作效率的职场人士阅读。此外，对于已经读过一些“Access 操作手册”，但对 Access 还没有建立一个清晰逻辑的 Access 初学者，本书也非常适用。

最后，我们打个比方，如果说学习 Excel 是学习一项技能，那么学习 Access 是学习一项真正的技术。如果你已经掌握了 Excel，那么，学习一些 Access 知识会帮助你建立全新的“数据观”，让你的数据分析和处理能力有质的飞越。

作　者

目 录

第1章 小饭馆也要信息化

本章内容提要：每天，我们都在用最熟悉的方式记录各种数据：日常花费、待办事项、物品清单等。如果没有合理的规划，随着数据量的增加，现在可以轻松管理的数据也许在将来会变得不那么容易管理，甚至变得凌乱不堪！所以需要对现有数据进行必要的规范化处理。

1.1 小饭馆里的数据

小张在一个不大不小的公司每天过着朝九晚五的生活，工作单调乏味，工资马马虎虎，毫无激情与乐趣。某年某月的某天，小张再也忍受不了这种一辈子看到头的无聊工作，决定辞职创业，开了一家以送餐业务为主的小饭馆。

小饭馆位于一个很大的居民区，该居民区有 5 个大院（1～5 号院），每个大院有几十栋高层楼房。小饭馆的主要业务就是给这里的居民和商户提供送餐服务。目前来看，小张的生意不错，前景良好。

随着生意越来越好，小张对原来那种手写笔记式的订餐管理方式渐渐显得力不从心，于是决定用计算机管理客户和订单信息，虽然市场上有现成的饭馆管理软件在售，但小张并没有购买的打算，他的想法如下。

- 刚开始创业，以节俭为原则，暂时不想花这份儿钱。
- 商业软件的标准化特点，也许难以应付将来的业务创新。
- 小张本人对 Excel 比较熟悉，觉得 Excel 一定能胜任小饭馆的数据管理工作。

小饭馆在小张的悉心经营下，生意一直不错，很快就积累了几千条订餐记录。我们并没有将几千条订餐记录全部展示出来，那样做只会分散我们的注意力。为了便于讲解，这里只展示部分订餐记录。

Excel 格式的小饭馆客户订单表如图 1-1 所示。

学习数据库知识最重要的一点就是了解数据，因此，为了让大家快速了解数据，不让我们有限的脑力被繁杂的业务细节干扰，笔者对小饭馆的客户订单表进行了一些必要的简化处理。目前，小饭馆的客户订单表中的数据描述如下。

（1）有 3 位客户：张 3 先生、李 4 先生、王 5 先生。

（2）张 3 先生有 3 份订单，李 4 先生有 4 份订单，王 5 先生有 5 份订单（为了好记）。

（3）每份订单都有一个唯一的订单编号。

（4）要求送餐时间的“日（Day）”部分和订单编号的最后一位相同（为了好记）。

订单编号	客户姓名	客户地址	联系电话	所定菜品	要求送餐时间	备注
DD-00001	张3先生	三号院3号楼3门303	张3的电话	青椒鸡蛋1份,米饭1份	2019/8/1	完成
DD-00002	张3先生	三号院3号楼3门303	张3的电话	夫妻肺片2份,米饭2份	2020/8/2	完成
DD-00003	张3先生	三号院3号楼3门303	张3的电话	青椒鸡蛋3份,米饭3份	2025/8/3	
DD-00004	李4先生	四号院4号楼4门404	李4的电话	饺子4份,啤酒4份	2017/8/4	完成
DD-00005	李4先生	四号院4号楼4门404	李4的电话	夫妻肺片5份,饺子5份,啤酒5份	2019/8/5	完成
DD-00006	李4先生	四号院4号楼4门404	李4的电话	夫妻肺片6份,饺子6份,啤酒6份	2023/8/6	
DD-00007	李4先生	四号院4号楼4门404	李4的电话	饺子7份,啤酒7份	2024/8/7	
DD-00008	王5先生	五号院5号楼5门505	王5的电话	蒜苔炒肉8份,夫妻肺片8份,米饭8份	2017/8/8	完成
DD-00009	王5先生	五号院5号楼5门505	王5的电话	鱼香肉丝9份,米饭9份	2018/8/9	完成
DD-00010	王5先生	五号院5号楼5门505	王5的电话	蒜苔炒肉10份,米饭10份	2023/8/10	
DD-00011	王5先生	五号院5号楼5门505	王5的电话	青椒鸡蛋11份,夫妻肺片11份,米饭11份	2024/8/11	
DD-00012	王5先生	五号院5号楼5门505	王5的电话	夫妻肺片12份,饺子12份,啤酒12份	2026/8/12	

图 1-1

我们对客户订单表进行这样的简化处理，目的是让我们尽快熟悉数据，让随后的 Access 学习更加轻松。这里的数据虽然经过了简化处理，但可以确信的是，这样的处理并不影响将本书学到的知识应用于工作实践。

注意：在继续阅读本书前，熟悉这份原始的客户订单表是必须的。

作为一个饭馆，除客户订单表外，菜品价格表（饭馆的菜单）也是必不可少的。小饭馆的菜品价格表如图 1-2 所示，“单价”的单位是元。

菜品	单价
夫妻肺片	20
青椒鸡蛋	10
鱼香肉丝	12
蒜苔炒肉	15
饺子	10
米饭	1
啤酒	5

图 1-2

一份客户订单表，一份菜品价格表，这就是目前小饭馆的全部基础数据。

1.2 规范的数据才有价值

一天，小张想对小饭馆的经营状况进行盘点（专业术语为数据分析），他首先想汇总一下当前“已完成”和“未完成”的订单总金额，用于了解自己的营业收入，包括已经获取的和即将获取的。

小张认为，小饭馆每天的经营数据已经存储于 Excel 表中，用计算机分析起来应该不成问题。然而，在真正操作起来后，小张发现事情完全没有想象的那么简单。

如果小饭馆的订单数据存储格式如图 1-3 所示，那么在 Excel 中，使用 SUM() 函数就能汇总出一份客户订单的总金额。

订单编号	所定菜品	份数
DD-00012	夫妻肺片	12
DD-00012	饺子	12
DD-00012	啤酒	12

图 1-3

然而，小张当时为了记录数据方便，客户订单的存储格式如图 1-4 所示。

订单编号	客户姓名	客户地址	联系电话	所定菜品	要求送餐时间	备注
DD-00012	王5先生	五号院5号楼5门505	王5的电话	夫妻肺片12份,饺子12份,啤酒12份	2026/8/12	

图 1-4

在图 1-4 中的客户订单中，“所定菜品”是以文本格式存储的，无法用 Excel 函数进行数据汇总。这时，小张才意识到，小饭馆的 Excel

数据记录和管理方式存在严重的问题。为了避免走更多的弯路，小张前来向笔者求助。

笔者在了解了他的问题后，半开玩笑地说：“混乱的数据不能产生价值，规范化的数据才有意义。如果你想彻底解决这个问题，就必须进行‘业务流程重组’，也就是所谓的 Business Process Reengineering，简称 BPR!”

笔者接着对小张说：“如果想避免将来在数据管理上出现更多问题，就要对数据进行规范化处理，必须使用数据库管理软件。”对于完全没有数据库基础知识的小张，笔者不能给他灌输太多数据库方面的术语，好在有实实在在的数据，再加上小张对 Excel 比较了解，笔者可以结合具体的数据将如何对数据进行规范化处理逐步演示给他看。

笔者继续对小张说：“为了能够方便、灵活地对数据进行分析和处理，如果能将客户订单表（图 1-5 中的‘T1 订单编号’表）和菜品价格表（图 1-5 中的‘T3 菜品价格’表）结合起来，将客户订单表中的一条记录拆分成多条记录，处理成图 1-5 中下方‘理想中的表’的格式，就可以轻松地汇总出每种菜品的销售数量和销售金额了。”

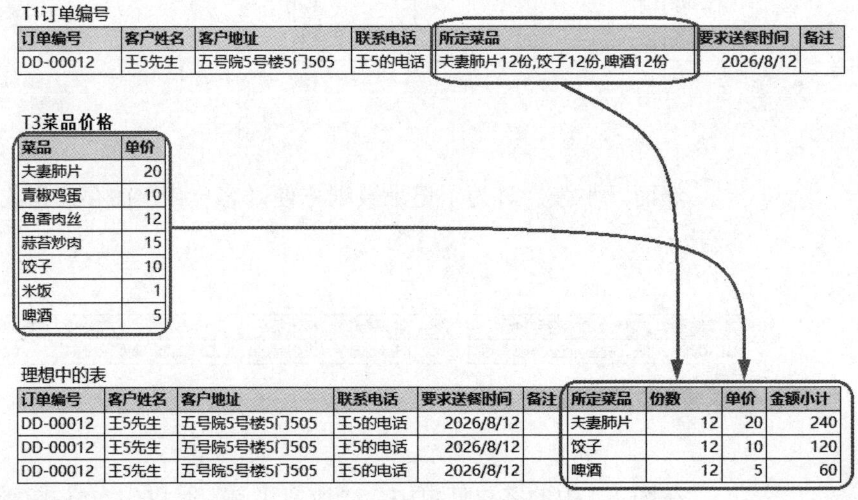

T1订单编号

订单编号	客户姓名	客户地址	联系电话	所定菜品	要求送餐时间	备注
DD-00012	王5先生	五号院5号楼5门505	王5的电话	夫妻肺片12份,饺子12份,啤酒12份	2026/8/12	

T3菜品价格

菜品	单价
夫妻肺片	20
青椒鸡蛋	10
鱼香肉丝	12
蒜苔炒肉	15
饺子	10
米饭	1
啤酒	5

理想中的表

订单编号	客户姓名	客户地址	联系电话	要求送餐时间	备注	所定菜品	份数	单价	金额小计
DD-00012	王5先生	五号院5号楼5门505	王5的电话	2026/8/12		夫妻肺片	12	20	240
DD-00012	王5先生	五号院5号楼5门505	王5的电话	2026/8/12		饺子	12	10	120
DD-00012	王5先生	五号院5号楼5门505	王5的电话	2026/8/12		啤酒	12	5	60

图 1-5

在图 1-5 中，“理想中的表”中的数据来源如下。

- “份数”列来自“T1 订单编号”表中的“所定菜品”列。
- “单价”列来自“T3 菜品价格”表中的“单价”列。
- “金额小计”列是新生成的计算列（菜品的“份数”乘菜品的“单价”）。

在图 1-5 中，为了使数据便于 Excel 处理，我们对“T1 订单编号”表中的 DD-00012 号客户订单进行处理，在经过拆分、组合、添加必要信息后，将其改造成了“理想中的表”中的 3 条记录。

读到这里，你也许会产生这样的疑问：“理想中的表”乍看起来并不十分理想啊！如果将客户订单以这种格式记录在 Excel 中，那么，本来一行数据就能解决的问题需要输入多行才能完成，并且其中的“客户姓名”“客户地址”“联系电话”“要求送餐时间”等信息要重复输入多次。

你的顾虑是符合逻辑的，但是，“理想中的表”并不需要手动重复输入数据，我们不会直接在这个表中输入客户的订单数据。这个表是为了便于数据汇总，通过 Excel 或 Access 的表关联技术“自动”生成的。

第2章

数据规范化

本章内容提要：自然界纷繁复杂，但各物体本质上只是一种或多种化学元素的不同组合；数据五花八门，我们需要将其拆解成易于进行数据处理和分析的基本元素。将复杂的数据拆解成基本元素，再将其合理地组合起来，便能更加灵活地操作，从而满足各种数据分析需求。注意：数据的拆分并非越细越好，适合的才是最好的。

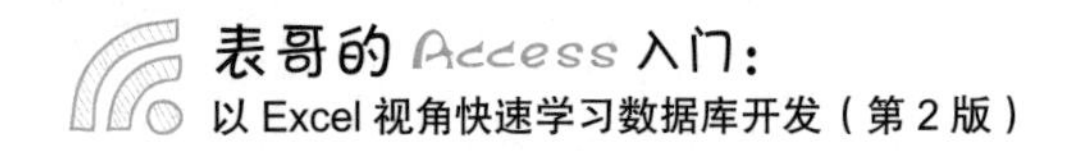

2.1 拆分数据表

小饭馆的一份客户订单如图 2-1 所示。面对这份客户订单，观察“所定菜品”列中的内容。在这里，表示菜品名称的文本和表示菜品价格的数字混合在同一个单元格内，Excel 根本无法对其进行自动数据汇总计算，我们必须将能够参与计算的数字和不能参与计算的文本分开。

订单编号	客户姓名	客户地址	联系电话	所定菜品	要求送餐时间	备注
DD-00012	王5先生	五号院5号楼5门505	王5的电话	夫妻肺片12份,饺子12份,啤酒12份	2026/8/12	

图 2-1

首先对客户订单的“所定菜品”列中的内容进行拆分，将其处理成如图 2-2 所示的表。为了和被拆分的表建立关联关系，我们在拆分出来的表中包含了“订单编号”列。这样，我们就可以以订单编号为关联项，到拆分出来的所定菜品表中查找该订单编号下的所有菜品了。

订单编号	所定菜品
DD-00012	夫妻肺片12份
	饺子12份
	啤酒12份

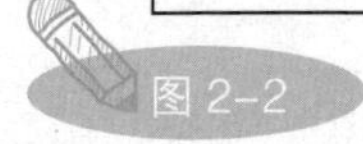
图 2-2

然后，将“所定菜品”列中的“数量”分离出来形成单独一列，如图 2-3 所示。

在图 2-3 中，由于“订单编号”列中的合并单元格在 Excel 中不便于进行筛选、分组等常见的数据分析操作，因此需要对“订单编号”列进行处理，处理结果如图 2-4 所示。

<table>
<tr><th>订单编号</th><th>所定菜品</th><th>份数</th></tr>
<tr><td rowspan="3">DD-00012</td><td>夫妻肺片</td><td>12</td></tr>
<tr><td>饺子</td><td>12</td></tr>
<tr><td>啤酒</td><td>12</td></tr>
</table>

图 2-3

订单编号	所定菜品	份数
DD-00012	夫妻肺片	12
DD-00012	饺子	12
DD-00012	啤酒	12

图 2-4

现在，有了改造后的每个订单编号下所定菜品及其份数的表，结合图 2-5 所示的小饭馆菜品价目表（菜单），就可以利用 Excel 中的 VLOOKUP() 函数将每种菜品的单价“抓取”到图 2-5 所示的表中。

菜品	单价
夫妻肺片	20
青椒鸡蛋	10
鱼香肉丝	12
蒜苔炒肉	15
饺子	10
米饭	1
啤酒	5

图 2-5

在此基础上，我们还可以添加新的一列，用于计算每种菜品的“金额小计”（根据“份数 × 单价”），如图 2-6 所示。

订单编号	所定菜品	份数	单价	金额小计
DD-00012	夫妻肺片	12	20	240
DD-00012	饺子	12	10	120
DD-00012	啤酒	12	5	60

图 2-6

将原始客户订单表中每份订单“所定菜品”列中的内容拆分出来并整理成图 2-6 中的格式。接下来，为了得到理想中的便于进行数据汇总的表，我们可以将两个表根据“订单编号”列进行关联，将拆分开的数据重新组合到一起，形成一个大表，如图 2-7 所示。

订单编号	所定菜品	份数	单价	金额小计	订单编号	客户姓名	客户地址	联系电话	要求送餐时间	备注
DD-00012	夫妻肺片	12	20	240	DD-00012	王5先生	五号院5号楼5门505	王5的电话	2026/8/12	
DD-00012	饺子	12	10	120						
DD-00012	啤酒	12	5	60						

图 2-7

去除合并单元格，整理形成如图 2-8 所示的表。

订单编号	所定菜品	份数	单价	金额小计	订单编号	客户姓名	客户地址	联系电话	要求送餐时间	备注
DD-00012	夫妻肺片	12	20	240	DD-00012	王5先生	五号院5号楼5门505	王5的电话	2026/8/12	
DD-00012	饺子	12	10	120	DD-00012	王5先生	五号院5号楼5门505	王5的电话	2026/8/12	
DD-00012	啤酒	12	5	60	DD-00012	王5先生	五号院5号楼5门505	王5的电话	2026/8/12	

图 2-8

这里我们发现，作为两个表的关联列，同为“订单编号”列的第 6 列和第 1 列内容重复，此时，第 6 列已经完成了它的历史使命，可以不要了。最后，我们整理出来的“理想中的表”如图 2-9 所示。

订单编号	所定菜品	份数	单价	金额小计	客户姓名	客户地址	联系电话	要求送餐时	备注
DD-00012	夫妻肺片	12	20	240	王5先生	五号院5号	王5的电话	2026/8/12	
DD-00012	饺子	12	10	120	王5先生	五号院5号	王5的电话	2026/8/12	
DD-00012	啤酒	12	5	60	王5先生	五号院5号	王5的电话	2026/8/12	

图 2-9

综上所述，小饭馆中订单编号为 DD-00012 的客户订单的整个拆分组合过程如图 2-10 所示。

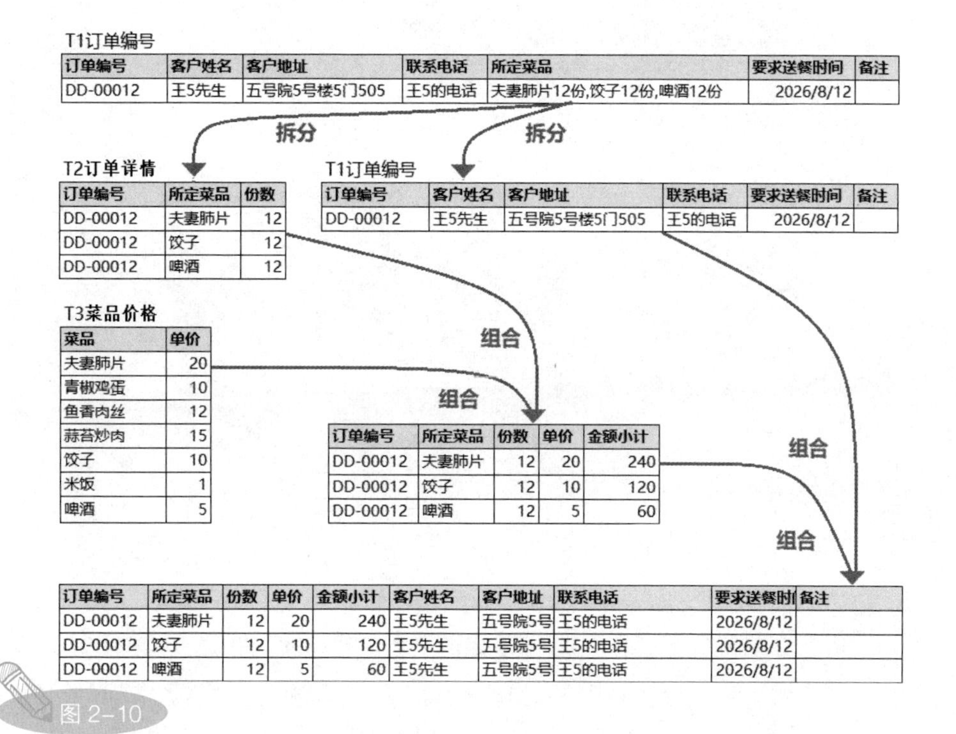

T1订单编号

订单编号	客户姓名	客户地址	联系电话	所定菜品	要求送餐时间	备注
DD-00012	王5先生	五号院5号楼5门505	王5的电话	夫妻肺片12份,饺子12份,啤酒12份	2026/8/12	

T2订单详情

订单编号	所定菜品	份数
DD-00012	夫妻肺片	12
DD-00012	饺子	12
DD-00012	啤酒	12

T1订单编号

订单编号	客户姓名	客户地址	联系电话	要求送餐时间	备注
DD-00012	王5先生	五号院5号楼5门505	王5的电话	2026/8/12	

T3菜品价格

菜品	单价
夫妻肺片	20
青椒鸡蛋	10
鱼香肉丝	12
蒜苔炒肉	15
饺子	10
米饭	1
啤酒	5

订单编号	所定菜品	份数	单价	金额小计
DD-00012	夫妻肺片	12	20	240
DD-00012	饺子	12	10	120
DD-00012	啤酒	12	5	60

订单编号	所定菜品	份数	单价	金额小计	客户姓名	客户地址	联系电话	要求送餐时	备注
DD-00012	夫妻肺片	12	20	240	王5先生	五号院5号	王5的电话	2026/8/12	
DD-00012	饺子	12	10	120	王5先生	五号院5号	王5的电话	2026/8/12	
DD-00012	啤酒	12	5	60	王5先生	五号院5号	王5的电话	2026/8/12	

图 2-10

下面继续以订单编号为 DD-00012 的客户订单为例，讲解如何将客户订单拆分组合成便于进行数据汇总的格式。如果对所有客户订单进行拆分，其拆分过程如图 2-11 所示。

在图 2-11 中，首先，将小饭馆的原始客户订单表拆分成“T1 订单编号”表和“表 2”，然后，将“表 2”进一步拆分成“T2 订单详情”表。

由于小张在设计记录小饭馆业务的 Excel 表时，未能预料到将来数据汇总的复杂需求，因此造成了现在的问题，最终不得不对已有数据进行规范化处理。但值得庆幸的是，这只是一次性的工作。在规范化处理工作完成后，新增的数据就可以按照规范化后的方案进行管理了。

原始数据

订单编号	客户姓名	客户地址	联系电话	所定菜品	要求送餐时间	备注
DD-00001	张3先生	三号院3号楼3门303	张3的电话	青椒鸡蛋1份,米饭1份	2019/8/1	完成
DD-00002	张3先生	三号院3号楼3门303	张3的电话	夫妻肺片2份,米饭2份	2020/8/2	完成
DD-00003	张3先生	三号院3号楼3门303	张3的电话	青椒鸡蛋3份,米饭3份	2025/8/3	
DD-00004	李4先生	四号院4号楼4门404	李4的电话	饺子4份,啤酒4份	2017/8/4	完成
DD-00005	李4先生	四号院4号楼4门404	李4的电话	夫妻肺片5份,饺子5份,啤酒5份	2019/8/5	完成
DD-00006	李4先生	四号院4号楼4门404	李4的电话	夫妻肺片6份,饺子6份,啤酒6份	2023/8/6	
DD-00007	李4先生	四号院4号楼4门404	李4的电话	饺子7份,啤酒7份	2024/8/7	
DD-00008	王5先生	五号院5号楼5门505	王5的电话	蒜苔炒肉8份,夫妻肺片8份,米饭8份	2017/8/8	完成
DD-00009	王5先生	五号院5号楼5门505	王5的电话	鱼香肉丝9份,米饭9份	2018/8/9	完成
DD-00010	王5先生	五号院5号楼5门505	王5的电话	蒜苔炒肉10份,米饭10份	2023/8/10	
DD-00011	王5先生	五号院5号楼5门505	王5的电话	青椒鸡蛋11份,夫妻肺片11份,米饭11份	2024/8/11	
DD-00012	王5先生	五号院5号楼5门505	王5的电话	夫妻肺片12份,饺子12份,啤酒12份	2026/8/12	

T1订单编号

订单编号	客户姓名	客户地址	联系电话	要求送餐时间	备注
DD-00001	张3先生	三号院3号楼3门303	张3的电话	2019/8/1	完成
DD-00002	张3先生	三号院3号楼3门303	张3的电话	2020/8/2	完成
DD-00003	张3先生	三号院3号楼3门303	张3的电话	2025/8/3	
DD-00004	李4先生	四号院4号楼4门404	李4的电话	2017/8/4	完成
DD-00005	李4先生	四号院4号楼4门404	李4的电话	2019/8/5	完成
DD-00006	李4先生	四号院4号楼4门404	李4的电话	2023/8/6	
DD-00007	李4先生	四号院4号楼4门404	李4的电话	2024/8/7	
DD-00008	王5先生	五号院5号楼5门505	王5的电话	2017/8/8	完成
DD-00009	王5先生	五号院5号楼5门505	王5的电话	2018/8/9	完成
DD-00010	王5先生	五号院5号楼5门505	王5的电话	2023/8/10	
DD-00011	王5先生	五号院5号楼5门505	王5的电话	2024/8/11	
DD-00012	王5先生	五号院5号楼5门505	王5的电话	2026/8/12	

表2

订单编号	所定菜品
DD-00001	青椒鸡蛋1份,米饭1份
DD-00002	夫妻肺片2份,米饭2份
DD-00003	青椒鸡蛋3份,米饭3份
DD-00004	饺子4份,啤酒4份
DD-00005	夫妻肺片5份,饺子5份,啤酒5份
DD-00006	夫妻肺片6份,饺子6份,啤酒6份
DD-00007	饺子7份,啤酒7份
DD-00008	蒜苔炒肉8份,夫妻肺片8份,米饭8份
DD-00009	鱼香肉丝9份,米饭9份
DD-00010	蒜苔炒肉10份,米饭10份
DD-00011	青椒鸡蛋11份,夫妻肺片11份,米饭11份
DD-00012	夫妻肺片12份,饺子12份,啤酒12份

T2订单详情

订单编号	所定菜品	份数
DD-00001	青椒鸡蛋	1
DD-00001	米饭	1
DD-00002	夫妻肺片	2
DD-00002	米饭	2
DD-00003	青椒鸡蛋	3
DD-00003	米饭	3
DD-00004	饺子	4
DD-00004	啤酒	4
DD-00005	夫妻肺片	5
DD-00005	饺子	5
DD-00005	啤酒	5
DD-00006	夫妻肺片	6
DD-00006	饺子	6
DD-00006	啤酒	6
DD-00007	饺子	7
DD-00007	啤酒	7
DD-00008	蒜苔炒肉	8
DD-00008	夫妻肺片	8
DD-00008	米饭	8
DD-00009	鱼香肉丝	9
DD-00009	米饭	9
DD-00010	蒜苔炒肉	10
DD-00010	米饭	10
DD-00011	青椒鸡蛋	11
DD-00011	夫妻肺片	11
DD-00011	米饭	11
DD-00012	夫妻肺片	12
DD-00012	饺子	12
DD-00012	啤酒	12

T1订单编号+T2 订单详情

=?

图 2-11

参照图 2-11，在数据规范化处理工作完成后，我们得到了新的“T1 订单编号”表和“T2 订单详情”表，接下来的问题（本书重点讨论的问题之一）是如何利用计算机，以“T1 订单编号”表和“T2 订单详情”表为基础，整理出我们所期望的、便于进行各种数据分析的“理想中的表”？

作为对比，我们介绍两种方案，一种是 Excel 方案，一种是 Access 方案。通过学习这两种方案，我们会亲身感受 Excel 和 Access 的差异，以及 Access 在数据管理方面的优越性。

2.2 对小张的建议

在正式解决 2.1 节提出的问题前，本着“一帮到底”的原则，在了解了小饭馆的基本情况后，笔者进一步了解了小饭馆原材料的采购流程。

关于小饭馆的原材料采购，从小张处得到的反馈是，由于目前数据记录不规范，因此在原材料采购方面基本无法进行准确的预测，经常出现采购过量，导致过了保质期不得不扔掉，或者食材准备不足，导致不得不推掉一些订单的情况。

不过，由于目前小饭馆规模不大，因此一切还在可控范围内。但在笔者的“点拨”下，小张确信，如果能将小饭馆的数据有效地管理起来，用数据支持采购决策，预计效果会好很多。

为了优化小饭馆的原材料采购流程，笔者建议小张准备一个叫作“菜品原材料清单”的表。需要注意的是，这个表不是我们前面见过的菜品价目表，而是清晰地列出小饭馆菜单上每种菜品原材料构成的表。

这个“菜品原材料清单”表列出了每种菜品的原材料组成成分及用量。有了这个表，我们就可以结合客户所定的具体菜品与菜品的原材料清单，推算出小饭馆在每个时间周期内已经发生的、预定的、预测的原材料消耗量或需求量，实现小饭馆食材采购的数据化管理。

在笔者的指导下，小张整理出小饭馆当前经营的所有菜品的“原材料清单”表，如图 2-12 所示。根据这个表，我们可以知道每种菜品的原材料组成成分及用量。大家千万别小看这个表，在制造业中，这个表中的数据是企业的“核心数据”之一，在企业管理中发挥着重要作用。

菜品	原料	数量	单位
夫妻肺片	牛肉	150	克
夫妻肺片	牛杂	100	克
夫妻肺片	调味包	1	袋
青椒鸡蛋	青椒	200	克
青椒鸡蛋	鸡蛋	150	克
鱼香肉丝	猪肉	250	克
鱼香肉丝	胡萝卜	100	克
鱼香肉丝	青椒	100	克
蒜苔炒肉	猪肉	200	克
蒜苔炒肉	蒜台	150	克
饺子	饺子	20	个
米饭	米饭	150	克
啤酒	啤酒	1	瓶

图 2-12

观察菜品的“原材料清单”表，以夫妻肺片为例，我们观察到，每份夫妻肺片的原材料为牛肉 150 克、牛杂 100 克、调味包 1 袋。我们说过，在生产管理上，这个表十分重要，它还有一个专有名称，叫作物料清单（Bill of Material，BoM）。

好啦，现在我们在小饭馆中引入了菜品的“原材料清单”表，接下来，我们正式对小饭馆实施业务流程重组。

第3章

Excel 的故事

本章内容提要：在第1章中，在笔者的指导下，我们对小饭馆客户订单原始数据进行了规范化处理，你可能觉得Excel也能满足小饭馆的数据管理需求，可是，通过阅读本章内容，你会发现，Excel并不是最适合管理小饭馆相关数据的工具。我们需要换一种更适合的管理工具，那就是Access。本章是Excel的告别演出，尽管也很精彩。

3.1 Excel最后的演出

在通常情况下，人们一旦习惯了使用某种工具，就会试图用这种工具解决尽可能多的问题，而不太愿意花一些时间去学习一种全新的、更适用的工具。我们经常看到，一些Excel熟练用户用Excel做一些原本不应该它做的事情。例如，用Excel绘制工厂布局图，用Excel制作手工编织图样，等等。

小张也不例外，他觉得，如果Excel能够解决他目前关于小饭馆的数据管理与分析问题，何必花时间和精力去学习一种全新的工具呢？我觉得他说的也有道理，那么让我们先试试Excel的解决方案，用事实说服他吧！

我们在使用Excel对小饭馆的客户订单原始数据进行了基本的规范化处理后，最终形成了4个不同的表，每个表都存储于单独的Excel工作表中；为了将来使用（或引用）方便，我们给每个表都取了规范化的名字，如图3-1所示。

当然，你完全可以随心所欲地给表命名，但规范化的表名称会让你的数据更易于管理和引用，我们的做法是在表名称前加一个表编号作为前缀。这里，我们在每个表名称前加一个字母“T”（T代表Table）。这4个表的名称及内容分别如下。

- T1订单编号：该表主要用于记录“订单编号”，以及每个订单编号所对应的“客户姓名”“客户地址”“联系电话”“要求送餐时间”，还有表示订单是否履行完毕的“备注”。
- T2订单详情：该表主要用于记录在每一个“订单编号”下，客户的“所定菜品”及其“份数”。这里，一个订单编号对应着多种菜品，每一种菜品占据表中的一行。在Excel中，我们可以使用VLOOKUP()函数，在该表中的“订单编号”列与“T1订单编号”表中的“订单编号”列之间建立关联关系。

T1订单编号

订单编号	客户姓名	客户地址	联系电话	要求送餐时间	备注
DD-00001	张3先生	三号院3号楼3门303	张3的电话	2019/8/1	完成
DD-00002	张3先生	三号院3号楼3门303	张3的电话	2020/8/2	完成
DD-00003	张3先生	三号院3号楼3门303	张3的电话	2025/8/3	
DD-00004	李4先生	四号院4号楼4门404	李4的电话	2017/8/4	完成
DD-00005	李4先生	四号院4号楼4门404	李4的电话	2019/8/5	完成
DD-00006	李4先生	四号院4号楼4门404	李4的电话	2023/8/6	
DD-00007	李4先生	四号院4号楼4门404	李4的电话	2024/8/7	
DD-00008	王5先生	五号院5号楼5门505	王5的电话	2017/8/8	完成
DD-00009	王5先生	五号院5号楼5门505	王5的电话	2018/8/9	完成
DD-00010	王5先生	五号院5号楼5门505	王5的电话	2023/8/10	
DD-00011	王5先生	五号院5号楼5门505	王5的电话	2024/8/11	
DD-00012	王5先生	五号院5号楼5门505	王5的电话	2026/8/12	

T2订单详情

订单编号	所定菜品	份数
DD-00001	青椒鸡蛋	1
DD-00001	米饭	1
DD-00002	夫妻肺片	2
DD-00002	米饭	2
DD-00003	青椒鸡蛋	3
DD-00003	米饭	3
DD-00004	饺子	4
DD-00004	啤酒	4
DD-00005	夫妻肺片	5
DD-00005	饺子	5
DD-00005	啤酒	5
DD-00006	夫妻肺片	6
DD-00006	饺子	6
DD-00006	啤酒	6
DD-00007	饺子	7
DD-00007	啤酒	7
DD-00008	蒜苔炒肉	8
DD-00008	夫妻肺片	8
DD-00008	米饭	8
DD-00009	鱼香肉丝	9
DD-00009	米饭	9
DD-00010	蒜苔炒肉	10
DD-00010	米饭	10
DD-00011	青椒鸡蛋	11
DD-00011	夫妻肺片	11
DD-00011	米饭	11
DD-00012	夫妻肺片	12
DD-00012	饺子	12
DD-00012	啤酒	12

T3菜品价格

菜品	单价
夫妻肺片	20
青椒鸡蛋	10
鱼香肉丝	12
蒜苔炒肉	15
饺子	10
米饭	1
啤酒	5

T4原料清单

菜品	原料	数量	单位
夫妻肺片	牛肉	150	克
夫妻肺片	牛杂	100	克
夫妻肺片	调味包	1	袋
青椒鸡蛋	青椒	200	克
青椒鸡蛋	鸡蛋	150	克
鱼香肉丝	猪肉	250	克
鱼香肉丝	胡萝卜	100	克
鱼香肉丝	青椒	100	克
蒜苔炒肉	猪肉	200	克
蒜苔炒肉	蒜台	150	克
饺子	饺子	20	个
米饭	米饭	150	克
啤酒	啤酒	1	瓶

图 3-1

- T3 菜品价格：该表主要用于记录“菜品”和对应的“单价”。在 Excel 中，我们可以使用 VLOOKUP() 函数，在该表中的“菜品”列与“T2 订单详情”表中的“所定菜品”列之间建立关联关系。
- T4 原料清单：该表包括每一种“菜品”的“原料”，以及制作单位菜品（一份）所需各种原材料的“数量”和“单位”。在该表中，一种菜品可能对应着多种原材料。

需要注意的是，虽然“T4 原料清单”表中的“菜品”列与“T2 订单详情”表中的“所定菜品”列之间存在关联关系，似乎可以使用 Excel 中的 VLOOKUP() 函数将两个表中的对应内容整合到一个表中，但是由于 VLOOKUP() 函数在功能上的限制，VLOOKUP() 函数难以解决这两个表之间存在的“一对多”（一个菜品对应多种原材料）问题。正是“一对多”问题，迫使我们最终不得不采用 Access 方案（这只是原因之一，还有很多其他原因，随着本书内容的推进，你会了解更多）。

至此，我们完成了小饭馆数据的规范化处理工作，接下来的任务是基于以上 4 个表，以 Excel 为工具，将它们重新“组装”成便于数据管理和分析的“理想中的表”。

这里，请允许我先做一下“剧透”：基于这 4 个表，Excel 方案只能完成小张所期望的理想状态下的数据管理任务的一半，而任务的另一半，实在不太适合使用 Excel 完成，因此引出了本书的主要话题：Access 数据库（本章暂且不表）。

下面，我们先看看 Excel 是如何完成这“一半”工作的。在介绍 Excel 数据处理的详细步骤之前，我们先来看看用 Excel 所能完成任务的最终形式，如图 3-2 所示。

在图 3-2 中，我们已经用 VLOOKUP() 函数将工作表“T2 订单详情”、工作表“T1 订单编号”和工作表“T3 菜品价格”中的数据“组装”到一起了，“组装”的基本逻辑如下。

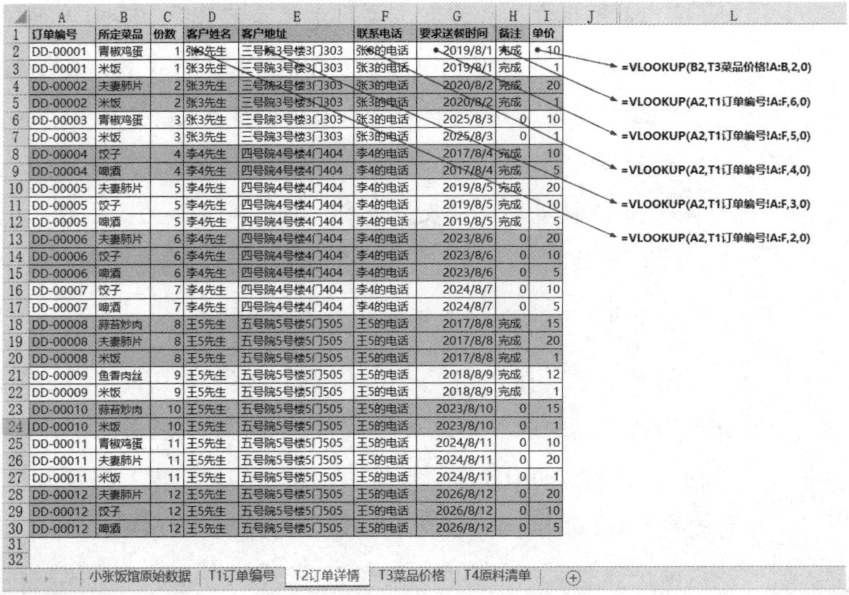

订单编号	所定菜品	份数	客户姓名	客户地址	联系电话	要求送餐时间	备注	单价
DD-00001	青椒鸡蛋	1	张3先生	三号院3号楼3门303	张3的电话	2019/8/1	完成	10
DD-00001	米饭	1	张3先生	三号院3号楼3门303	张3的电话	2019/8/1	完成	1
DD-00002	夫妻肺片	2	张3先生	三号院3号楼3门303	张3的电话	2020/8/2	完成	20
DD-00002	米饭	2	张3先生	三号院3号楼3门303	张3的电话	2020/8/2	完成	1
DD-00003	青椒鸡蛋	3	张3先生	三号院3号楼3门303	张3的电话	2025/8/3	0	10
DD-00003	米饭	3	张3先生	三号院3号楼3门303	张3的电话	2025/8/3	0	1
DD-00004	饺子	4	李4先生	四号院4号楼4门404	李4的电话	2017/8/4	完成	10
DD-00004	啤酒	4	李4先生	四号院4号楼4门404	李4的电话	2017/8/4	完成	5
DD-00005	夫妻肺片	5	李4先生	四号院4号楼4门404	李4的电话	2019/8/5	完成	20
DD-00005	饺子	5	李4先生	四号院4号楼4门404	李4的电话	2019/8/5	完成	10
DD-00005	啤酒	5	李4先生	四号院4号楼4门404	李4的电话	2019/8/5	完成	5
DD-00006	夫妻肺片	6	李4先生	四号院4号楼4门404	李4的电话	2023/8/6	0	20
DD-00006	饺子	6	李4先生	四号院4号楼4门404	李4的电话	2023/8/6	0	10
DD-00006	啤酒	6	李4先生	四号院4号楼4门404	李4的电话	2023/8/6	0	5
DD-00007	饺子	7	李4先生	四号院4号楼4门404	李4的电话	2024/8/7	0	10
DD-00007	啤酒	7	李4先生	四号院4号楼4门404	李4的电话	2024/8/7	0	5
DD-00008	蒜苔炒肉	8	王5先生	五号院5号楼5门505	王5的电话	2017/8/8	完成	15
DD-00008	夫妻肺片	8	王5先生	五号院5号楼5门505	王5的电话	2017/8/8	完成	20
DD-00008	米饭	8	王5先生	五号院5号楼5门505	王5的电话	2017/8/8	完成	1
DD-00009	鱼香肉丝	9	王5先生	五号院5号楼5门505	王5的电话	2018/8/9	完成	12
DD-00009	米饭	9	王5先生	五号院5号楼5门505	王5的电话	2018/8/9	完成	1
DD-00010	蒜苔炒肉	10	王5先生	五号院5号楼5门505	王5的电话	2023/8/10	0	15
DD-00010	米饭	10	王5先生	五号院5号楼5门505	王5的电话	2023/8/10	0	1
DD-00011	青椒鸡蛋	11	王5先生	五号院5号楼5门505	王5的电话	2024/8/11	0	10
DD-00011	夫妻肺片	11	王5先生	五号院5号楼5门505	王5的电话	2024/8/11	0	20
DD-00011	米饭	11	王5先生	五号院5号楼5门505	王5的电话	2024/8/11	0	1
DD-00012	夫妻肺片	12	王5先生	五号院5号楼5门505	王5的电话	2026/8/12	0	20
DD-00012	饺子	12	王5先生	五号院5号楼5门505	王5的电话	2026/8/12	0	10
DD-00012	啤酒	12	王5先生	五号院5号楼5门505	王5的电话	2026/8/12	0	5

=VLOOKUP(B2,T3菜品价格!A:B,2,0)
=VLOOKUP(A2,T1订单编号!A:F,6,0)
=VLOOKUP(A2,T1订单编号!A:F,5,0)
=VLOOKUP(A2,T1订单编号!A:F,4,0)
=VLOOKUP(A2,T1订单编号!A:F,3,0)
=VLOOKUP(A2,T1订单编号!A:F,2,0)

小张饭馆原始数据 | T1订单编号 | T2订单详情 | T3菜品价格 | T4原料清单

图 3-2

以工作表“T2订单详情”为基础，使用Excel中的VLOOKUP()函数，分别进行如下操作。

（1）将“订单编号”作为查找关键字，从工作表“T1订单编号”中提取出“客户姓名”“客户地址”“联系电话”“要求送餐时间”“备注”。

（2）将“所定菜品”作为查找关键字，从工作表“T3菜品价格”中提取出每个订单编号下所定菜品的“单价”。

就这样，我们通过对小饭馆客户订单原始数据进行初步规范化处理，借助Excel中的VLOOKUP()函数，可以非常方便地对小饭馆的一些基本数据进行汇总分析了。但是，由于Excel功能上的局限性，目前这个Excel方案所能实现的最终表并不是我们“理想中的表”，它只能对小饭馆中每种菜品的销售数量和销售额进行汇总分析，但对小饭馆每天的菜品原材料消耗量与需求量等更重要数据的分析无能为力。

3.2 Excel 搞不定

到现在为止，我们通过对小饭馆客户订单原始数据进行拆分、整理，已经能够方便地对小饭馆菜品的销售数量和销售金额按照各种分组标准进行分类汇总了。从此以后，如果小饭馆的业务数据按照新的数据组织形式录入和管理，也就是将小饭馆新的业务数据录入规范化后的相应 Excel 工作表中，就可以随时使用 Excel 进行销售数量和销售金额的汇总和分析了。

但是，在前面提到的 Excel 方案中，还有一个重要的问题没有解决，那就是，小张希望小饭馆数据管理软件能够将食材（菜品原材料）的采购数据也能有效地管理起来，使小张能够根据客户“所订菜品”的“份数”和“要求送达时间”准确地推算出以下数据。

- 原材料的采购数量。
- 原材料的需求时间。

如果这项管理功能能够实现，小张就能够对小饭馆的各种原材料需求量进行精确的分析和预测，从而避免原材料采购不足造成的订单延误，以及原材料采购过度造成的浪费。无疑，这将是小饭馆经营管理上的一个巨大提升。

然而，单纯用 Excel 解决原材料采购问题也并非易事。也就是说，以 Excel 为工具，根据“所定菜品”的“份数”和每种菜品的“原材料清单”推算各种原材料的需求量，虽然不能说 Excel 不可以完成，但非常麻烦。

总而言之，Excel 不是解决这类问题的合适工具，在 Microsoft Office 组件中，解决这类问题的最佳工具是 Access。

Access 是 Microsoft 公司出品的一款小型桌面数据库管理系统，

它可以方便地对数据进行存储和可视化管理，并且在不编写程序代码的情况下开发数据库应用程序。Access 的这种不用编写代码就可以开发数据库应用程序的特性，让广大管理岗位的非 IT 技术人员也能够享受软件设计的乐趣，轻松地将管理思想转化成 IT 实现，这是 Access 数据库广受欢迎的原因之一。此外，Access 是 Microsoft Office 的组件之一，其易获得性也促使 Access 成为最适合小微型企业及大型企业部门级数据管理的工具之一。

如图 3-3 所示，事实上，基于客户所定菜品种类和数量推算出原材料需求量问题的实质是，将客户订单中的每一种菜品（“T2 订单详情”表中的信息）对比原材料清单（“T4 原料清单”表中的信息）进行物料清单分解，从而得出各种原材料的需求量。

以订单编号为 DD-00001 的客户订单为例，该客户订单所定的菜品为“青椒鸡蛋”和“米饭”各 1 份。

对照“T4 原料清单”表可知，每份“青椒鸡蛋”需要 200 克青椒和 150 克鸡蛋，每份“米饭”需要 150 克米饭。这样，我们就可以得到“表 3 订单详情按原料清单分解”表中粗线框中的内容（标记为 B 的部分）。

在图 3-3 中，我们将“T2 订单详情”表中粗线框中的内容（标记为 A 的部分），结合“T4 原料清单”表中的原材料信息，组合生成“表 3 订单详情按原料清单分解”表中粗线框中的内容（标记为 B 的部分），这个过程称为物料清单分解。使用 Excel 很难完成物料清单分解过程，而使用 Access 可以自动完成。

接下来，我们抛弃 Excel 方案，详细讲解如何采用 Access 方案对小饭馆业务数据进行管理及分析。在第 4 章，我们将经过规范化处理的 Excel 数据迁移到 Access 中（这个迁移过程很轻松），并且根据小饭馆的业务规则，建立数据表之间的逻辑关系，最终设计一个适合用户操作的程序界面，使用 Access 设计一个小饭馆数据库管理软件。

A

T2订单详情

订单编号	所定菜品	份数
DD-00001	青椒鸡蛋	1
DD-00001	米饭	1
DD-00002	夫妻肺片	2
DD-00002	米饭	2
DD-00003	青椒鸡蛋	3
DD-00003	米饭	3
DD-00004	饺子	4
DD-00004	啤酒	4
DD-00005	夫妻肺片	5
DD-00005	饺子	5
DD-00005	啤酒	5
DD-00006	夫妻肺片	6
DD-00006	饺子	6
DD-00006	啤酒	6
DD-00007	饺子	7
DD-00007	啤酒	7
DD-00008	蒜苔炒肉	8
DD-00008	夫妻肺片	8
DD-00008	米饭	8
DD-00009	鱼香肉丝	9
DD-00009	米饭	9
DD-00010	蒜苔炒肉	10
DD-00010	米饭	10
DD-00011	青椒鸡蛋	11
DD-00011	夫妻肺片	11
DD-00011	米饭	11
DD-00012	夫妻肺片	12
DD-00012	饺子	12
DD-00012	啤酒	12

T4原料清单

菜品	原料	数量	单位
夫妻肺片	牛肉	150	克
夫妻肺片	牛杂	100	克
夫妻肺片	调味包	1	袋
青椒鸡蛋	青椒	200	克
青椒鸡蛋	鸡蛋	150	克
鱼香肉丝	猪肉	250	克
鱼香肉丝	胡萝卜	100	克
鱼香肉丝	青椒	100	克
蒜苔炒肉	猪肉	200	克
蒜苔炒肉	蒜台	150	克
饺子	饺子	20	个
米饭	米饭	150	克
啤酒	啤酒	1	瓶

表3订单详情按原料清单分解

订单编号	所定菜品	份数	菜品	原料	数量	单位
DD-00001	青椒鸡蛋	1	青椒鸡蛋	青椒	200	克
DD-00001	青椒鸡蛋	1	青椒鸡蛋	鸡蛋	150	克
DD-00001	米饭	1	米饭	米饭	150	克
DD-00002	夫妻肺片	2	夫妻肺片	调味包	1	袋
DD-00002	夫妻肺片	2	夫妻肺片	牛杂	100	克
DD-00002	夫妻肺片	2	夫妻肺片	牛肉	150	克
DD-00002	米饭	2	米饭	米饭	150	克
DD-00003	青椒鸡蛋	3	青椒鸡蛋	鸡蛋	150	克
DD-00003	青椒鸡蛋	3	青椒鸡蛋	青椒	200	克
DD-00003	米饭	3	米饭	米饭	150	克
DD-00004	饺子	4	饺子	饺子	20	个
DD-00004	啤酒	4	啤酒	啤酒	1	瓶
DD-00005	夫妻肺片	5	夫妻肺片	调味包	1	袋
DD-00005	夫妻肺片	5	夫妻肺片	牛杂	100	克
DD-00005	夫妻肺片	5	夫妻肺片	牛肉	150	克
DD-00005	饺子	5	饺子	饺子	20	个
DD-00005	啤酒	5	啤酒	啤酒	1	瓶
DD-00006	夫妻肺片	6	夫妻肺片	调味包	1	袋
DD-00006	夫妻肺片	6	夫妻肺片	牛杂	100	克
DD-00006	夫妻肺片	6	夫妻肺片	牛肉	150	克
DD-00006	饺子	6	饺子	饺子	20	个
DD-00006	啤酒	6	啤酒	啤酒	1	瓶
DD-00007	饺子	7	饺子	饺子	20	个
DD-00007	啤酒	7	啤酒	啤酒	1	瓶
DD-00008	蒜苔炒肉	8	蒜苔炒肉	蒜台	150	克
DD-00008	蒜苔炒肉	8	蒜苔炒肉	猪肉	200	克
DD-00008	夫妻肺片	8	夫妻肺片	调味包	1	袋
DD-00008	夫妻肺片	8	夫妻肺片	牛杂	100	克
DD-00008	夫妻肺片	8	夫妻肺片	牛肉	150	克
DD-00008	米饭	8	米饭	米饭	150	克
DD-00009	鱼香肉丝	9	鱼香肉丝	青椒	100	克
DD-00009	鱼香肉丝	9	鱼香肉丝	胡萝卜	100	克
DD-00009	鱼香肉丝	9	鱼香肉丝	猪肉	250	克
DD-00009	米饭	9	米饭	米饭	150	克
DD-00010	蒜苔炒肉	10	蒜苔炒肉	蒜台	150	克
DD-00010	蒜苔炒肉	10	蒜苔炒肉	猪肉	200	克
DD-00010	米饭	10	米饭	米饭	150	克
DD-00011	青椒鸡蛋	11	青椒鸡蛋	鸡蛋	150	克
DD-00011	青椒鸡蛋	11	青椒鸡蛋	青椒	200	克
DD-00011	夫妻肺片	11	夫妻肺片	调味包	1	袋
DD-00011	夫妻肺片	11	夫妻肺片	牛杂	100	克
DD-00011	夫妻肺片	11	夫妻肺片	牛肉	150	克
DD-00011	米饭	11	米饭	米饭	150	克
DD-00012	夫妻肺片	12	夫妻肺片	调味包	1	袋
DD-00012	夫妻肺片	12	夫妻肺片	牛杂	100	克
DD-00012	夫妻肺片	12	夫妻肺片	牛肉	150	克
DD-00012	饺子	12	饺子	饺子	20	个
DD-00012	啤酒	12	啤酒	啤酒	1	瓶

B

图 3-3

第4章

Access 登场

本章内容提要：从本章开始，我们会演示一个完整的Access小型数据库应用程序的开发过程，让你了解Access的能力及Access数据表之间的逻辑关系，使你初步具备开发小型数据库应用程序的能力。这里，你会了解到，虽然Excel与Access都可以处理数据，但Access可以通过建立数据表之间的关联关系，实现数据的自动化管理，二者的逻辑完全不同。

4.1 为什么是 Access

很多时候，也许我们过于迷信 Excel 的能力，或者潜意识里抗拒学习新事物，很多数据问题我们都习惯性地试图用 Excel 解决，而不管 Excel 是不是最适合的工具，因此，出现了各种解决数据处理和分析问题的复杂、古怪的 Excel 方案。

如果你在某些 Excel 报告中见到多重 IF() 函数嵌套、复杂的 Match() 函数与 Index() 函数组合、令人费解的数组表达式，甚至本无必要的 VBA 编程，不要感到奇怪。这也许真的不是 Excel 报告的作者在炫技，而是他们的无奈之举。你只能期望，职场前任不要给你留下一堆类似的难以理解和维护的“Excel 天书”。

事实上，对于大部分数据处理与分析问题，与其花大量时间寻求复杂、古怪的 Excel 解决方案，不如换一个思路，学一点儿 Access 数据管理知识，利用 Access 数据库的特有能力，将问题化繁为简，化难为易，从而提升个人能力和工作效率！

Access 是 Microsoft Office 中的一个重要组件，它与 Excel、Word、PowerPoint 共同称为 Microsoft Office 组件中的“四大金刚”。可惜的是，尽管 Access 一直在你的电脑里，但你也许从未打开过它。毕竟，Access 与 Excel 不同。对于 Excel，即使你没有任何预备知识，也能快速上手，进行一些简单的计算操作；而对于 Access，正确地使用它需要一些预备知识，正是这一点，将大部分用户拦在了门外。

Access 是非常流行的小型桌面数据库管理系统，得到了非常广泛的应用，并且在很多企业的部门级应用中扮演着重要角色。

如果你从未接触过 Access，那么你可以暂时认为 Access 只是一个超级 Excel。Access 不但能存储多个数据表（这一点 Excel 也能做到），而且能轻松实现不同数据表之间的各种关联和互动。

此外，Access 还有一个重要优势：Access 能在不编写任何程序代码的情况下，设计出数据库应用程序，实现灵活的管理逻辑。可以说，Access 是一个非常优秀的个人及部门生产效率提升工具。

Access虽然是一个小型数据库管理系统，但“麻雀虽小，五脏俱全”。学习 Access 能够体会到学习数据库管理系统的大部分乐趣，而且，从 Access 学到的数据库理念可以帮助你更轻松地进一步学习其他大型数据库管理系统。在数据库无处不在的今天，Access 无疑是快速建立数据库思维的最好工具。

总之，Access 能够提升个人和部门的工作效率，让数据管理工作变得更轻松！好啦，Access 的特点介绍了这么多，现在让我们回到本书的主题，看看 Access 是如何轻松解决第 3 章提出的 Excel 难以搞定的物料清单分解问题的！

4.2 从 Excel 到 Access

在本书中，作为示例，我们使用的是 Microsoft Office 365 中的 Access。事实上，Access 2007 及更高版本的界面布局基本类似，只是功能上有少许差异（本书不涉及这些差异）。

启动 Access，我们可以看到 Access 的启动界面。在这个界面中有多个选项，其中包括一些可以直接使用的数据库模板。

事实上，在你没有理解 Access 数据库的基本原理之前，使用这些模板并非易事。但是，如果你对这些 Access 现成模板感兴趣，那么在读完本书后，再回过头来研究这些模板，你会感觉非常轻松。

这里，我们希望创建一个单机运行的 Access 数据库文件，所以在 Access 启动界面的“开始”选项卡中单击“空白数据库”按钮，如图 4-1 所示。

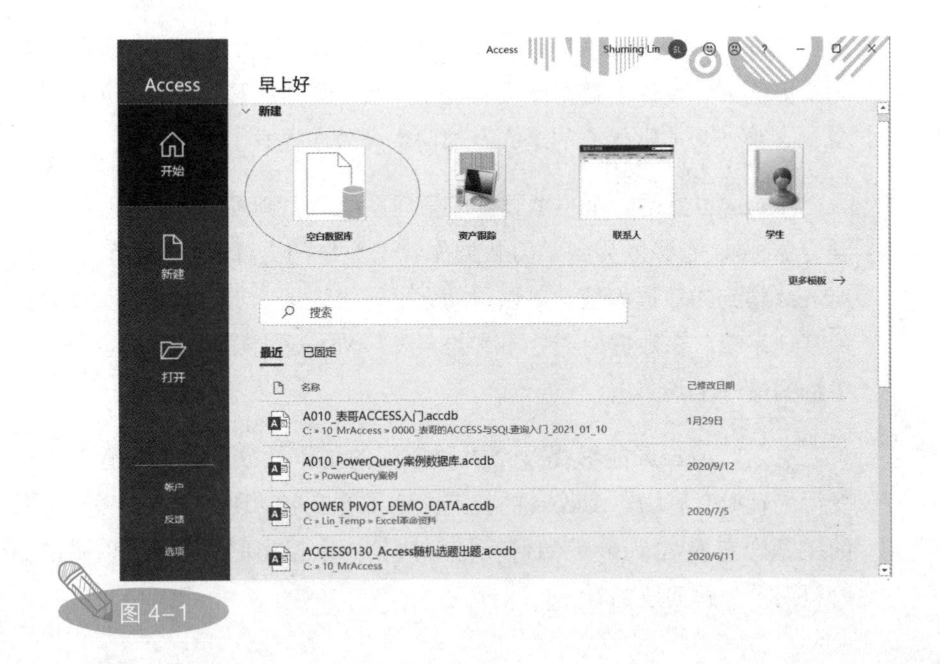

图 4-1

在弹出的“空白数据库”对话框中，将“文件名”设置为“A010_My_Small_Shop.accdb”，然后设置数据库文件的存储路径，最后单击“创建”按钮，如图 4-2 所示。

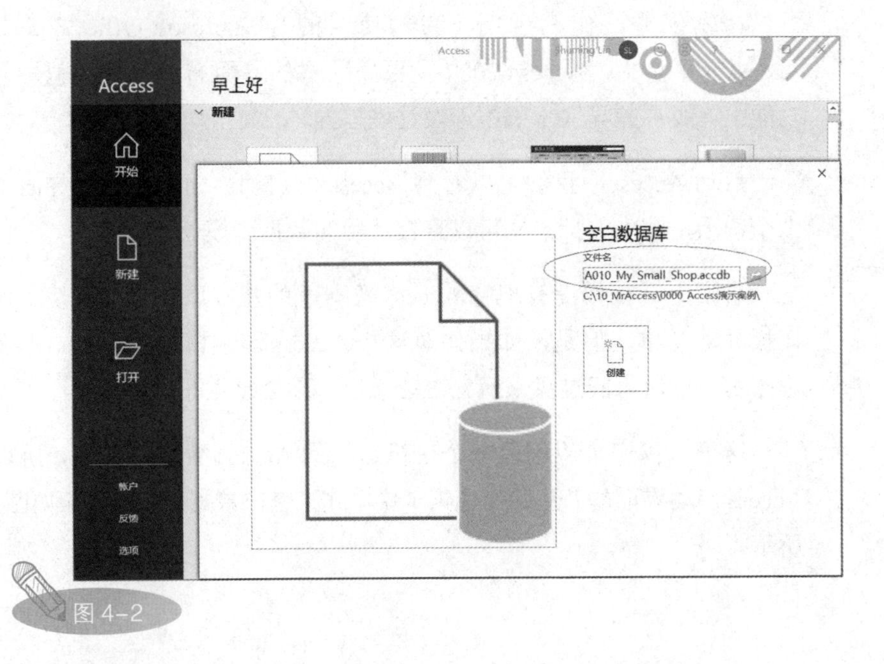

图 4-2

注意：记住你创建的 Access 数据库文件的存储路径。此外，为了便于以后的文件管理，笔者喜欢在文件名称前加一个编号（这里的编号是 A010）。

进入 Access 默认创建的数据表界面。Access 默认创建的数据表名称为“表 1”。我们目前可以粗略地认为，Access 中的数据表，相当于 Excel 中的工作表（其实更像 Excel 中的“列表”或“智能表”），如图 4-3 所示。

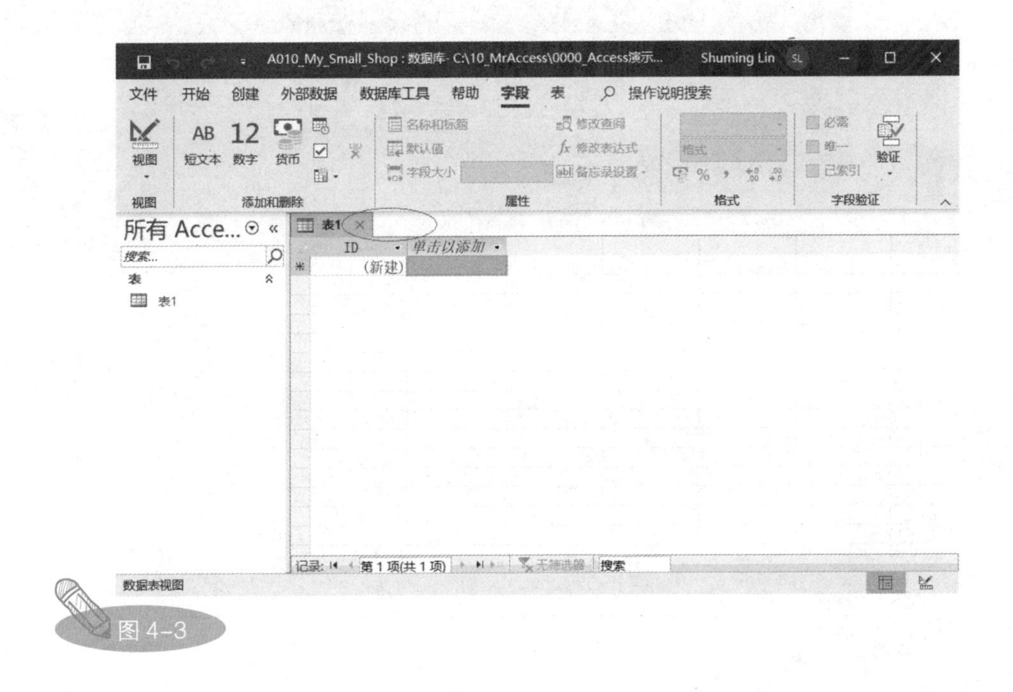

图 4-3

因为我们的现有数据存储于 Excel 中（第 3 章介绍的所有数据），现在只需将这些数据导入 Access。

Access 中的数据表是 Access 存储数据的地方，这一点和 Excel 有些类似。与 Excel 不同的是，在 Access 中，不但能存储数据表，而且能通过 Access 界面建立数据表之间的关联关系。Access 因为具有存储和管理已经建立了关联关系的数据表的能力，所以被称为关系型数据库。

单击“表 1”名称旁边的“×”按钮，关闭“表 1”的创建界面。然后，我们需要将 Excel 中现有的表一个个地“搬”到 Access 中。在通常情况下，将 Excel 中的数据“搬到”Access 中有两种方法。

第一种是外部数据导入法，除了可以导入 Excel 数据，还可以导入 Access 外部其他类型的数据，具体操作方法如图 4-4 所示，后续操作步骤按照弹出的 Access 对话框向导执行即可。

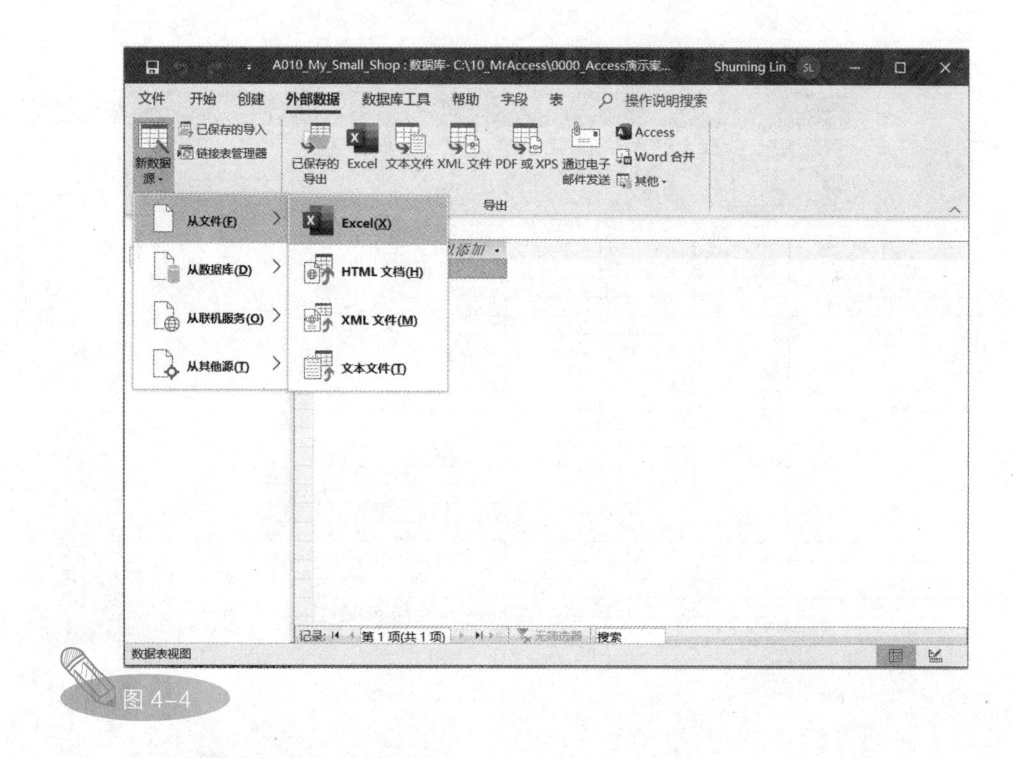

图 4-4

第二种是拷贝粘贴法，当 Excel 中的数据量较小时（几千行数据），拷贝粘贴法更方便、快捷。

拷贝粘贴法的具体操作步骤如下。

（1）选中 Excel 工作表“T1 订单编号”中的数据区域，然后按快捷键 Ctrl+C 复制该数据区域，如图 4-5 所示。

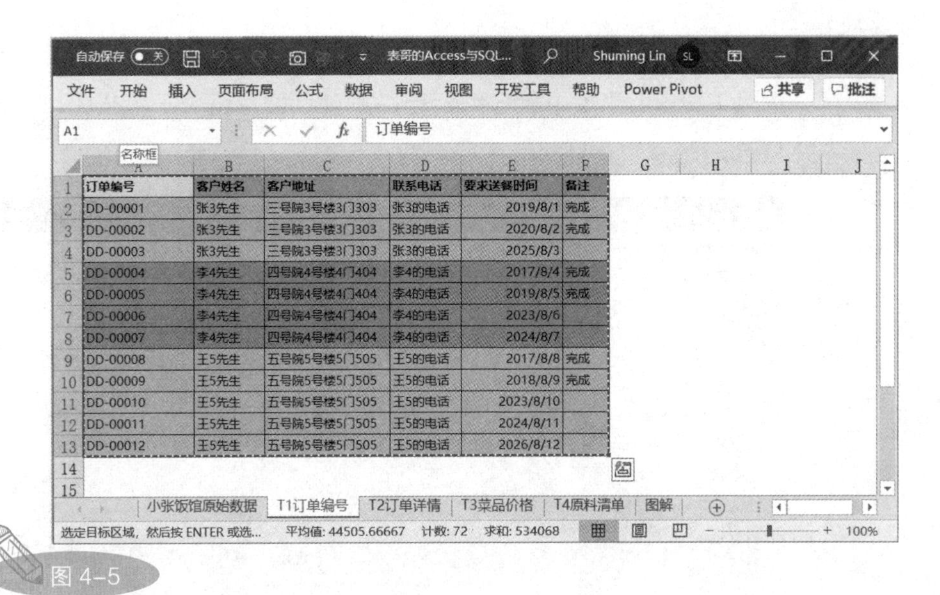

图 4-5

（2）返回 Access 界面，在 Access 界面左侧的“所有 Access 对象”面板的空白处右击，在弹出的快捷菜单中选择“粘贴”命令，如图 4-6 所示。

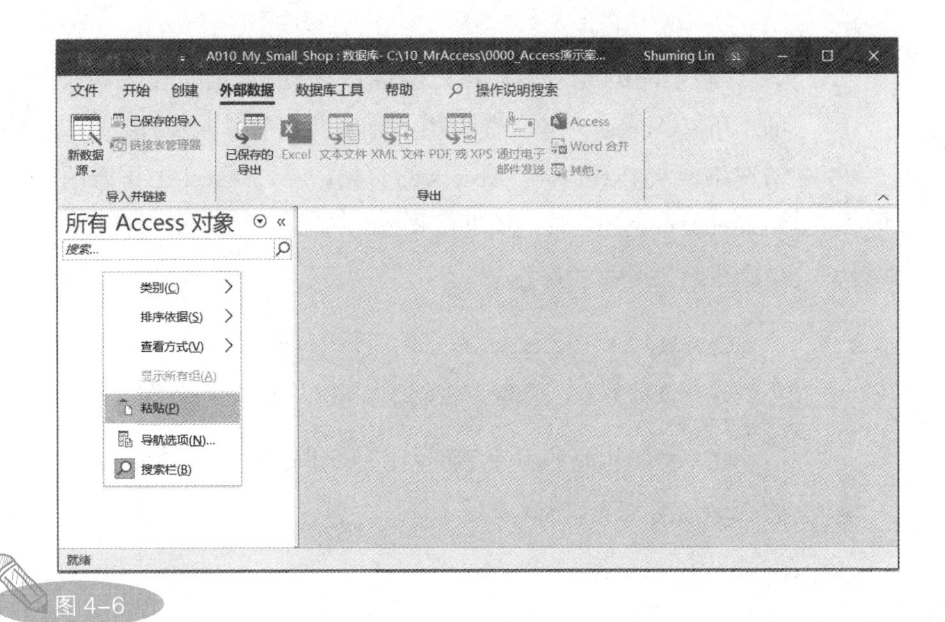

图 4-6

（3）弹出一个提示对话框，用于确认所粘贴的数据是否包含列标题，因为 Excel 工作表中包含列标题，所以我们单击“是”按钮，如图 4-7 所示。

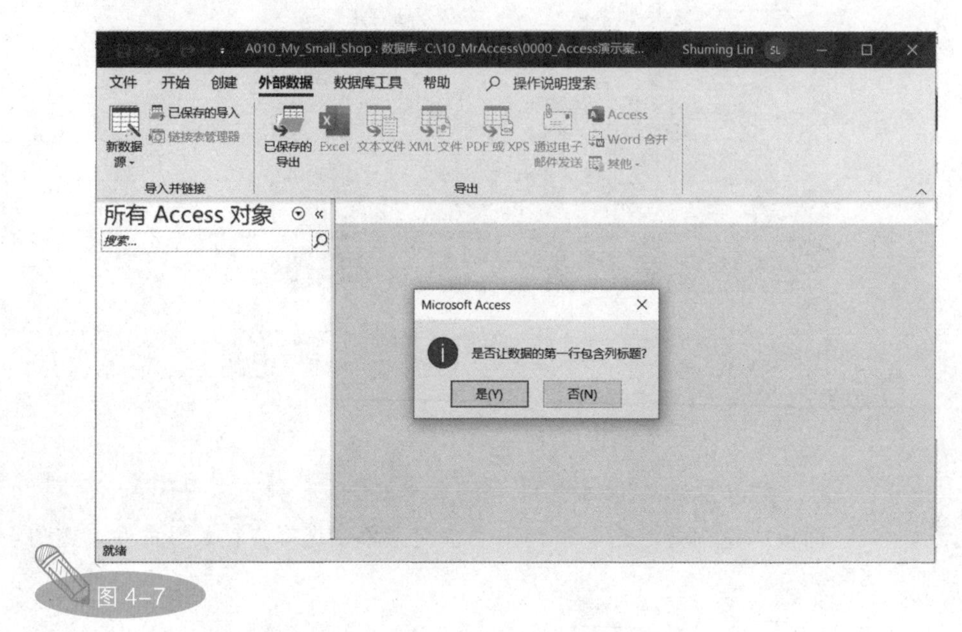

图 4-7

（4）Access 会提示数据已经成功导入。此时，在 Access 界面左侧的“所有 Access 对象”面板中，可以看到刚刚导入的数据表。在通常情况下，从 Excel 导入 Access 的数据，会以 Excel 工作表的名称作为 Access 数据表的名称，如果需要修改名称，则可以通过鼠标右键快捷菜单命令给数据表重命名。

（5）在“所有 Access 对象”面板中双击刚刚导入的数据表名称，可以打开该数据表，查看该数据表中的详细内容，如图 4-8 所示。

（6）按照相同的步骤，导入 Excel 工作表“T2 订单详情”，导入后的 Access 数据表如图 4-9 所示。

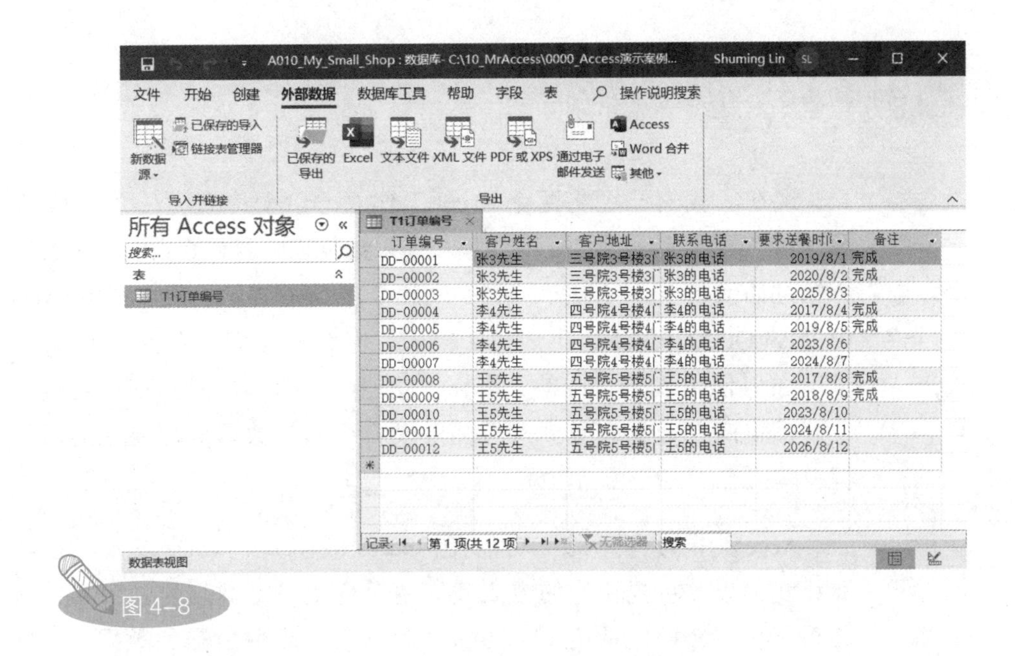

订单编号	客户姓名	客户地址	联系电话	要求送餐时间	备注
DD-00001	张3先生	三号院3号楼3门	张3的电话	2019/8/1	完成
DD-00002	张3先生	三号院3号楼3门	张3的电话	2020/8/2	完成
DD-00003	张3先生	三号院3号楼3门	张3的电话	2025/8/3	
DD-00004	李4先生	四号院4号楼4门	李4的电话	2017/8/4	完成
DD-00005	李4先生	四号院4号楼4门	李4的电话	2019/8/5	完成
DD-00006	李4先生	四号院4号楼4门	李4的电话	2023/8/6	
DD-00007	李4先生	四号院4号楼4门	李4的电话	2024/8/7	
DD-00008	王5先生	五号院5号楼5门	王5的电话	2017/8/8	完成
DD-00009	王5先生	五号院5号楼5门	王5的电话	2018/8/9	完成
DD-00010	王5先生	五号院5号楼5门	王5的电话	2023/8/10	
DD-00011	王5先生	五号院5号楼5门	王5的电话	2024/8/11	
DD-00012	王5先生	五号院5号楼5门	王5的电话	2026/8/12	

图 4-8

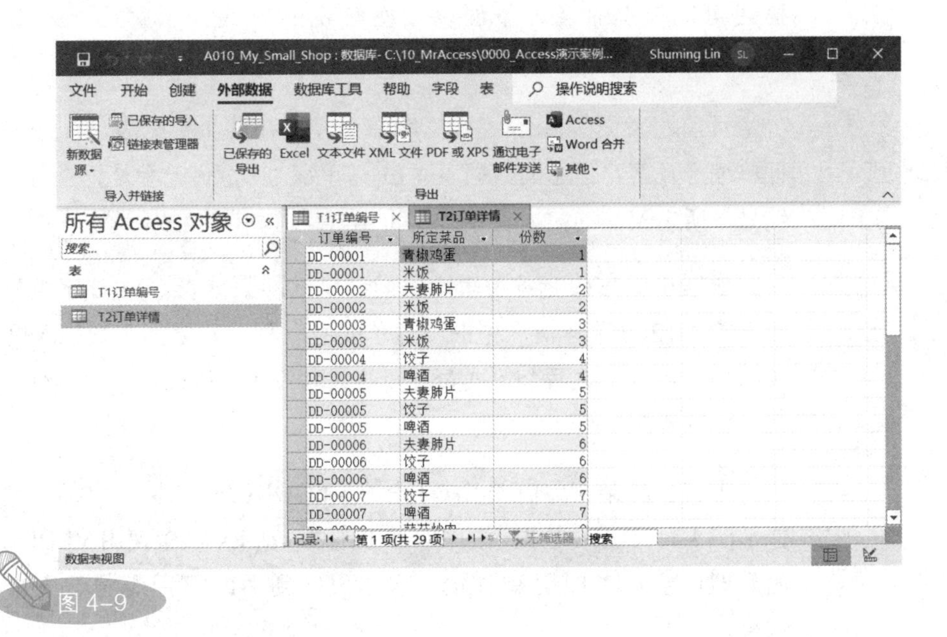

订单编号	所定菜品	份数
DD-00001	青椒鸡蛋	1
DD-00001	米饭	1
DD-00002	夫妻肺片	2
DD-00002	米饭	2
DD-00003	青椒鸡蛋	3
DD-00003	米饭	3
DD-00004	饺子	4
DD-00004	啤酒	4
DD-00005	夫妻肺片	5
DD-00005	饺子	5
DD-00005	啤酒	5
DD-00006	夫妻肺片	6
DD-00006	饺子	6
DD-00006	啤酒	6
DD-00007	饺子	7
DD-00007	啤酒	7

图 4-9

4.3 重新“组装”数据

现在，我们已经将两个Excel工作表“T1订单编号”和“T2订单详情”导入Access，使其成为Access数据表。我们在第3章中曾经介绍过如何基于“T1订单编号”表和“T2订单详情”表，利用Excel中的VLOOKUP()函数生成第3个表。本章，我们完全抛弃Excel，学习如何使用Access中的“查询”功能，用简单的鼠标拖曳连线的方式，将两个数据表重新“组装”成一个满足数据处理要求的新数据表。

Access中的“查询”功能是Access最重要的功能之一，它能够让我们以“可视化”的方式建立两个或更多个数据表之间的关联关系，从而轻松地从两个或更多个数据表中提取所需的数据。文字描述可能有些抽象，下面以案例解说的方式来了解这个神奇的功能吧！

目前，我们的Access数据库中已经存在两个数据表，一个是记录订单编号及客户信息的数据表“T1订单编号”，另一个是记录每个订单编号下所定菜品的数据表“T2订单详情”，如图4-10所示。

根据小饭馆的业务逻辑，我们可以借助数据表“T1订单编号”和数据表“T2订单详情”中的“订单编号”列，建立两个数据表之间的关联关系。基于这两个数据表之间的关联关系，可以得到一个综合数据表，如图4-11所示。

事实上，第3章借助Excel中的VLOOKUP()函数，已经得到过类似于图4-11中综合数据表的Excel工作表。在Excel中使用VLOOKUP()函数时，会从“T2订单详情”表出发，到“T1订单编号”表中提取信息。

T1订单编号

订单编号	客户姓名	客户地址	联系电话	要求送餐时间	备注
DD-00001	张3先生	三号院3号楼3门303	张3的电话	2019/8/1	完成
DD-00002	张3先生	三号院3号楼3门303	张3的电话	2020/8/2	完成
DD-00003	张3先生	三号院3号楼3门303	张3的电话	2025/8/3	
DD-00004	李4先生	四号院4号楼4门404	李4的电话	2017/8/4	完成
DD-00005	李4先生	四号院4号楼4门404	李4的电话	2019/8/5	完成
DD-00006	李4先生	四号院4号楼4门404	李4的电话	2023/8/6	
DD-00007	李4先生	四号院4号楼4门404	李4的电话	2024/8/7	
DD-00008	王5先生	五号院5号楼5门505	王5的电话	2017/8/8	完成
DD-00009	王5先生	五号院5号楼5门505	王5的电话	2018/8/9	完成
DD-00010	王5先生	五号院5号楼5门505	王5的电话	2023/8/10	
DD-00011	王5先生	五号院5号楼5门505	王5的电话	2024/8/11	
DD-00012	王5先生	五号院5号楼5门505	王5的电话	2026/8/12	

T2订单详情

订单编号	所定菜品	份数
DD-00001	青椒鸡蛋	1
DD-00001	米饭	1
DD-00002	夫妻肺片	2
DD-00002	米饭	2
DD-00003	青椒鸡蛋	3
DD-00003	米饭	3
DD-00004	饺子	4
DD-00004	啤酒	4
DD-00005	夫妻肺片	5
DD-00005	饺子	5
DD-00005	啤酒	5
DD-00006	夫妻肺片	6
DD-00006	饺子	6
DD-00006	啤酒	6
DD-00007	饺子	7
DD-00007	啤酒	7
DD-00008	蒜苔炒肉	8
DD-00008	夫妻肺片	8
DD-00008	米饭	8
DD-00009	鱼香肉丝	9
DD-00009	米饭	9
DD-00010	蒜苔炒肉	10
DD-00010	米饭	10
DD-00011	青椒鸡蛋	11
DD-00011	夫妻肺片	11
DD-00011	米饭	11
DD-00012	夫妻肺片	12
DD-00012	饺子	12
DD-00012	啤酒	12

图 4-10

来自表格：T1订单编号						来自表格：T2订单详情		
T1订单编号.订单编号	客户姓名	客户地址	联系电话	要求送餐时间	备注	T2订单详情.订单编号	所定菜品	份数
DD-00001	张3先生	三号院3号楼3门303	张3的电话	2019/8/1	完成	**DD-00001**	米饭	1
DD-00001	张3先生	三号院3号楼3门303	张3的电话	2019/8/1	完成	**DD-00001**	青椒鸡蛋	1
DD-00002	张3先生	三号院3号楼3门303	张3的电话	2020/8/2	完成	**DD-00002**	夫妻肺片	2
DD-00002	张3先生	三号院3号楼3门303	张3的电话	2020/8/2	完成	**DD-00002**	米饭	2
DD-00003	张3先生	三号院3号楼3门303	张3的电话	2025/8/3		**DD-00003**	青椒鸡蛋	3
DD-00003	张3先生	三号院3号楼3门303	张3的电话	2025/8/3		**DD-00003**	米饭	3
DD-00004	李4先生	四号院4号楼4门404	李4的电话	2017/8/4	完成	**DD-00004**	饺子	4
DD-00004	李4先生	四号院4号楼4门404	李4的电话	2017/8/4	完成	**DD-00004**	啤酒	4
DD-00005	李4先生	四号院4号楼4门404	李4的电话	2019/8/5	完成	**DD-00005**	夫妻肺片	5
DD-00005	李4先生	四号院4号楼4门404	李4的电话	2019/8/5	完成	**DD-00005**	饺子	5
DD-00005	李4先生	四号院4号楼4门404	李4的电话	2019/8/5	完成	**DD-00005**	啤酒	5
DD-00006	李4先生	四号院4号楼4门404	李4的电话	2023/8/6		**DD-00006**	啤酒	6
DD-00006	李4先生	四号院4号楼4门404	李4的电话	2023/8/6		**DD-00006**	夫妻肺片	6
DD-00006	李4先生	四号院4号楼4门404	李4的电话	2023/8/6		**DD-00006**	饺子	6
DD-00007	李4先生	四号院4号楼4门404	李4的电话	2024/8/7		**DD-00007**	啤酒	7
DD-00007	李4先生	四号院4号楼4门404	李4的电话	2024/8/7		**DD-00007**	饺子	7
DD-00008	王5先生	五号院5号楼5门505	王5的电话	2017/8/8	完成	**DD-00008**	蒜苔炒肉	8
DD-00008	王5先生	五号院5号楼5门505	王5的电话	2017/8/8	完成	**DD-00008**	夫妻肺片	8
DD-00008	王5先生	五号院5号楼5门505	王5的电话	2017/8/8	完成	**DD-00008**	米饭	8
DD-00009	王5先生	五号院5号楼5门505	王5的电话	2018/8/9	完成	**DD-00009**	鱼香肉丝	9
DD-00009	王5先生	五号院5号楼5门505	王5的电话	2018/8/9	完成	**DD-00009**	米饭	9
DD-00010	王5先生	五号院5号楼5门505	王5的电话	2023/8/10		**DD-00010**	蒜苔炒肉	10
DD-00010	王5先生	五号院5号楼5门505	王5的电话	2023/8/10		**DD-00010**	米饭	10
DD-00011	王5先生	五号院5号楼5门505	王5的电话	2024/8/11		**DD-00011**	青椒鸡蛋	11
DD-00011	王5先生	五号院5号楼5门505	王5的电话	2024/8/11		**DD-00011**	夫妻肺片	11
DD-00011	王5先生	五号院5号楼5门505	王5的电话	2024/8/11		**DD-00011**	米饭	11
DD-00012	王5先生	五号院5号楼5门505	王5的电话	2026/8/12		**DD-00012**	啤酒	12
DD-00012	王5先生	五号院5号楼5门505	王5的电话	2026/8/12		**DD-00012**	夫妻肺片	12
DD-00012	王5先生	五号院5号楼5门505	王5的电话	2026/8/12		**DD-00012**	饺子	12

图 4-11

在Access中，我们从数据表“T1订单编号”出发，结合数据表“T2订单详情”，在将数据表“T1订单编号”和“T2订单详情”在业务逻辑上通过“订单编号”字段存在关联关系这个事实告诉Access后，Access便能够实现数据表“T1订单编号”和“T2订单详情”在“关联字段”上的“一对多”匹配，从而自动将数据表“T1订单编号”和“T2订单详情”“组装”在一起。在Access中建立两个数据表之间关联关系的具体操作步骤如下。

（1）在Access功能区中选择“创建”选项卡，单击“查询”功能组中的“查询设计”按钮，进入Access查询设计视图，如图4-12所示。

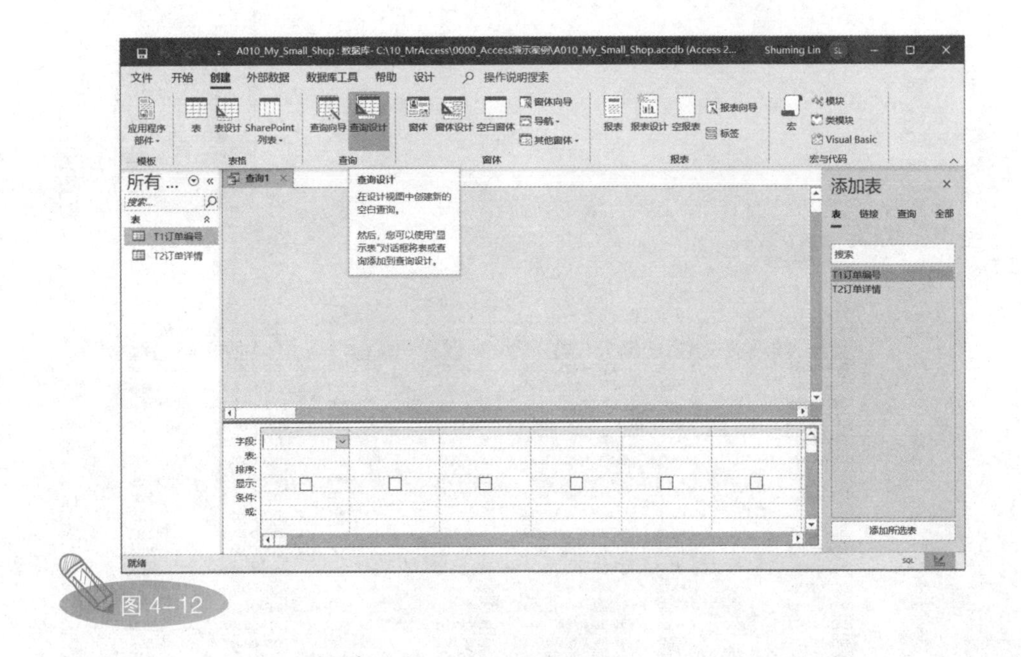

图4-12

此时，会在Access查询设计视图右侧打开“添加表”窗格。如果没有打开“添加表”窗格，则可以在Access功能区中依次单击“设计”>>“查询设置”>>“添加表”按钮（此处为简化叙述，表示在Access功能区中选择“设计”选项卡，单击“查询设置”功能组中的“添加表”按钮，以后还会出现这种格式的简化叙述），即可打开“添加表”窗格。

在“添加表”窗格中，会列出Access中目前已经存在的所有数据表和已经存在的 Access 查询（在当前 Access 查询设计完成并保存后，会出现在“添加表”窗格的“查询”选项卡中）。

（2）在“添加表”窗格或“所有 Access 对象”面板中分别双击两个数据表的名称，将它们依次添加到 Access 查询设计视图中，也可以直接用鼠标将两个数据表拖曳到 Access 查询设计视图中，如图 4-13 所示。

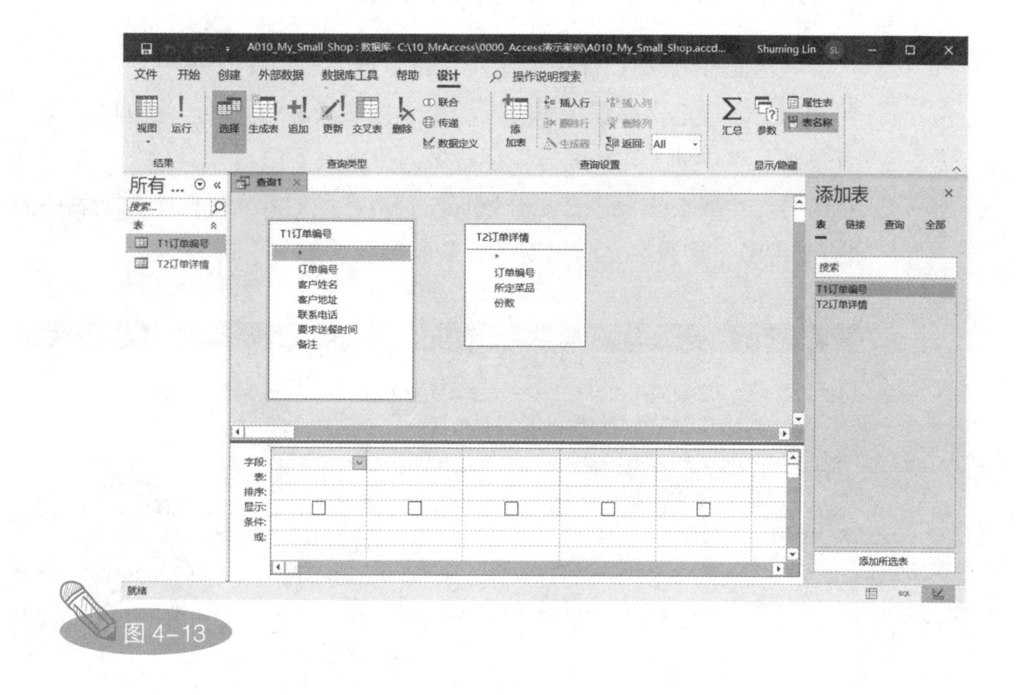

图 4-13

这时我们看到，Access 查询设计视图中显示的不是所添加数据表中的具体数据，而是每个数据表的结构，即每个数据表中包含哪些列。

在数据库专业术语中，数据表的列称为“字段”，列标题称为“字段名”。根据数据表的结构，可以大致了解每个数据表中存储的内容。

（3）接下来，我们要做的是 Access 查询设计的关键步骤：用鼠标拖曳连线的方式告诉 Access 我们刚刚添加的两个数据表之间的具体业务逻辑关联关系。

我们已经多次提到，数据表“T1 订单编号”和“T2 订单详情”之间的关联关系是通过各自的“订单编号”字段中的内容实现的，但是，要让 Access 帮我们处理数据，需要将两个数据表之间的具体业务逻辑关联关系通过 Access 界面操作明确地告知 Access。

如何告知 Access 两个数据表之间存在某种业务逻辑上的关联关系呢？实现起来很有趣：Access 允许我们通过鼠标拖曳连线的方式设置两个数据表之间的关联关系，具体操作如下。

在 Access 查询设计视图中，单击数据表“T1 订单编号”中的“订单编号”字段名，在保持鼠标左键处于按下状态的同时，将数据表“T1 订单编号”中的“订单编号”字段名向数据表“T2 订单详情”中的“订单编号”字段名拖曳，在松开鼠标左键后，我们看到，两个数据表中的“订单编号”字段名之间出现了一条联接线，如图 4-14 所示。

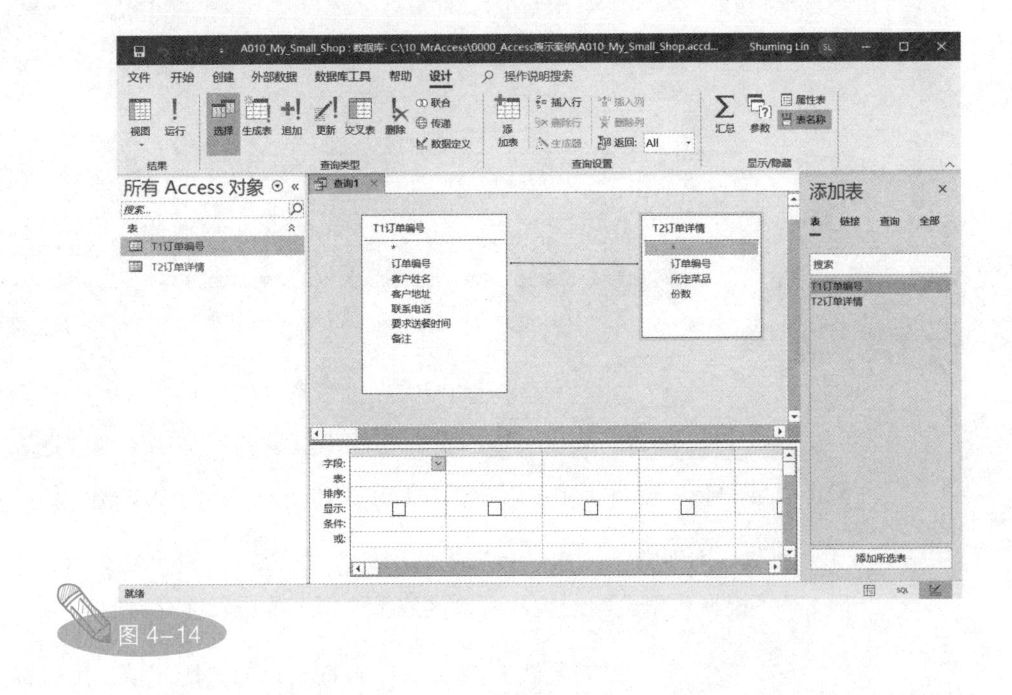

图 4-14

就这样，我们成功地通过鼠标拖曳连线的方式，将数据表“T1 订单编号”和“T2 订单详情”在“订单编号”字段上存在关联关系明确地告诉 Access 了。在 Access 知晓了两个数据表之间的关联关系后，就可以自动执行两个数据表之间的数据匹配运算了。

在进行下一步操作之前，我们先停下来仔细观察一下 Access 的查询设计视图，如图 4-15 所示。为了让 Access 查询设计视图的空间更大一些，可以关闭 Access 界面右侧的“添加表”窗格，然后单击 Access 界面左侧的“所有 Access 对象”面板中的“<<”按钮，将“所有 Access 对象”面板折叠（当需要恢复时，可以单击“>>”按钮）。

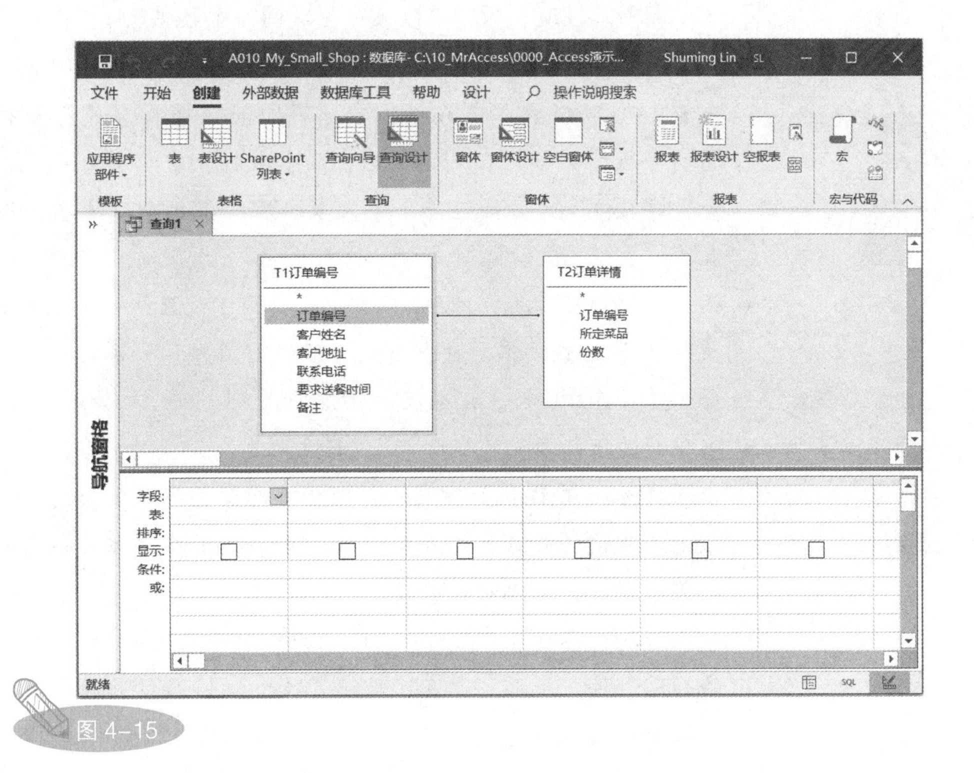

图 4-15

以我们目前对 Access 的了解程度，可以简单地认为 Access 查询设计视图就是对已经建立了关联关系的两个数据表进行筛选限制的地方。

Access 查询设计视图的上方是查询设计器，此处展示了两个数据表的结构图，并且两个数据表已经通过相应字段建立了关联关系（那条联接线）。

在 Access 查询设计视图的下方是 Access 查询设计网格。在 Access 查询设计网格中，我们可以对 Access 查询进行各种设置，Access 查询设计网格有多行，我们先来粗略地了解一下每一行的作用。

- 第一行的行标题为“字段”，该行主要用于设置哪些字段会显示在以后的查询执行结果表中（查询执行结果是根据查询设计视图中的相应设置，按需“组装”生成的一个数据表）。
- 第二行的行标题为“表”，该行主要用于设置第一行所选字段来自哪个数据表。在 Access 中，不同的数据表中可能含有相同的字段（例如，在本案例中，两个数据表中都含有“订单编号”字段），只有知道每个字段来自哪个数据表，才不会造成混淆。
- 第三行的行标题为“排序”，该行主要用于设置是否排序，或者执行 Access 查询需要按照哪些字段进行排序。如果需要排序，那么是按升序排序，还是按降序排序。
- 第四行的行标题为“显示”，该行主要用于设置对应字段是否显示在 Access 查询执行结果中。因为有时某些字段仅仅用于设置 Access 查询的筛选条件或控制 Access 查询的排序方式，而不需要显示在以后的 Access 查询执行结果中。
- 第五行的行标题为“条件”，该行的作用有点儿像 Excel 筛选中的筛选条件，我们可以在这里设置 Access 查询的筛选条件，用于限制在 Access 查询执行结果中显示哪些数据。
- 第六行的行标题为“或”，通常和第五行的“条件”配合使用，表示满足第五行“条件”的数据或满足第六行“条件”的数据都需要显示在 Access 查询执行结果中。

关于 Access 查询设计网格中的相关设置，我们会在后续章节中逐步深入介绍。事实上，如果你使用过 Excel 中的“高级查询”功能，那么你应该对 Access 查询设计视图感到似曾相识。

这里，笔者觉得应该鼓励一下大家，希望大家不要有任何学习压力，因为本书中的很多知识点会在不断重复中巩固。现在我们要做的很简单，就是怀着轻松、愉悦的心情继续阅读本书中接下来的内容。

言归正传，我们将数据表“T1 订单编号”和“T2 订单详情”中的所有字段都拖曳到 Access 查询设计网格的“字段”行，如图 4-16 所示。这样做的结果是，当执行 Access 查询时，我们会在查询执行结果中看到两个数据表中的所有字段。

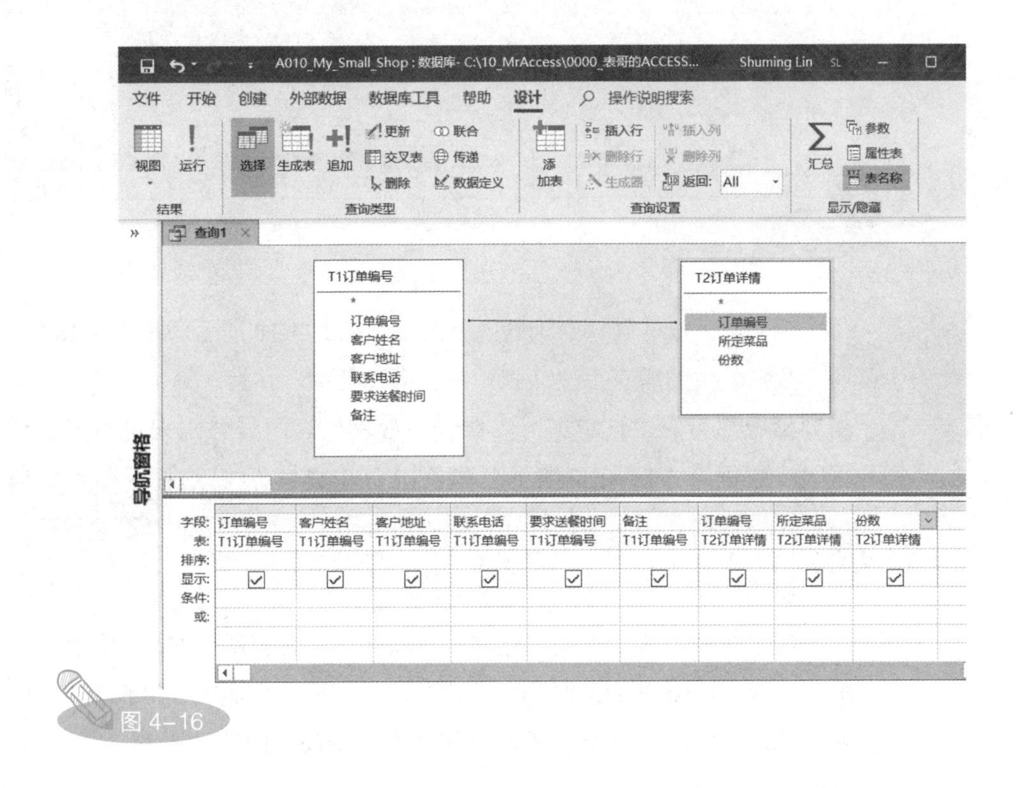

图 4-16

执行刚刚设计的 Access 查询的方法如下：在 Access 功能区中选择“设计”选项卡，在“结果”功能组中单击“视图”按钮下方的下拉按钮，在弹出的下拉菜单中选择“数据表视图”命令，如图 4-17 所示。

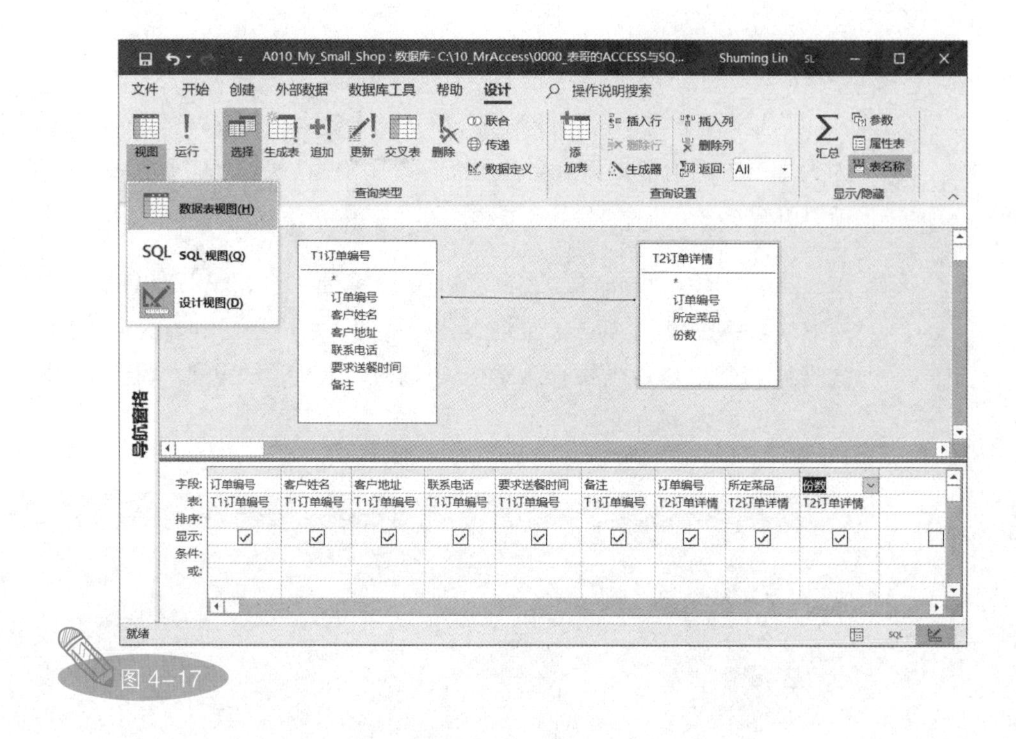

图 4-17

至此，可以看到该查询的执行结果，如图 4-18 所示。在图 4-18 中，两个数据表中的所有字段（列）都包含在其中，并且，第 1 列和第 7 列的列标题都带有“订单编号”字样，显然，这两列分别来自不同的数据表（数据表“T1 订单编号”和“T2 订单详情”）。这样，即可根据 Access 中数据表之间的联接线，得到适合用于分析菜品销售数量和销售金额的综合数据表。

仅仅在两个数据表之间建立一条联接线，就实现了 Excel 中需要写好几个 VLOOKUP() 函数才能实现的效果。下面详细介绍一下，当我们在 Access 中的数据表之间建立联接线时，Access 的工作原理。

在 Access 中，在通过相应字段之间的联接线建立了两个数据表之间的关联关系并执行查询后，Access会根据我们指定的关联字段“组合”两个数据表中的数据，具体规律如下。

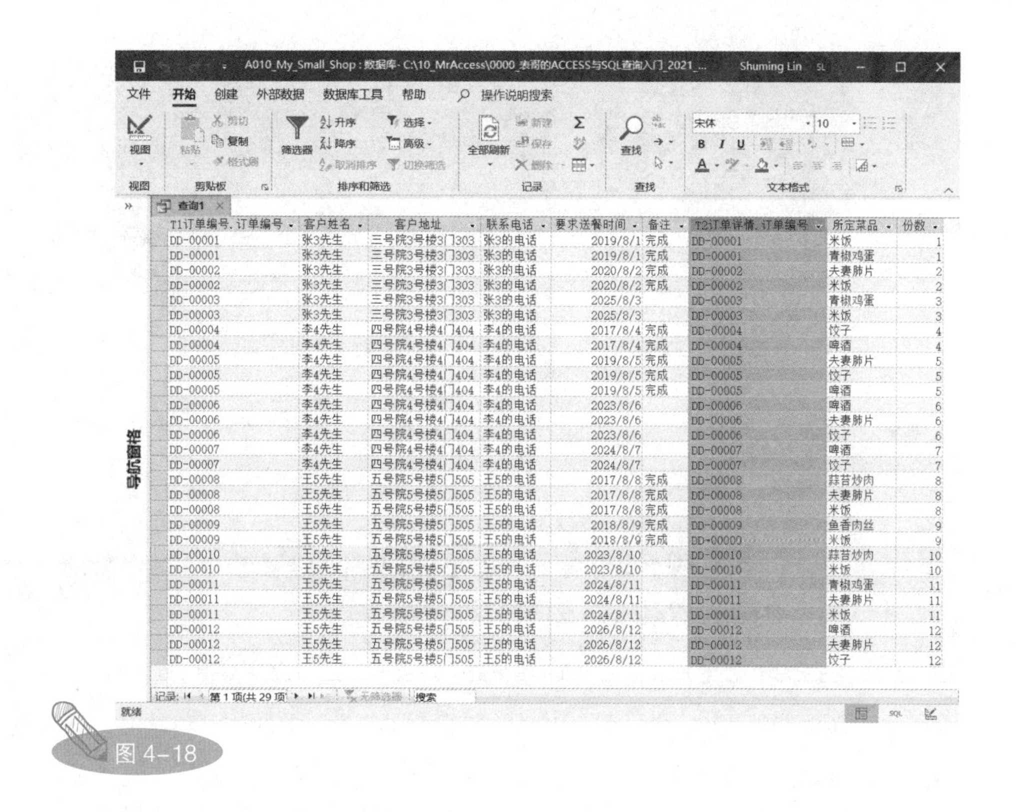

T1订单编号.订单编号	客户姓名	客户地址	联系电话	要求送餐时间	备注	T2订单详情.订单编号	所定菜品	份数
DD-00001	张3先生	三号院3号楼3门303	张3的电话	2019/8/1	完成	DD-00001	米饭	1
DD-00001	张3先生	三号院3号楼3门303	张3的电话	2019/8/1	完成	DD-00001	青椒鸡蛋	1
DD-00002	张3先生	三号院3号楼3门303	张3的电话	2020/8/2	完成	DD-00002	夫妻肺片	2
DD-00002	张3先生	三号院3号楼3门303	张3的电话	2020/8/2	完成	DD-00002	米饭	2
DD-00003	张3先生	三号院3号楼3门303	张3的电话	2025/8/3		DD-00003	青椒鸡蛋	3
DD-00003	张3先生	三号院3号楼3门303	张3的电话	2025/8/3		DD-00003	米饭	3
DD-00004	李4先生	四号院4号楼4门404	李4的电话	2017/8/4	完成	DD-00004	饺子	4
DD-00004	李4先生	四号院4号楼4门404	李4的电话	2017/8/4	完成	DD-00004	啤酒	4
DD-00005	李4先生	四号院4号楼4门404	李4的电话	2019/8/5	完成	DD-00005	夫妻肺片	5
DD-00005	李4先生	四号院4号楼4门404	李4的电话	2019/8/5	完成	DD-00005	饺子	5
DD-00005	李4先生	四号院4号楼4门404	李4的电话	2019/8/5	完成	DD-00005	啤酒	5
DD-00006	李4先生	四号院4号楼4门404	李4的电话	2023/8/6		DD-00006	啤酒	6
DD-00006	李4先生	四号院4号楼4门404	李4的电话	2023/8/6		DD-00006	夫妻肺片	6
DD-00006	李4先生	四号院4号楼4门404	李4的电话	2023/8/6		DD-00006	饺子	6
DD-00007	李4先生	四号院4号楼4门404	李4的电话	2024/8/7		DD-00007	啤酒	7
DD-00007	李4先生	四号院4号楼4门404	李4的电话	2024/8/7		DD-00007	饺子	7
DD-00008	王5先生	五号院5号楼5门505	王5的电话	2017/8/8	完成	DD-00008	蒜苔炒肉	8
DD-00008	王5先生	五号院5号楼5门505	王5的电话	2017/8/8	完成	DD-00008	夫妻肺片	8
DD-00008	王5先生	五号院5号楼5门505	王5的电话	2017/8/8	完成	DD-00008	米饭	8
DD-00009	王5先生	五号院5号楼5门505	王5的电话	2018/8/9	完成	DD-00009	鱼香肉丝	9
DD-00009	王5先生	五号院5号楼5门505	王5的电话	2018/8/9	完成	DD-00009	米饭	9
DD-00010	王5先生	五号院5号楼5门505	王5的电话	2023/8/10		DD-00010	蒜苔炒肉	10
DD-00010	王5先生	五号院5号楼5门505	王5的电话	2023/8/10		DD-00010	米饭	10
DD-00011	王5先生	五号院5号楼5门505	王5的电话	2024/8/11		DD-00011	青椒鸡蛋	11
DD-00011	王5先生	五号院5号楼5门505	王5的电话	2024/8/11		DD-00011	夫妻肺片	11
DD-00011	王5先生	五号院5号楼5门505	王5的电话	2024/8/11		DD-00011	米饭	11
DD-00012	王5先生	五号院5号楼5门505	王5的电话	2026/8/12		DD-00012	啤酒	12
DD-00012	王5先生	五号院5号楼5门505	王5的电话	2026/8/12		DD-00012	夫妻肺片	12
DD-00012	王5先生	五号院5号楼5门505	王5的电话	2026/8/12		DD-00012	饺子	12

图 4-18

Access 首先读取左表（本案例中是数据表“T1 订单编号”）中第一条记录在关联字段中的内容，然后到右表（数据表“T2 订单详情”）中查看所有记录，如果右表中的某条记录在关联字段中的内容，与左表中相应关联字段中的内容相同，则将这两条记录首尾相连，形成 Access 查询执行结果中的一条记录，重复执行上述过程，生成最终的 Access 查询执行结果。

下面，我们结合 Access 中数据表“T1 订单编号”和“T2 订单详情”中的数据验证一下以上表述：以数据表“T1 订单编号”中订单编号为 DD-00006 的客户订单为例，该客户订单在数据表“T1 订单编号”中只有一条记录，但是，如果以数据表“T1 订单编号”和“T2 订单详情”中的“订单编号”字段为关联字段，那么在数据表“T2 订单详情”中有 3 条记录与之匹配，因此，在 Access 最终的查询执行结果中生成了 3 条记录（理解这个非常重要），如图 4-19 所示。

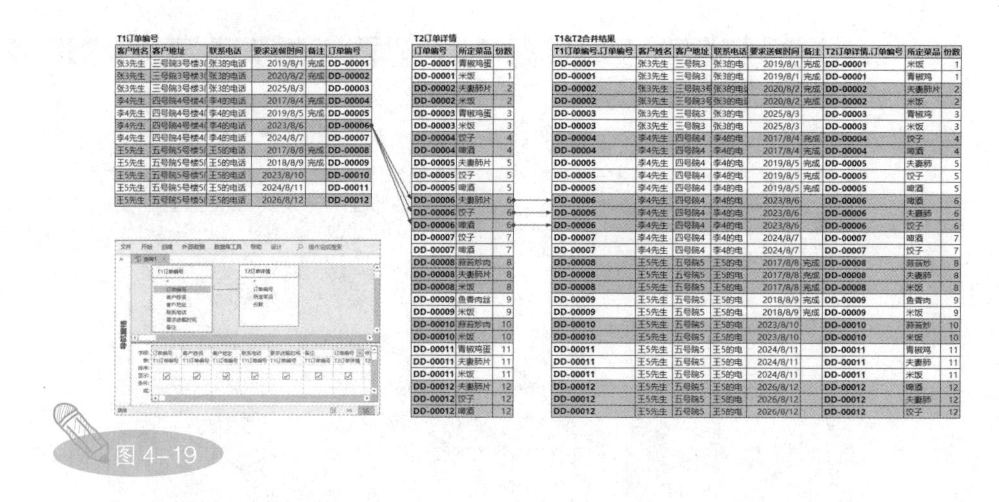

T1订单编号

客户姓名	客户地址	联系电话	要求送餐时间	备注	订单编号
张3先生	三号院3号楼3	张3的电话	2019/8/1	完成	DD-00001
张3先生	三号院3号楼3	张3的电话	2020/8/2	完成	DD-00002
张3先生	三号院3号楼3	张3的电话	2025/8/3		DD-00003
李4先生	四号院4号楼4	李4的电话	2017/8/4	完成	DD-00004
李4先生	四号院4号楼4	李4的电话	2019/8/5	完成	DD-00005
李4先生	四号院4号楼4	李4的电话	2023/8/6		DD-00006
李4先生	四号院4号楼4	李4的电话	2024/8/7		DD-00007
王5先生	五号院5号楼5	王5的电话	2017/8/8	完成	DD-00008
王5先生	五号院5号楼5	王5的电话	2018/8/9	完成	DD-00009
王5先生	五号院5号楼5	王5的电话	2023/8/10		DD-00010
王5先生	五号院5号楼5	王5的电话	2024/8/11		DD-00011
王5先生	五号院5号楼5	王5的电话	2026/8/12		DD-00012

T2订单详情

订单编号	所定菜品	份数
DD-00001	青椒鸡蛋	1
DD-00001	米饭	1
DD-00002	夫妻肺片	2
DD-00002	米饭	2
DD-00003	青椒鸡蛋	3
DD-00003	米饭	3
DD-00004	饺子	4
DD-00004	啤酒	4
DD-00005	夫妻肺片	5
DD-00005	饺子	5
DD-00005	啤酒	5
DD-00006	夫妻肺片	6
DD-00006	饺子	6
DD-00006	啤酒	6
DD-00007	饺子	7
DD-00007	啤酒	7
DD-00008	蒜苗炒肉	8
DD-00008	夫妻肺片	8
DD-00008	米饭	8
DD-00009	鱼香肉丝	9
DD-00009	米饭	9
DD-00010	蒜苗炒肉	10
DD-00010	米饭	10
DD-00011	青椒鸡蛋	11
DD-00011	夫妻肺片	11
DD-00011	米饭	11
DD-00012	夫妻肺片	12
DD-00012	饺子	12
DD-00012	啤酒	12

T1&T2合并结果

T1订单编号.订单编号	客户姓名	客户地址	联系电话	要求送餐时间	备注	T2订单详情.订单编号	所定菜品	份数
DD-00001	张3先生	三号院3	张3的电	2019/8/1	完成	DD-00001	米饭	1
DD-00001	张3先生	三号院3	张3的电	2019/8/1	完成	DD-00001	青椒鸡	1
DD-00002	张3先生	三号院3号	张3的电	2020/8/2	完成	DD-00002	夫妻肺片	2
DD-00002	张3先生	三号院3号	张3的电	2020/8/2	完成	DD-00002	米饭	2
DD-00003	张3先生	三号院3	张3的电	2025/8/3		DD-00003	青椒鸡	3
DD-00003	张3先生	三号院3	张3的电	2025/8/3		DD-00003	米饭	3
DD-00004	李4先生	四号院4	李4的电	2017/8/4	完成	DD-00004	饺子	4
DD-00004	李4先生	四号院4	李4的电	2017/8/4	完成	DD-00004	啤酒	4
DD-00005	李4先生	四号院4	李4的电	2019/8/5	完成	DD-00005	夫妻肺	5
DD-00005	李4先生	四号院4	李4的电	2019/8/5	完成	DD-00005	饺子	5
DD-00005	李4先生	四号院4	李4的电	2019/8/5	完成	DD-00005	啤酒	5
DD-00006	李4先生	四号院4	李4的电	2023/8/6		DD-00006	啤酒	6
DD-00006	李4先生	四号院4	李4的电	2023/8/6		DD-00006	夫妻肺	6
DD-00006	李4先生	四号院4	李4的电	2023/8/6		DD-00006	饺子	6
DD-00007	李4先生	四号院4	李4的电	2024/8/7		DD-00007	啤酒	7
DD-00007	李4先生	四号院4	李4的电	2024/8/7		DD-00007	饺子	7
DD-00008	王5先生	五号院5	王5的电	2017/8/8	完成	DD-00008	蒜苗炒	8
DD-00008	王5先生	五号院5	王5的电	2017/8/8	完成	DD-00008	夫妻肺	8
DD-00008	王5先生	五号院5	王5的电	2017/8/8	完成	DD-00008	米饭	8
DD-00009	王5先生	五号院5	王5的电	2018/8/9	完成	DD-00009	鱼香肉	9
DD-00009	王5先生	五号院5	王5的电	2018/8/9	完成	DD-00009	米饭	9
DD-00010	王5先生	五号院5	王5的电	2023/8/10		DD-00010	蒜苗炒	10
DD-00010	王5先生	五号院5	王5的电	2023/8/10		DD-00010	米饭	10
DD-00011	王5先生	五号院5	王5的电	2024/8/11		DD-00011	青椒鸡	11
DD-00011	王5先生	五号院5	王5的电	2024/8/11		DD-00011	夫妻肺	11
DD-00011	王5先生	五号院5	王5的电	2024/8/11		DD-00011	米饭	11
DD-00012	王5先生	五号院5	王5的电	2026/8/12		DD-00012	啤酒	12
DD-00012	王5先生	五号院5	王5的电	2026/8/12		DD-00012	夫妻肺	12
DD-00012	王5先生	五号院5	王5的电	2026/8/12		DD-00012	饺子	12

图 4-19

下面我们来比较一下，同样是基于两个数据表生成基本类似的“大表”，Access 方案和 Excel 方案的不同点。

在 Excel 方案中，我们从工作表“T2 订单详情”（而非从工作表“T1 订单编号”）出发，以工作表“T2 订单详情”中的“订单编号”字段为查询关键字，到工作表“T1 订单编号”中提取客户信息。之所以要从工作表“T2 订单详情”出发，到工作表“T1 订单编号”中提取信息，是因为 VLOOKUP() 函数只能实现“一对一”匹配，而不能实现“一对多”匹配，即使在工作表“T2 订单信息”中有三条记录满足匹配条件，VLOOKUP() 函数也只能提取第一条记录。这是 VLOOKUP() 函数被久为诟病的一个缺点。

在 Access 方案中，由于 Access 和 Excel 的内部运算机制完全不同（见前面的解释），Access 查询功能可以完美地实现两个数据表之间的“一对多”匹配（例如，本案例中，一份客户订单可以对应多个菜品），因此，我们可以直接从数据表“T1 订单编号”出发，通过建立联接线的方式建立数据表“T1 订单编号”与“T2 订单详情”之间的关联关系，利用 Access 特有的“一对多”的运算能力，达到相同的目的。

这里我们可以看到，与 Excel 方案相比，Access 方案更简捷，并且更符合人们的思维逻辑。

返回 Access 界面，再次观察 Access 查询执行结果，可以发现，Access 查询执行结果中有两列来自不同数据表中的“订单编号”列（分别是第 1 列和第 7 列），这两列是重复信息，我们只保留第 1 列。

在 Access 功能区中选择“开始”选项卡，单击“视图”按钮下方的下拉按钮，在弹出的下拉菜单中选择“设计视图”命令，返回 Access 查询设计视图。“视图”下拉菜单中有 3 条命令，分别为“数据表视图”命令、“SQL 视图”命令、“设计视图”命令，这 3 条命令分别用于切换到相应的视图。

目前，我们已经接触到了用于设计 Access 查询的设计视图和用于展示 Access 查询执行结果的数据表视图。尚未接触的 SQL 视图，实际上就是 Access 查询视图的文字化定义，即 SQL 语言。

对于在 Access 查询设计视图中设计的查询，Access 会在 SQL 视图中将其自动翻译成相应的 SQL 语句。关于 SQL，本书会有专门的章节进行介绍，不过，这里我们不妨先看一眼 SQL 视图，如图 4-20 所示。

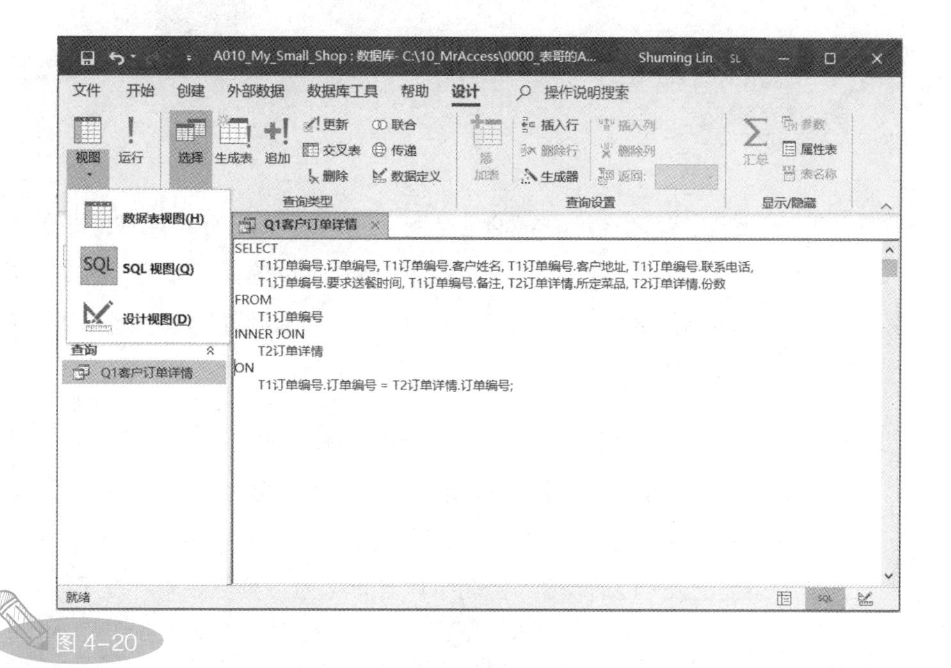

图 4-20

如果处于 SQL 视图，那么在 Access 功能区中选择“开始”选项卡，单击“视图”按钮下方的下拉按钮，在弹出的下拉菜单中选择“设计视图”命令，即可返回 Access 查询设计视图，如图 4-21 所示。

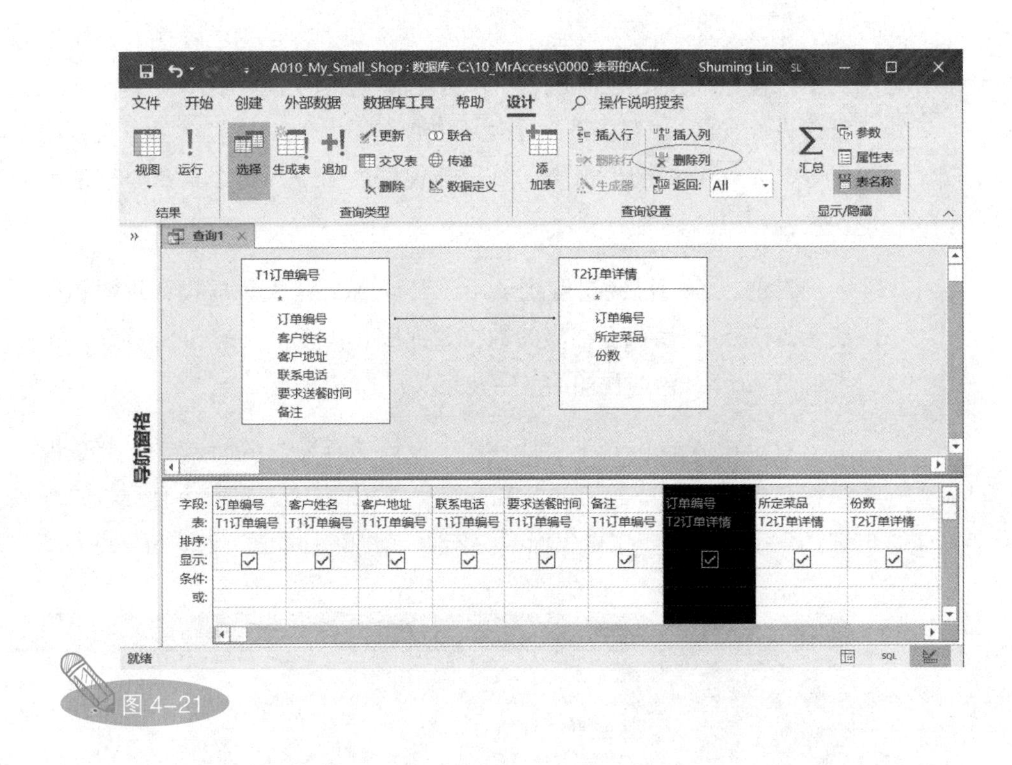

图 4-21

选中查询设计网格的第 7 列（数据表“T2 订单详情”中的“订单编号”字段）并右击，在弹出的快捷菜单中选择“剪切”命令，或者在 Access 功能区中依次单击“设计”>>“查询设置”>>“删除列”按钮，删除该字段。

此时，我们在 Access 功能区中选择“设计”选项卡（或“开始”选项卡），单击“视图”按钮下方的下拉按钮，在弹出的快捷菜单中选择“数据表视图”命令，切换到数据表视图。我们看到，在数据表视图中，数据表“T2 订单详情”中的“订单编号”列已经不存在了，如图 4-22 所示。

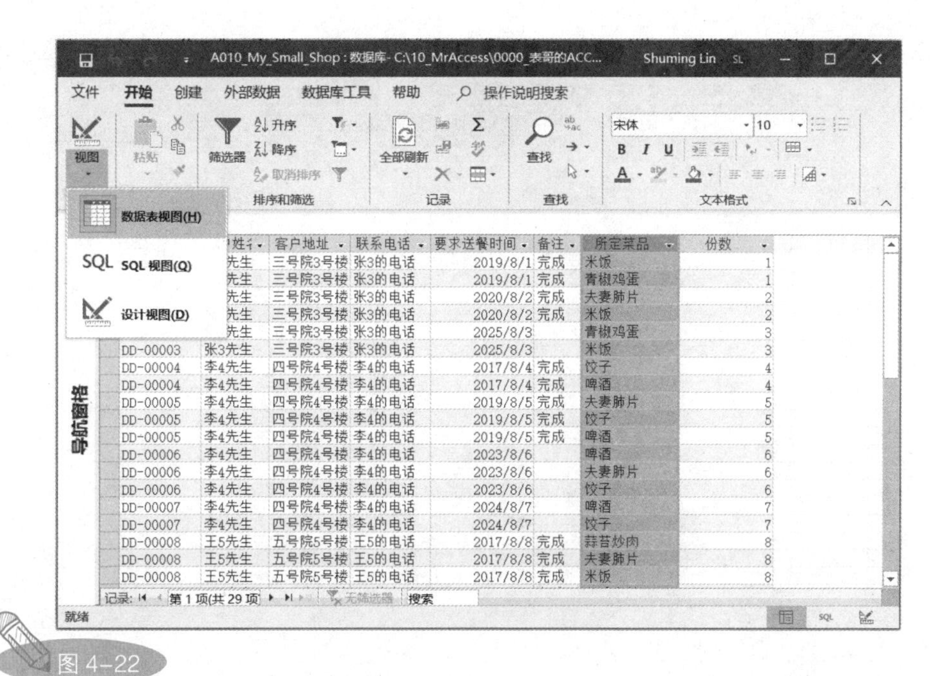

	姓名	客户地址	联系电话	要求送餐时间	备注	所定菜品	份数
	先生	三号院3号楼	张3的电话	2019/8/1	完成	米饭	1
	先生	三号院3号楼	张3的电话	2019/8/1	完成	青椒鸡蛋	1
	先生	三号院3号楼	张3的电话	2020/8/2	完成	夫妻肺片	2
	先生	三号院3号楼	张3的电话	2020/8/2	完成	米饭	2
	先生	三号院3号楼	张3的电话	2025/8/3		青椒鸡蛋	3
DD-00003	张3先生	三号院3号楼	张3的电话	2025/8/3		米饭	3
DD-00004	李4先生	四号院4号楼	李4的电话	2017/8/4	完成	饺子	4
DD-00004	李4先生	四号院4号楼	李4的电话	2017/8/4	完成	啤酒	4
DD-00005	李4先生	四号院4号楼	李4的电话	2019/8/5	完成	夫妻肺片	5
DD-00005	李4先生	四号院4号楼	李4的电话	2019/8/5	完成	饺子	5
DD-00005	李4先生	四号院4号楼	李4的电话	2019/8/5	完成	啤酒	5
DD-00006	李4先生	四号院4号楼	李4的电话	2023/8/6		啤酒	6
DD-00006	李4先生	四号院4号楼	李4的电话	2023/8/6		夫妻肺片	6
DD-00006	李4先生	四号院4号楼	李4的电话	2023/8/6		饺子	6
DD-00007	李4先生	四号院4号楼	李4的电话	2024/8/7		啤酒	7
DD-00007	李4先生	四号院4号楼	李4的电话	2024/8/7		饺子	7
DD-00008	王5先生	五号院5号楼	王5的电话	2017/8/8	完成	蒜苔炒肉	8
DD-00008	王5先生	五号院5号楼	王5的电话	2017/8/8	完成	夫妻肺片	8
DD-00008	王5先生	五号院5号楼	王5的电话	2017/8/8	完成	米饭	8

图 4-22

至此，我们已经利用 Access 中的查询功能，完成了一个数据表合并任务，并且这种方法比使用 Excel 中的 VLOOKUP() 函数更便捷。现在可以保存我们的 Access 查询执行结果了。

单击 Access 界面左上角的“保存”按钮，弹出“另存为”对话框，提示我们给该查询取一个名称。这里，我们将查询名称设置为“Q1 客户订单详情”，查询名称的前缀“Q”表示 Query（查询），如图 4-23 所示。

在将查询保存完毕后，你会发现：在 Access 界面左侧的“所有 Access 对象”面板中多了一个叫作“查询”的对象分类，在该对象分类下面有我们刚刚保存的查询“Q1 客户订单详情”。双击查询“Q1 客户订单详情”的名称，即可得到该查询的执行结果，如图 4-24 所示。

在 Access 中，查询和表是两种不同的 Access 对象。对象在计算机术语中指的是我们正在研究、设计或操作的东西。需要注意的是，计算机术语中的对象和我们日常聊天所指的男、女朋友概念完全不同。

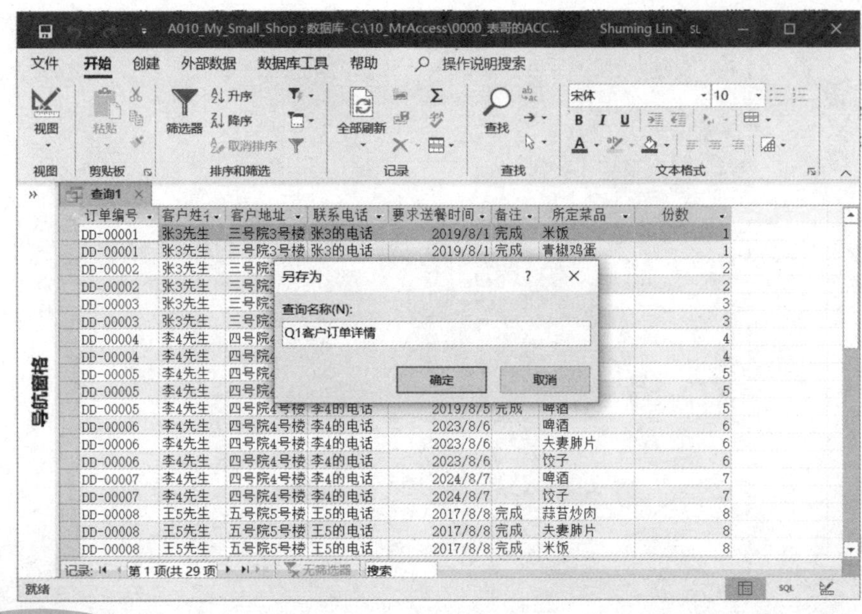
A010_My_Small_Shop : 数据库- C:\10_MrAccess\0000_表哥的ACC...
Shuming Lin
文件
开始
创建
外部数据
数据库工具
帮助
操作说明搜索
查询1
导航窗格
另存为
查询名称(N):
Q1客户订单详情
确定
取消
就绪

图 4-23

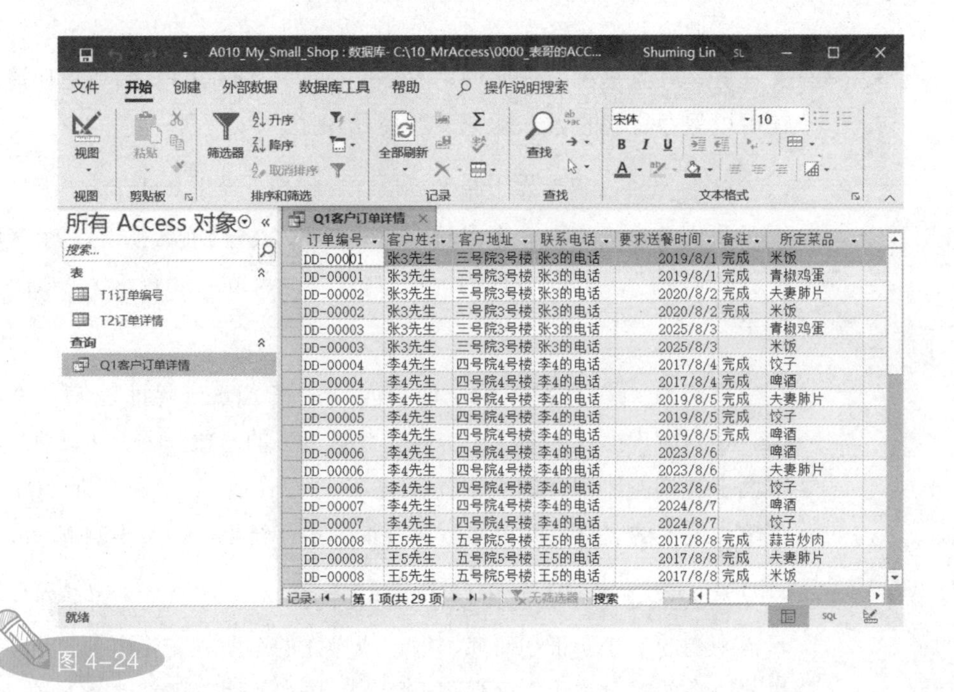
A010_My_Small_Shop : 数据库- C:\10_MrAccess\0000_表哥的ACC...
Shuming Lin
文件
开始
创建
外部数据
数据库工具
帮助
操作说明搜索
所有 Access 对象
表
T1订单编号
T2订单详情
查询
Q1客户订单详情
就绪

图 4-24

在图4-24中，从Excel导入Access中的两个数据表“T1订单编号”和“T2订单详情”，以及我们刚刚设计的Access查询“Q1客户订单详情”，都显示在Access界面左侧的“所有Access对象”面板中。

注意：虽然双击Access查询名称可以得到一个数据表，但是Access查询与Access数据表完全不同，Access查询不是存储于Access中的数据表，而是一个从不同数据表中提取数据的定义。

在双击查询名称执行查询时，Access会按照我们在设计查询时所定义的数据提取规则，从相关数据表中重新“组装”数据并显示，查询执行结果会实时地反映底层数据表中数据的变化。因此，在底层数据表中的数据发生变化后，再次执行查询，查询执行结果也会相应地发生变化。

至此，我们已经通过Access查询“Q1客户订单详情”将数据表“T1订单编号”和“T2订单详情”“组装”到一起了。接下来，继续在查询“Q1客户订单详情”的基础上对数据进行汇总分析，建立一个基于查询的查询，该Access查询的设计目标是汇总有订单数据以来，不同客户订购的各种菜品的数量。

在Access功能区中依次单击“创建”>>“查询”>>“查询设计”按钮，进入Access查询设计视图。此时Access界面右侧会出现“添加表”窗格。在“添加表”窗格中选择“全部”选项卡，即可列出Access中所有表和查询的名称。双击刚刚设计的查询“Q1客户订单详情”的名称，将其加入Access查询设计视图，如图4-25所示。

接下来，将“客户姓名”“所定菜品”“份数”从查询“Q1客户订单详情”中拖曳到Access查询设计视图下方的查询设计网格中，然后在查询设计网格的任意位置右击，在弹出的快捷菜单中选择“汇总”命令，如图4-26所示。

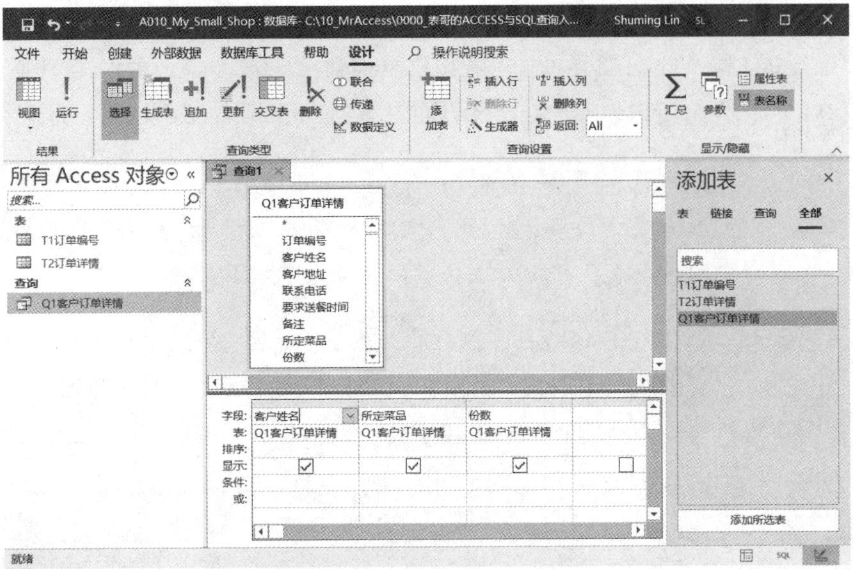

图 4-25

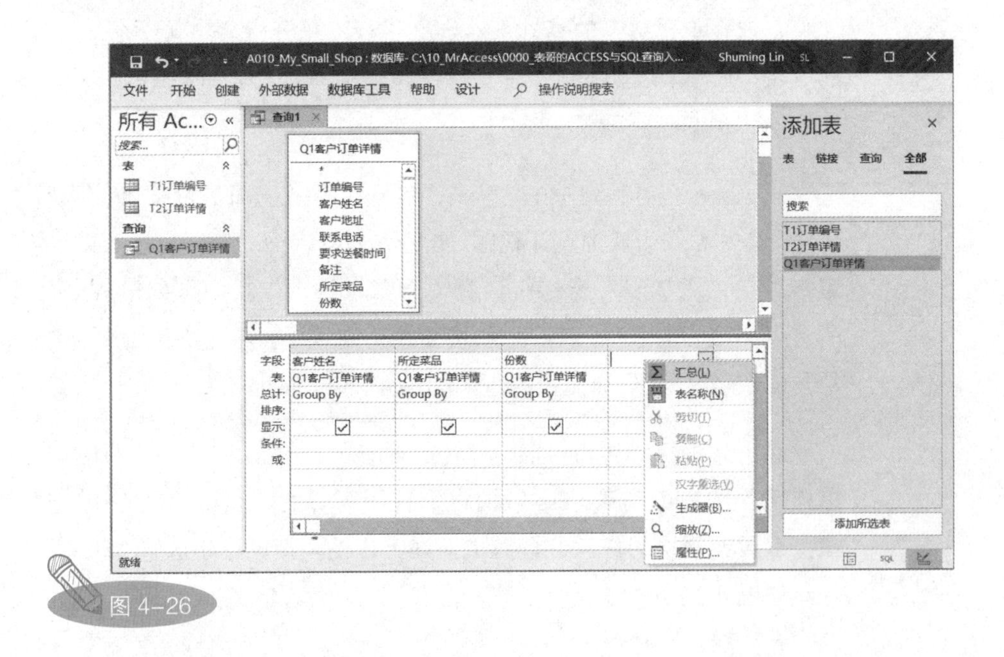

图 4-26

在鼠标右键快捷菜单中选择“汇总”命令后，我们发现，Access

查询设计网格中自动增加了一行，行标题为“总计”。并且，在该行的每个字段下面都显示“Group By”，表示按照该字段进行分类汇总。

毕竟Access不具备人类的智能，我们真正想要的结果是在按照“客户姓名”与“所定菜品”分组后，对“所定菜品”的“份数”进行汇总，可是，Access却将“份数”字段的“总计”也设置为“Group By”了，我们必须对此进行修改。

单击“份数”字段下方“Group By”旁边的下拉按钮，在弹出的下拉列表中选择“合计”选项，如图4-27所示。

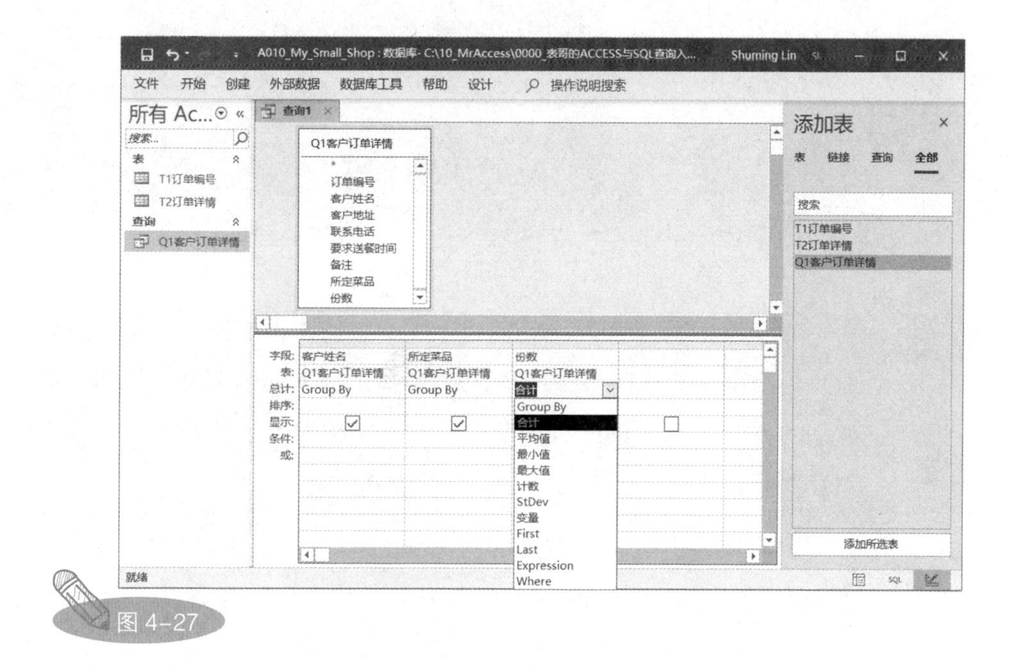

图4-27

在Access功能区中选择“设计”选项卡，单击“结果”功能组中的“运行”按钮，执行我们刚刚设计的查询，或者单击“视图”按钮下方的下拉按钮，在弹出的下拉菜单中选择“数据表视图”命令，切换到数据表视图，即可看到Access查询的执行结果，如图4-28所示。我们观察到，自有订单数据以来，李4先生在小饭馆一共定过11份夫妻肺片、22份饺子和22瓶啤酒。

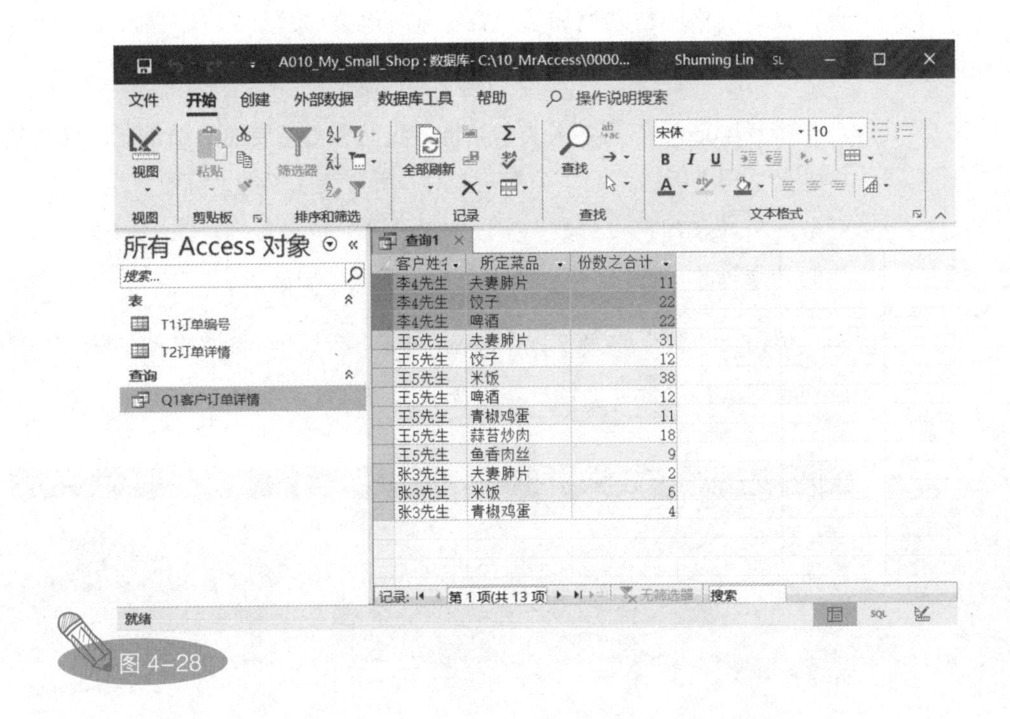

图 4-28

单击 Access 界面左上角的“保存”按钮，将新设计的查询命名为“Q2 客户菜品汇总”。此时我们可以看到，在 Access 界面左侧的“所有 Access 对象”面板的“查询”选项栏下面增加了我们刚刚设计的查询“Q2 客户菜品汇总”的名称，如图 4-29 所示。

到目前为止，查询“Q2 客户菜品汇总”在 Access 中的“数据流”是这样的：基于数据表“T1 订单编号”和“T2 订单详情”设计了查询“Q1 客户订单详情”，然后，我们基于查询“Q1 客户订单详情”设计了查询“Q2 客户菜品汇总”，如图 4-30 所示。这里需要强调的是，Access 中的查询只是对 Access 中数据表组合规则的定义，当查询依赖的实体数据表中的数据发生变化时，重新执行查询，查询执行结果也会动态地反映底层实体数据表中数据的变化。

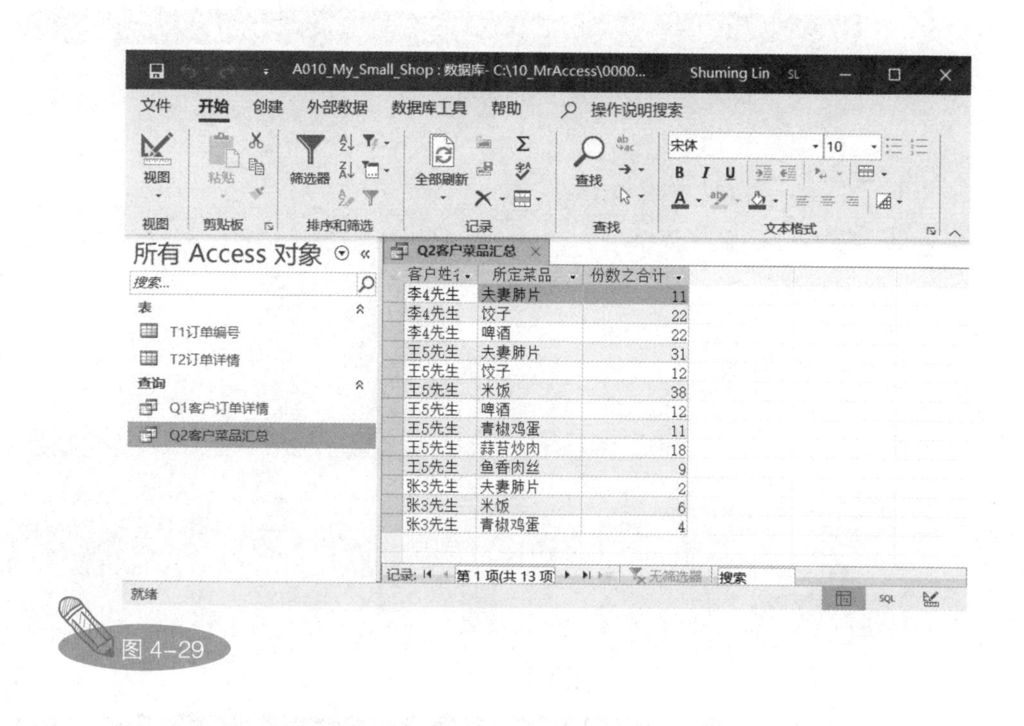

图 4-29

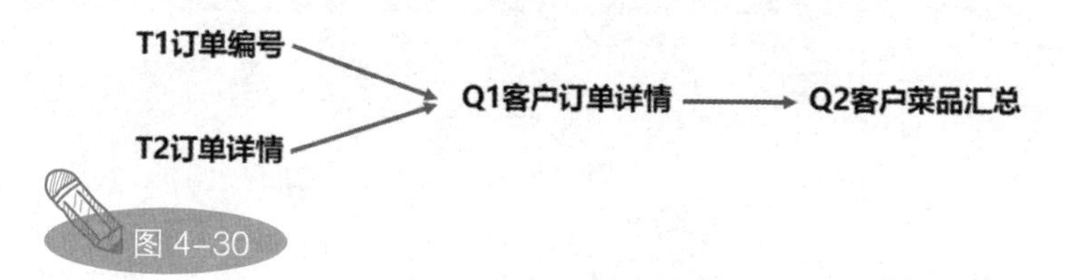

图 4-30

为了验证这个结论，我们在数据表“T1 订单编号”中添加一条记录，该订单的客户姓名为“赵 6 先生”。赵 6 先生在小饭馆中下了一份订单，对应的订单编号为 DD-00013，具体细节见数据表“T1 订单编号”中的最后一条记录，如图 4-31 所示。

在数据表“T2 订单详情”中，我们输入订单编号为 DD-00013 的客户订单的细节：13 份饺子和 13 份啤酒，如图 4-32 所示。

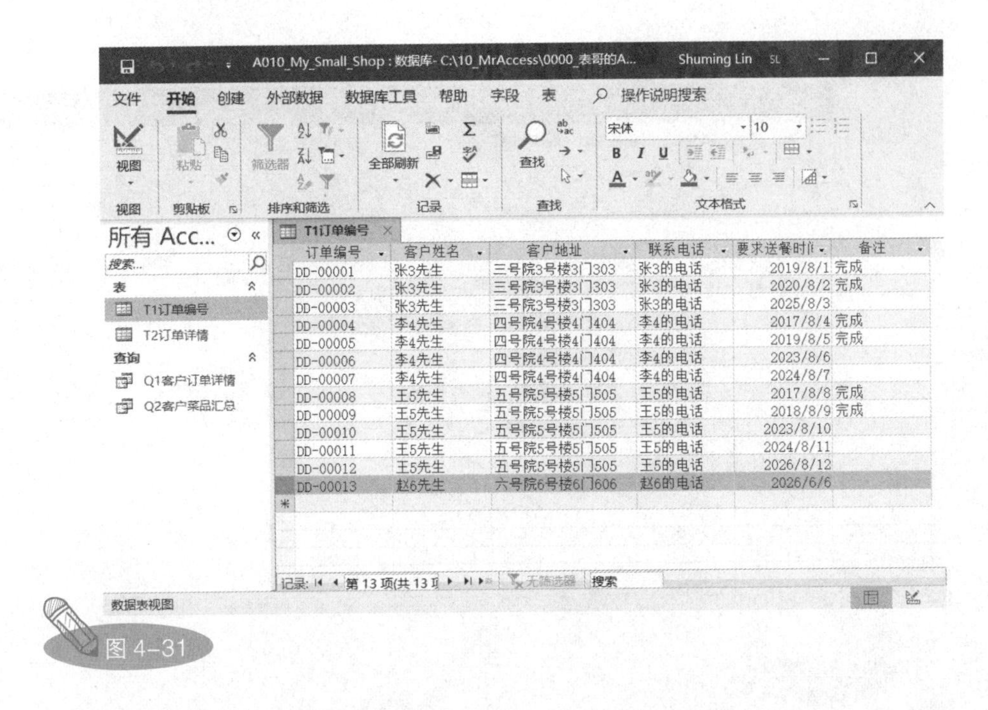
A010_My_Small_Shop : 数据库- C:\10_MrAccess\0000_表哥的A...
Shuming Lin
文件 开始 创建 外部数据 数据库工具 帮助 字段 表 操作说明搜索
视图 剪贴板 排序和筛选 记录 查找 文本格式
所有 Acc...
表
T1订单编号
T2订单详情
查询
Q1客户订单详情
Q2客户菜品汇总
T1订单编号
订单编号 客户姓名 客户地址 联系电话 要求送餐时间 备注
DD-00001 张3先生 三号院3号楼3门303 张3的电话 2019/8/1 完成
DD-00002 张3先生 三号院3号楼3门303 张3的电话 2020/8/2 完成
DD-00003 张3先生 三号院3号楼3门303 张3的电话 2025/8/3
DD-00004 李4先生 四号院4号楼4门404 李4的电话 2017/8/4 完成
DD-00005 李4先生 四号院4号楼4门404 李4的电话 2019/8/5 完成
DD-00006 李4先生 四号院4号楼4门404 李4的电话 2023/8/6
DD-00007 李4先生 四号院4号楼4门404 李4的电话 2024/8/7
DD-00008 王5先生 五号院5号楼5门505 王5的电话 2017/8/8 完成
DD-00009 王5先生 五号院5号楼5门505 王5的电话 2018/8/9 完成
DD-00010 王5先生 五号院5号楼5门505 王5的电话 2023/8/10
DD-00011 王5先生 五号院5号楼5门505 王5的电话 2024/8/11
DD-00012 王5先生 五号院5号楼5门505 王5的电话 2026/8/12
DD-00013 赵6先生 六号院6号楼6门606 赵6的电话 2026/6/6
记录: 第 13 项(共 13 项
数据表视图

图 4-31

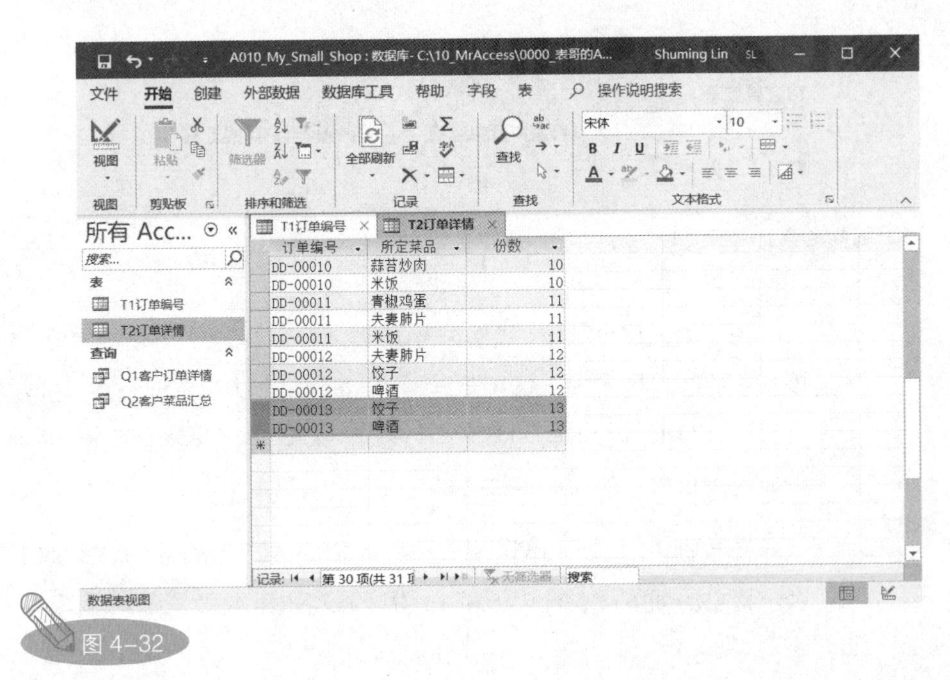
A010_My_Small_Shop : 数据库- C:\10_MrAccess\0000_表哥的A...
Shuming Lin
文件 开始 创建 外部数据 数据库工具 帮助 字段 表 操作说明搜索
所有 Acc...
T1订单编号
T2订单详情
Q1客户订单详情
Q2客户菜品汇总
订单编号 所定菜品 份数
DD-00010 蒜苔炒肉 10
DD-00010 米饭 10
DD-00011 青椒鸡蛋 11
DD-00011 夫妻肺片 11
DD-00011 米饭 11
DD-00012 夫妻肺片 12
DD-00012 饺子 12
DD-00012 啤酒 12
DD-00013 饺子 13
DD-00013 啤酒 13
记录: 第 30 项(共 31 项
数据表视图

图 4-32

单击“保存”按钮，保存修改后的数据，然后关闭两个数据表，最后双击查询“Q2 客户菜品汇总”执行该查询，查询执行结果如图 4-33 所示。根据图 4-33 可知，赵 6 先生的订单数据已经汇总到了查询“Q2 客户菜品汇总”的最终执行结果中（由于赵 6 先生只下了一份订单，因此汇总数据就是该订单数据）。

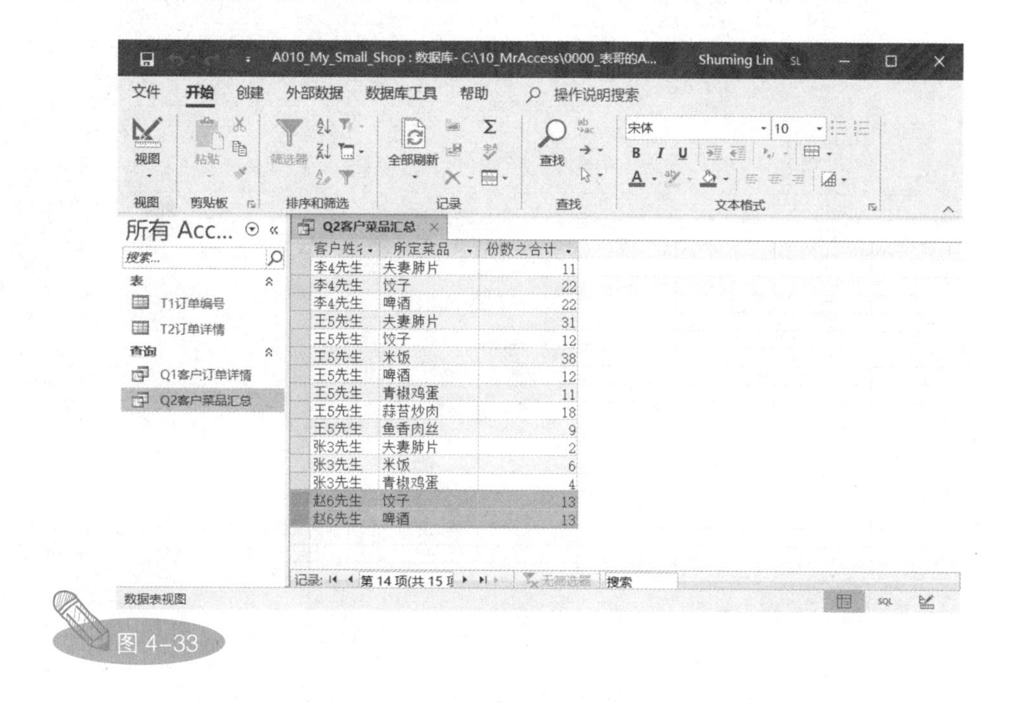

图 4-33

4.4 Access 简单查询

前面已经介绍过，在 Access 界面左侧的“所有 Access 对象”面板中，只有在“表”选项栏下的对象才是实体数据表；而“查询”选项栏下的 Access 查询对象属于虚拟数据表，如图 4-34 所示。

Access 中的查询其实是基于 Access 中的实体数据表或其他 Access 查询，描述如何从实体数据表或其他 Access 查询中提取数据的定义。每次执行查询，Access都会按照Access查询设计视图中定义的规则，重新到相关的数据表中提取数据。因此，Access查询执行结果可以实时地反映其所依赖的数据表中的最新内容。

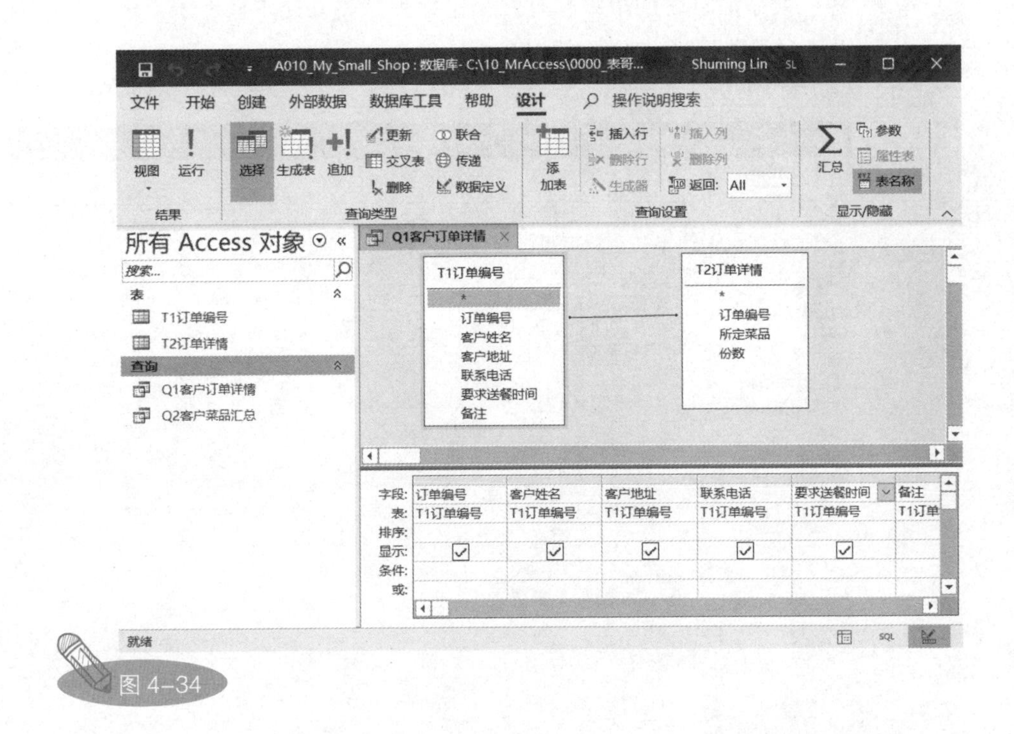

图 4–34

上一节设计的查询“Q1 客户订单详情”的执行结果如图 4-35 所示。现在，我们要基于这个查询进一步引入新的实体数据表（T3 菜品价格），创建一个基于已存在的查询和新引入的实体数据表的新查询，让小张能够对小饭馆的经营状况进行更加深入、细致的分析。

参照本书前面介绍的将 Excel 数据导入 Access 的方法，将 Excel 工作表“T3 菜品价格”中的数据粘贴到 Access 数据表中。在数据导入完成后，双击新导入的 Access 数据表名称，即可看到数据表“T3 菜品价格”中的数据，如图 4-36 所示。

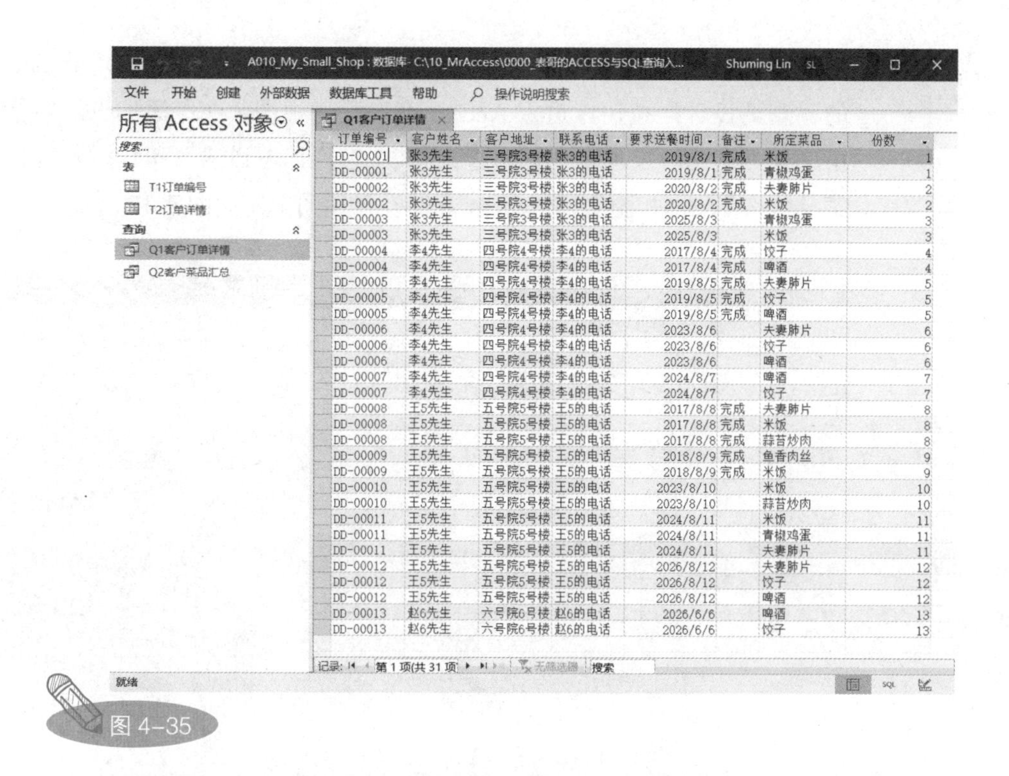

订单编号	客户姓名	客户地址	联系电话	要求送餐时间	备注	所定菜品	份数
DD-00001	张3先生	三号院3号楼	张3的电话	2019/8/1	完成	米饭	1
DD-00001	张3先生	三号院3号楼	张3的电话	2019/8/1	完成	青椒鸡蛋	1
DD-00002	张3先生	三号院3号楼	张3的电话	2020/8/2	完成	夫妻肺片	2
DD-00002	张3先生	三号院3号楼	张3的电话	2020/8/2	完成	米饭	2
DD-00003	张3先生	三号院3号楼	张3的电话	2025/8/3		青椒鸡蛋	3
DD-00003	张3先生	三号院3号楼	张3的电话	2025/8/3		米饭	3
DD-00004	李4先生	四号院4号楼	李4的电话	2017/8/4	完成	饺子	4
DD-00004	李4先生	四号院4号楼	李4的电话	2017/8/4	完成	啤酒	4
DD-00005	李4先生	四号院4号楼	李4的电话	2019/8/5	完成	夫妻肺片	5
DD-00005	李4先生	四号院4号楼	李4的电话	2019/8/5	完成	饺子	5
DD-00005	李4先生	四号院4号楼	李4的电话	2019/8/5	完成	啤酒	5
DD-00006	李4先生	四号院4号楼	李4的电话	2023/8/6		夫妻肺片	6
DD-00006	李4先生	四号院4号楼	李4的电话	2023/8/6		饺子	6
DD-00006	李4先生	四号院4号楼	李4的电话	2023/8/6		啤酒	6
DD-00007	李4先生	四号院4号楼	李4的电话	2024/8/7		啤酒	7
DD-00007	李4先生	四号院4号楼	李4的电话	2024/8/7		饺子	7
DD-00008	王5先生	五号院5号楼	王5的电话	2017/8/8	完成	夫妻肺片	8
DD-00008	王5先生	五号院5号楼	王5的电话	2017/8/8	完成	米饭	8
DD-00008	王5先生	五号院5号楼	王5的电话	2017/8/8	完成	蒜苔炒肉	8
DD-00009	王5先生	五号院5号楼	王5的电话	2018/8/9	完成	鱼香肉丝	9
DD-00009	王5先生	五号院5号楼	王5的电话	2018/8/9	完成	米饭	9
DD-00010	王5先生	五号院5号楼	王5的电话	2023/8/10		米饭	10
DD-00010	王5先生	五号院5号楼	王5的电话	2023/8/10		蒜苔炒肉	10
DD-00011	王5先生	五号院5号楼	王5的电话	2024/8/11		米饭	11
DD-00011	王5先生	五号院5号楼	王5的电话	2024/8/11		青椒鸡蛋	11
DD-00011	王5先生	五号院5号楼	王5的电话	2024/8/11		夫妻肺片	11
DD-00012	王5先生	五号院5号楼	王5的电话	2026/8/12		夫妻肺片	12
DD-00012	王5先生	五号院5号楼	王5的电话	2026/8/12		饺子	12
DD-00012	王5先生	五号院5号楼	王5的电话	2026/8/12		啤酒	12
DD-00013	赵6先生	六号院6号楼	赵6的电话	2026/6/6		啤酒	13
DD-00013	赵6先生	六号院6号楼	赵6的电话	2026/6/6		饺子	13

图 4-35

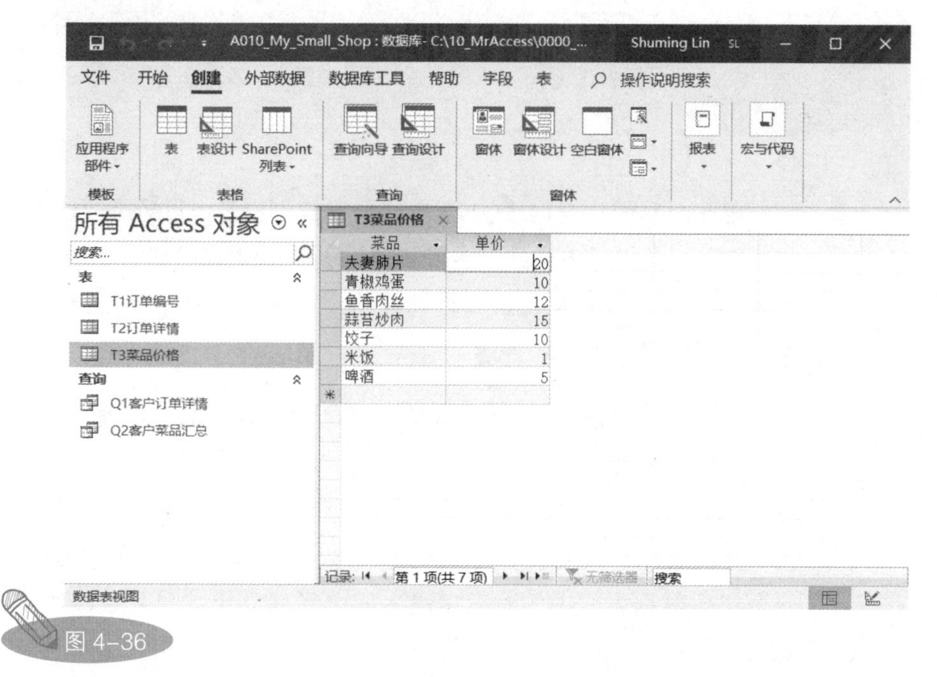

菜品	单价
夫妻肺片	20
青椒鸡蛋	10
鱼香肉丝	12
蒜苔炒肉	15
饺子	10
米饭	1
啤酒	5

图 4-36

在Access功能区中选择“创建”选项卡，单击“查询”功能组中的“查询设计”按钮，进入Access查询设计视图。在“添加表”窗格中选择“全部”选项卡，双击查询“Q1客户订单详情”和数据表“T3菜品价格”，将其添加到Access查询设计视图中，如图4-37所示。

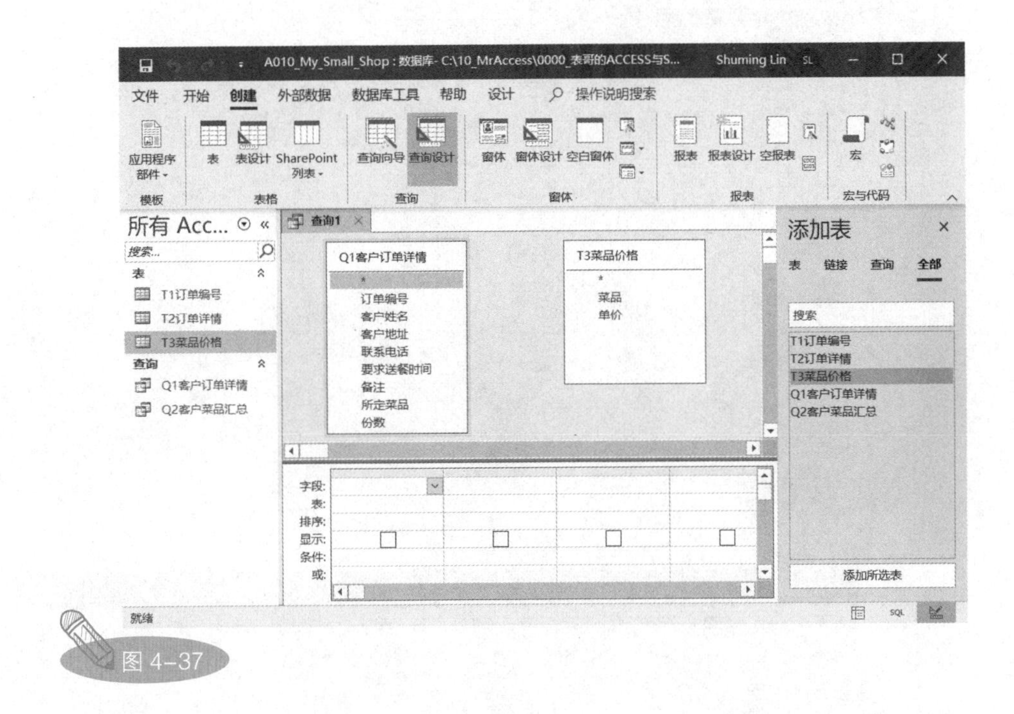

图 4-37

现在，我们从查询“Q1客户订单详情”出发，以查询“Q1客户订单详情”中的“所定菜品”字段和数据表“T3菜品价格”中的“菜品”字段为关联，利用Access查询功能将二者中的数据整合到新的Access查询执行结果中。

选中查询“Q1客户订单详情”中的“所定菜品”字段，按住鼠标左键，将其拖曳到数据表“T3菜品价格”中的“菜品”字段上，然后释放鼠标左键。此时，查询“Q1客户订单详情”和数据表“T3菜品价格”之间出现了一条联接线，表示两个数据表（尽管一个是虚拟数据表，一个实体数据表）中的对应字段之间已经建立了关联关系，如图4-38所示。

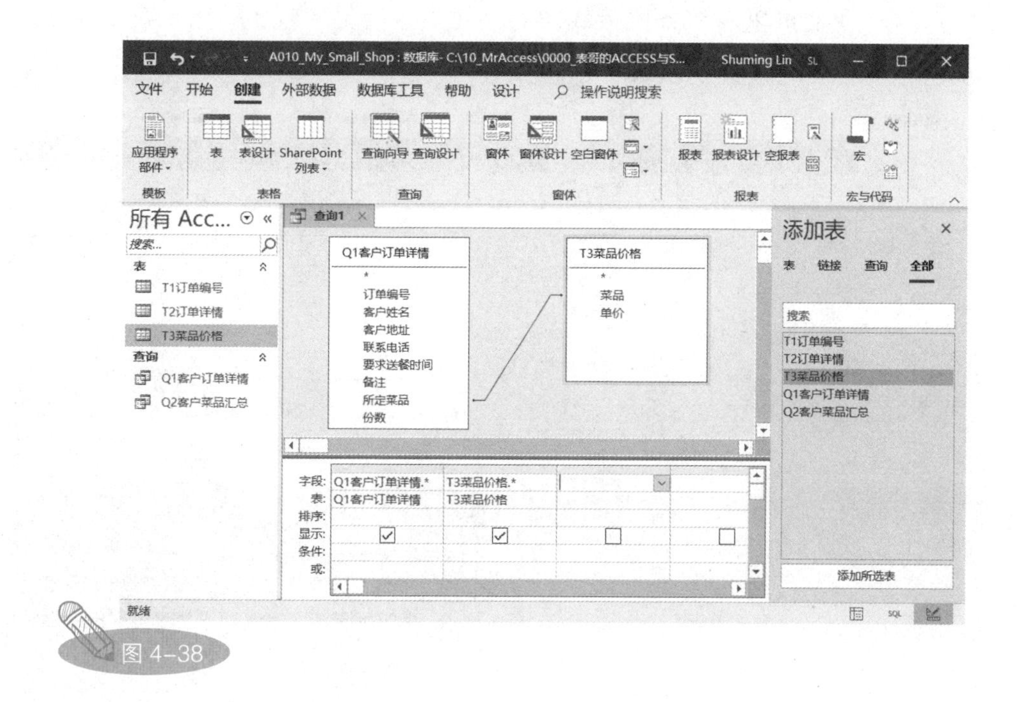

图 4-38

接下来，将两个数据表中的所有字段都拖曳到 Access 查询设计视图下方的查询设计网格中。在设计 Access 查询时，将数据表中的所有字段都添加到查询执行结果中的方法有两种，一种是将数据表中的字段逐个拖曳（或者双击字段添加）到查询设计网格中，另一种是拖曳或双击数据表结构图第一个字段名上方的星号“*”快速添加所有字段。

在 Access 查询设计视图中将查询规则（关联关系和显示字段）设置完毕后，执行该查询，Access 会遵循这些规则，只显示两个数据表中关联字段相等的记录。

如果想回顾 Access 查询背后的逻辑和细节，则可以参阅本书前面关于 Access 查询“Q1 客户订单详情”设计过程的讲解。值得注意的是，在 Access 查询中，在双击两个数据表之间的联接线时，会弹出“联接属性”对话框，如图 4-39 所示。在“联接属性”对话框中，我们可以对这条联接线的连接效果进行更多设置，用于满足复杂的Access查询实战需求。

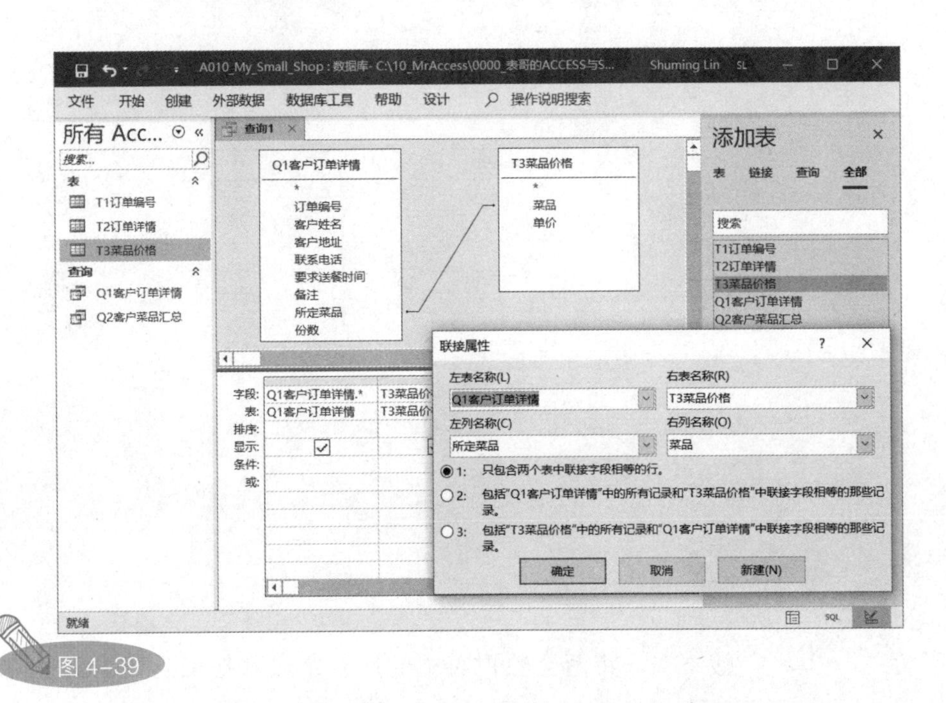

图 4-39

在“联接属性”对话框中，当我们用鼠标拖曳连线的方式在左右两个数据表中特定字段间建立关联关系时，Access默认设置的联接属性是第一个单选按钮，即“1：只包含两个表中联接字段相等的行”。其实，我们还可以根据不同的管理需求，将联接线的“联接属性”设置为第二个单选按钮或第三个单选按钮。

这里我们暂且不对该对话框进行深入研究，单击“取消”按钮关闭该对话框，然后，在Access功能区中选择“设计”选项卡，单击“视图”按钮下方的下拉按钮，在弹出的下拉菜单中选择“数据表视图”命令，从查询设计视图切换到数据表视图，该查询的执行结果如图4-40所示，可以看到，菜品的“单价”已经出现在了相应的菜品后面。

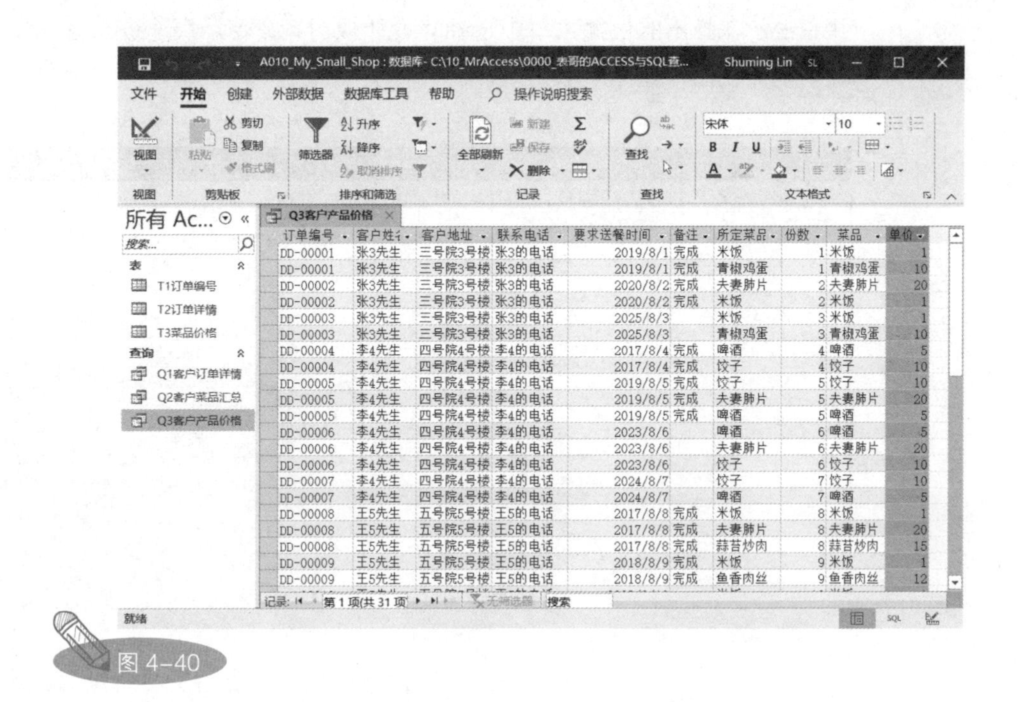

图 4–40

在以名称“Q3 客户产品价格”保存该查询后，我们看到，在 Access 界面左侧的“所有 Access 对象”面板中新增加了一个名称为“Q3 客户产品价格”的查询对象。

在查询“Q3 客户产品价格”中已经具备了每份客户订单下的每种“所定菜品”的“份数”和相应的“单价”。现在，我们需要增加一个计算列，根据“份数”×“单价”，计算每个订单编号下每种菜品的金额小计。

在 Excel 中，我们可以轻松地用公式解决该问题；在 Access 中，我们也可以非常轻松地用类似的方法完成任务，只是该任务不能在数据表视图中直接完成，需要在 Access 查询设计视图中以设计 Access 表达式的方式完成。

下面，我们换一种方式快速进入 Access 查询设计视图：在 Access 界面左侧的“所有 Access 对象”面板中，选中查询“Q3 客户产品价格”

并右击，在弹出的快捷菜单中选择“设计视图”命令，快速进入 Access 查询设计视图，如图 4-41 所示。

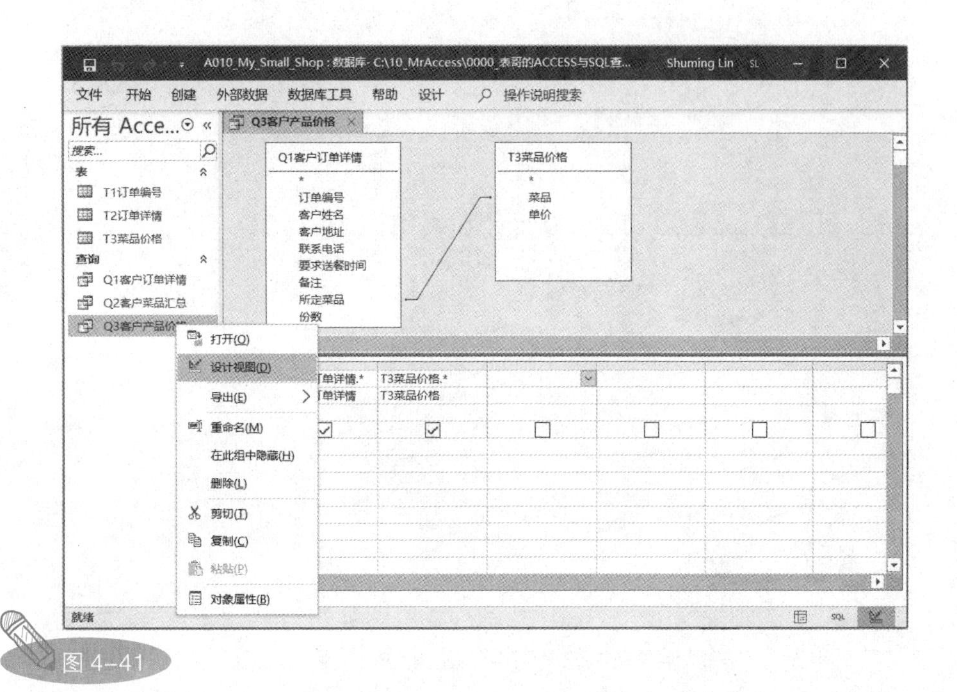

图 4-41

现在，我们在 Access 查询设计视图下方的查询设计网格最后一个字段后面的空白处右击，在弹出的快捷菜单中选择“生成器”命令，如图 4-42 所示。

Access 中的生成器就像婴儿用的学步车，利用它，我们可以快速熟悉 Access 中各种表达式的写法（Access 中的表达式类似于 Excel 中的公式，但有一些不同）。我们在对 Access 操作比较熟练后，就可以抛开“学步车”，直接在 Access 查询设计网格中创建满足需求的 Access 表达式了。

现在，在弹出的“表达式生成器”对话框中创建所需的 Access 表达式。在此之前，让我们先观察一下“表达式生成器”对话框，如图 4-43 所示。

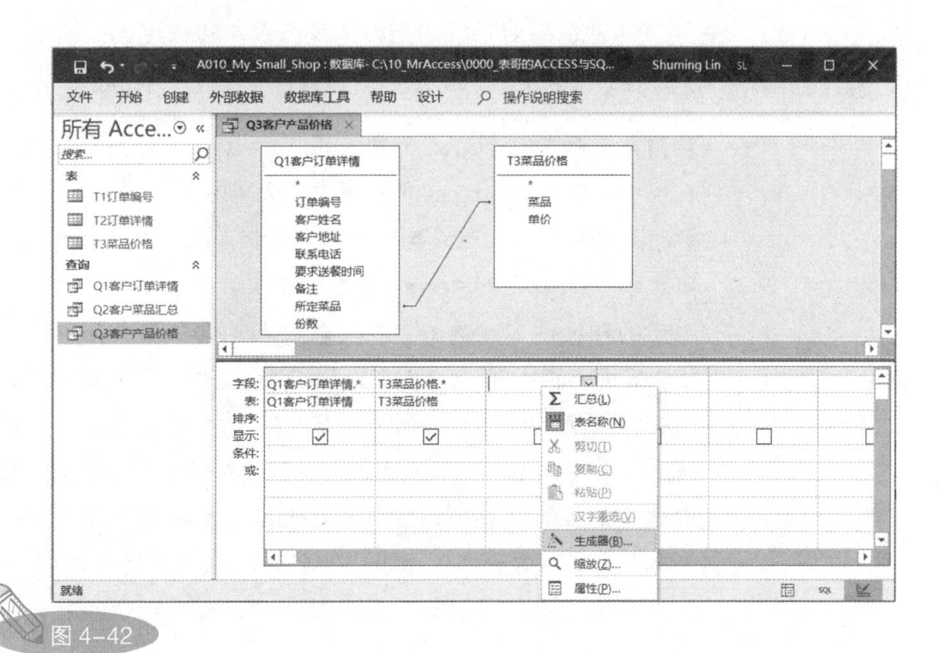
A010_My_Small_Shop : 数据库- C:\10_MrAccess\0000_表哥的ACCESS与SQ...
Shuming Lin
文件 开始 创建 外部数据 数据库工具 帮助 设计 操作说明搜索
所有 Acce...
搜索...
表
T1订单编号
T2订单详情
T3菜品价格
查询
Q1客户订单详情
Q2客户菜品汇总
Q3客户产品价格
Q3客户产品价格
Q1客户订单详情
*
订单编号
客户姓名
客户地址
联系电话
要求送餐时间
备注
所定菜品
份数
T3菜品价格
*
菜品
单价
字段: Q1客户订单详情.* T3菜品价格.*
表: Q1客户订单详情 T3菜品价格
排序:
显示:
条件:
或:
汇总(L)
表名称(N)
剪切(T)
复制(C)
粘贴(P)
汉字重选(V)
生成器(B)...
缩放(Z)...
属性(P)...
就绪

图 4-42

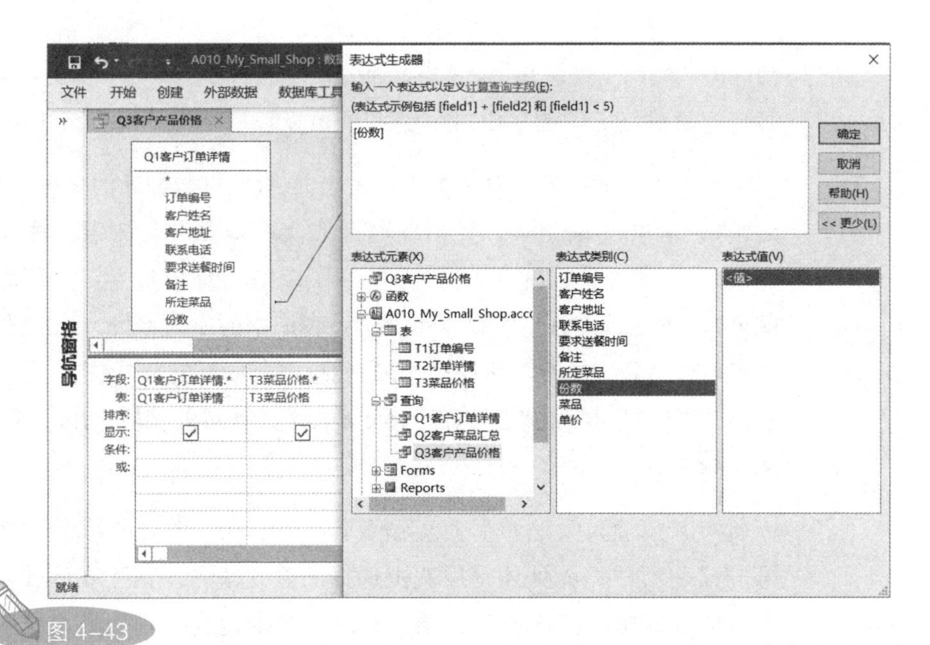
A010_My_Small_Shop : 数据
文件 开始 创建 外部数据 数据库工具
导航窗格
Q3客户产品价格
Q1客户订单详情
*
订单编号
客户姓名
客户地址
联系电话
要求送餐时间
备注
所定菜品
份数
字段: Q1客户订单详情.* T3菜品价格.*
表: Q1客户订单详情 T3菜品价格
排序:
显示:
条件:
或:
表达式生成器
输入一个表达式以定义计算查询字段(E):
(表达式示例包括 [field1] + [field2] 和 [field1] < 5)
[份数]
确定
取消
帮助(H)
<< 更少(L)
表达式元素(X)
Q3客户产品价格
函数
A010_My_Small_Shop.acc
表
T1订单编号
T2订单详情
T3菜品价格
查询
Q1客户订单详情
Q2客户菜品汇总
Q3客户产品价格
Forms
Reports
表达式类别(C)
订单编号
客户姓名
客户地址
联系电话
要求送餐时间
备注
所定菜品
份数
菜品
单价
表达式值(V)
<值>
就绪

图 4-43

“表达式生成器”对话框的上方是我们设计和修改 Access 表达式的地方。在该对话框的下方，从左到右，有以下 3 个列表框。

- 左侧是名称为“表达式元素”的 Access 对象折叠列表框，该列表框中包含当前 Access 数据库中的大部分元素。
- 中间是名称为“表达式类别”的列表框。在左侧“表达式元素”列表框中选中某个 Access 元素即可在该列表框中显示该 Access 元素的相关内容。例如，在“表达式元素”列表框中选中查询“Q3 客户产品价格”，即可在“表达式类别”列表框中显示查询“Q3 客户产品价格”中的所有字段。双击该列表框中的选项，该选项会自动填写到“表达式生成器”对话框上方的文本域中。
- 右侧是名称为“表达式值”的列表框，主要用于显示所选表达式类别的下一级内容。由于图 4-43 中前面选的是查询“Q3 客户产品价格”中的“份数”列，因此该列表框中默认显示的是该列的“< 值 >”。

针对本案例，我们要编写的 Access 表达式为所定菜品的“份数”×“单价”。我们知道，所定菜品的“份数”和“单价”都是查询“Q3 客户产品价格”中的字段，因此，我们可以按以下方法寻找这两个字段。

在“表达式元素”列表框中双击当前 Access 数据库的名称“A010_My_Small_Shop.accdb”，然后在展开的 Access 数据库对象列表中双击“查询”选项，最后在展开的查询列表中双击查询“Q3 客户产品价格”，即可在“表达式类别”列表框中列出该查询中的所有字段，双击“份数”字段，即可将“份数”字段被添加到对话框上方的文本域中，并且字段名被一对中括号括起来（这是 Access 表达式认可的字段引用方式），如图 4-44 所示。

接下来输入乘法符号，根据我们在 Excel 中的经验推断，乘法符号应该是“*”，此处还是用双击选择的方式输入。在“表达式元素”列表框中双击“操作符”选项，然后在“表达式类别”列表框中双击“< 全部 >”选项，最后在“表达式值”列表框中双击“*”选项，即可输入乘法符号，如图 4-45 所示。

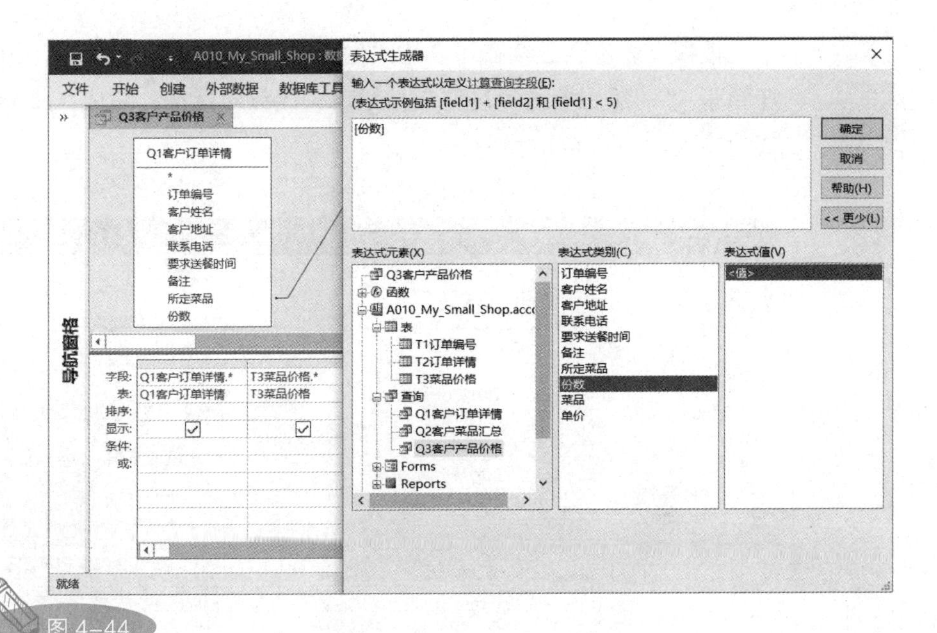
A010_My_Small_Shop : 数
文件
开始
创建
外部数据
数据库工具
Q3客户产品价格
Q1客户订单详情
*
订单编号
客户姓名
客户地址
联系电话
要求送餐时间
备注
所定菜品
份数
导航窗格
字段:
表:
排序:
显示:
条件:
或:
Q1客户订单详情.*
Q1客户订单详情
T3菜品价格.*
T3菜品价格
就绪
表达式生成器
输入一个表达式以定义计算查询字段(E):
(表达式示例包括 [field1] + [field2] 和 [field1] < 5)
[份数]
确定
取消
帮助(H)
<< 更少(L)
表达式元素(X)
表达式类别(C)
表达式值(V)
Q3客户产品价格
函数
A010_My_Small_Shop.accc
表
T1订单编号
T2订单详情
T3菜品价格
查询
Q1客户订单详情
Q2客户菜品汇总
Q3客户产品价格
Forms
Reports
订单编号
客户姓名
客户地址
联系电话
要求送餐时间
备注
所定菜品
份数
菜品
单价
<值>

图 4-44

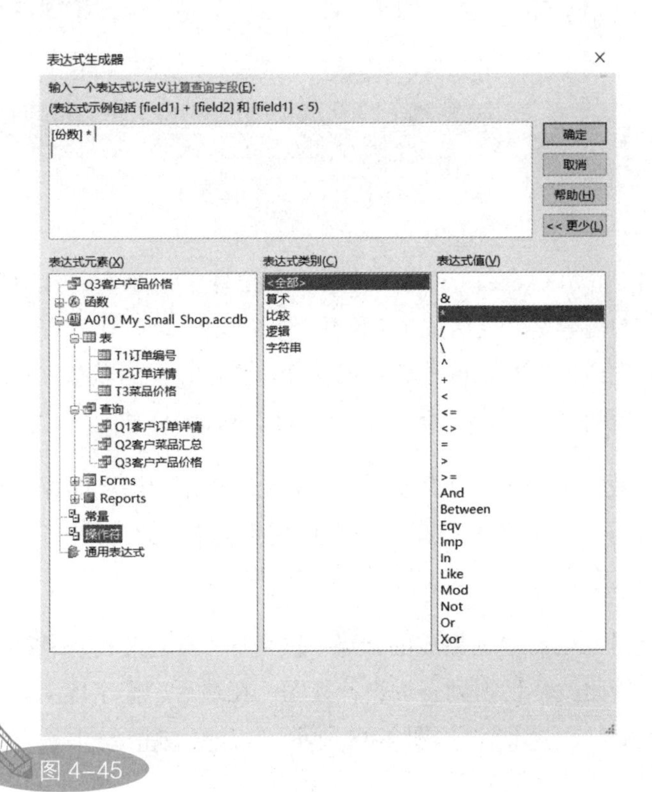
表达式生成器
输入一个表达式以定义计算查询字段(E):
(表达式示例包括 [field1] + [field2] 和 [field1] < 5)
[份数] *
确定
取消
帮助(H)
<< 更少(L)
表达式元素(X)
表达式类别(C)
表达式值(V)
Q3客户产品价格
函数
A010_My_Small_Shop.accdb
表
T1订单编号
T2订单详情
T3菜品价格
查询
Q1客户订单详情
Q2客户菜品汇总
Q3客户产品价格
Forms
Reports
常量
操作符
通用表达式
<全部>
算术
比较
逻辑
字符串
-
&
*
/
\
^
+
<
<=
<>
=
>
>=
And
Between
Eqv
Imp
In
Like
Mod
Not
Or
Xor

图 4-45

根据上述步骤继续在“表达式生成器”对话框上方的文本域中输入“[单价]”，然后单击“确定”按钮，关闭该对话框，完成 Access 表达式的输入，如图 4-46 所示。

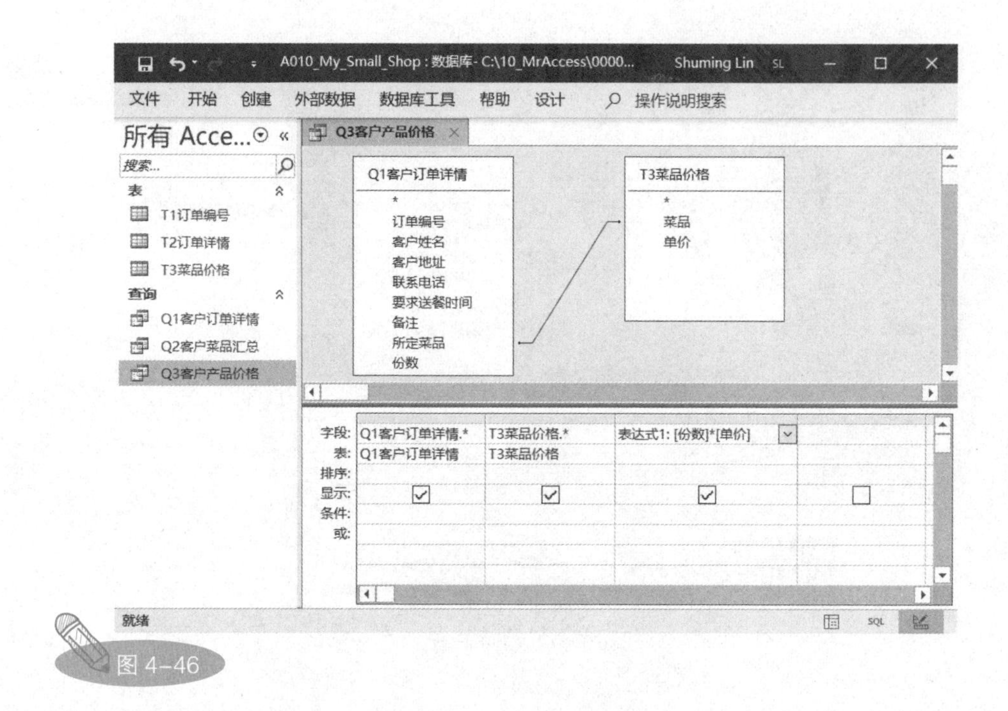

图 4-46

我们看到，在 Access 查询设计网格中出现了一个新的计算字段，该计算字段的内容是“表达式 1: [份数]*[单价]”。这里的“表达式 1”是“表达式生成器”对话框给新生成的计算字段设置的默认名称，该计算字段冒号后的“[份数]*[单价]”是具体的 Access 表达式。

切换到数据表视图，查看查询“Q3 客户产品价格”的执行结果，如图 4-47 所示。我们看到，最后一列的内容为 [份数]*[单价] 的计算结果，其字段名为“表达式 1”，保存该查询。

如果觉得 Access 自动生成的计算字段名称“表达式 1”不够人性化，可以对其进行修改。切换到查询设计视图。在最后一个字段上，将“表达式 1”修改为“小计”，如图 4-48 所示。

订单编号	客户姓名	客户地址	联系电话	要求送餐时间	备注	所定菜品	份数	菜品	单价	表达式1
DD-00001	张3先生	三号院3号楼	张3的电话	2019/8/1	完成	米饭	1	米饭	1	1
DD-00001	张3先生	三号院3号楼	张3的电话	2019/8/1	完成	青椒鸡蛋	1	青椒鸡蛋	10	10
DD-00002	张3先生	三号院3号楼	张3的电话	2020/8/2	完成	夫妻肺片	2	夫妻肺片	20	40
DD-00002	张3先生	三号院3号楼	张3的电话	2020/8/2	完成	米饭	2	米饭	1	2
DD-00003	张3先生	三号院3号楼	张3的电话	2025/8/3		米饭	3	米饭	1	3
DD-00003	张3先生	三号院3号楼	张3的电话	2025/8/3		青椒鸡蛋	3	青椒鸡蛋	10	30
DD-00004	李4先生	四号院4号楼	李4的电话	2017/8/4	完成	啤酒	4	啤酒	5	20
DD-00004	李4先生	四号院4号楼	李4的电话	2017/8/4	完成	饺子	4	饺子	10	40
DD-00005	李4先生	四号院4号楼	李4的电话	2019/8/5	完成	饺子	5	饺子	10	50
DD-00005	李4先生	四号院4号楼	李4的电话	2019/8/5	完成	夫妻肺片	5	夫妻肺片	20	100
DD-00005	李4先生	四号院4号楼	李4的电话	2019/8/5	完成	啤酒	5	啤酒	5	25
DD-00006	李4先生	四号院4号楼	李4的电话	2023/8/6		啤酒	6	啤酒	5	30
DD-00006	李4先生	四号院4号楼	李4的电话	2023/8/6		夫妻肺片	6	夫妻肺片	20	120
DD-00006	李4先生	四号院4号楼	李4的电话	2023/8/6		饺子	6	饺子	10	60
DD-00007	李4先生	四号院4号楼	李4的电话	2024/8/7		饺子	7	饺子	10	70
DD-00007	李4先生	四号院4号楼	李4的电话	2024/8/7		啤酒	7	啤酒	5	35
DD-00008	王5先生	五号院5号楼	王5的电话	2017/8/8	完成	米饭	8	米饭	1	8
DD-00008	王5先生	五号院5号楼	王5的电话	2017/8/8	完成	夫妻肺片	8	夫妻肺片	20	160
DD-00008	王5先生	五号院5号楼	王5的电话	2017/8/8	完成	蒜苔炒肉	8	蒜苔炒肉	15	120
DD-00009	王5先生	五号院5号楼	王5的电话	2018/8/9	完成	米饭	9	米饭	1	9
DD-00009	王5先生	五号院5号楼	王5的电话	2018/8/9	完成	鱼香肉丝	9	鱼香肉丝	12	108
DD-00010	王5先生	五号院5号楼	王5的电话	2023/8/10		米饭	10	米饭	1	10
DD-00010	王5先生	五号院5号楼	王5的电话	2023/8/10		蒜苔炒肉	10	蒜苔炒肉	15	150
DD-00011	王5先生	五号院5号楼	王5的电话	2024/8/11		米饭	11	米饭	1	11
DD-00011	王5先生	五号院5号楼	王5的电话	2024/8/11		夫妻肺片	11	夫妻肺片	20	220
DD-00011	王5先生	五号院5号楼	王5的电话	2024/8/11		青椒鸡蛋	11	青椒鸡蛋	10	110
DD-00012	王5先生	五号院5号楼	王5的电话	2026/8/12		啤酒	12	啤酒	5	60
DD-00012	王5先生	五号院5号楼	王5的电话	2026/8/12		饺子	12	饺子	10	120
DD-00012	王5先生	五号院5号楼	王5的电话	2026/8/12		夫妻肺片	12	夫妻肺片	20	240
DD-00013	赵6先生	六号院6号楼	赵6的电话	2026/6/6		饺子	13	饺子	10	130
DD-00013	赵6先生	六号院6号楼	赵6的电话	2026/6/6		啤酒	13	啤酒	5	65

记录: 第 1 项(共 31 项)

图 4-47

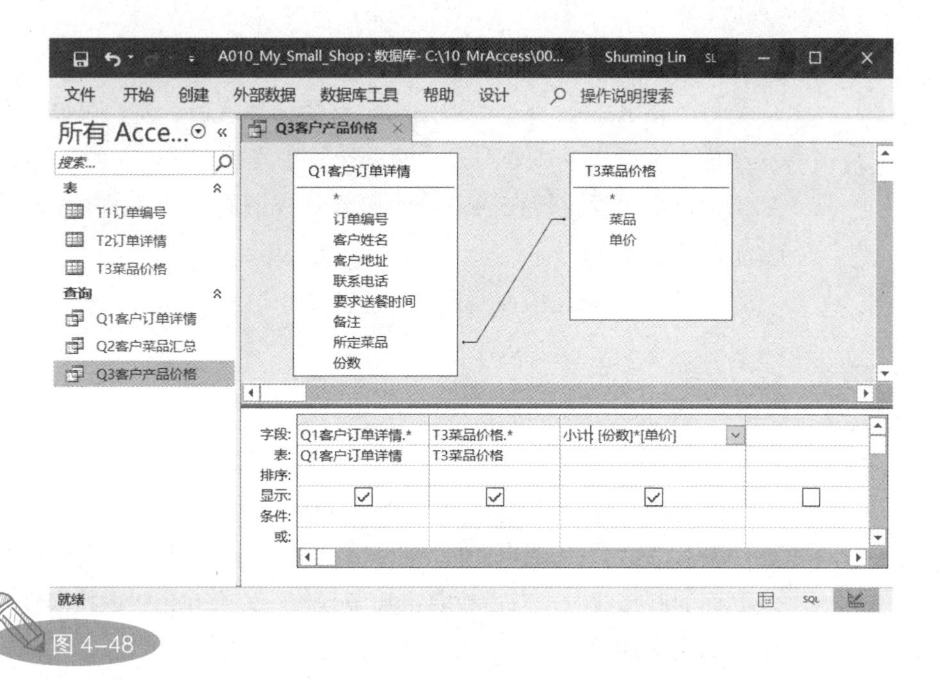

图 4-48

再次切换到数据表视图，可以发现，计算字段的名称“表达式 1”被修改为更有意义的“小计”，如图 4-49 所示。

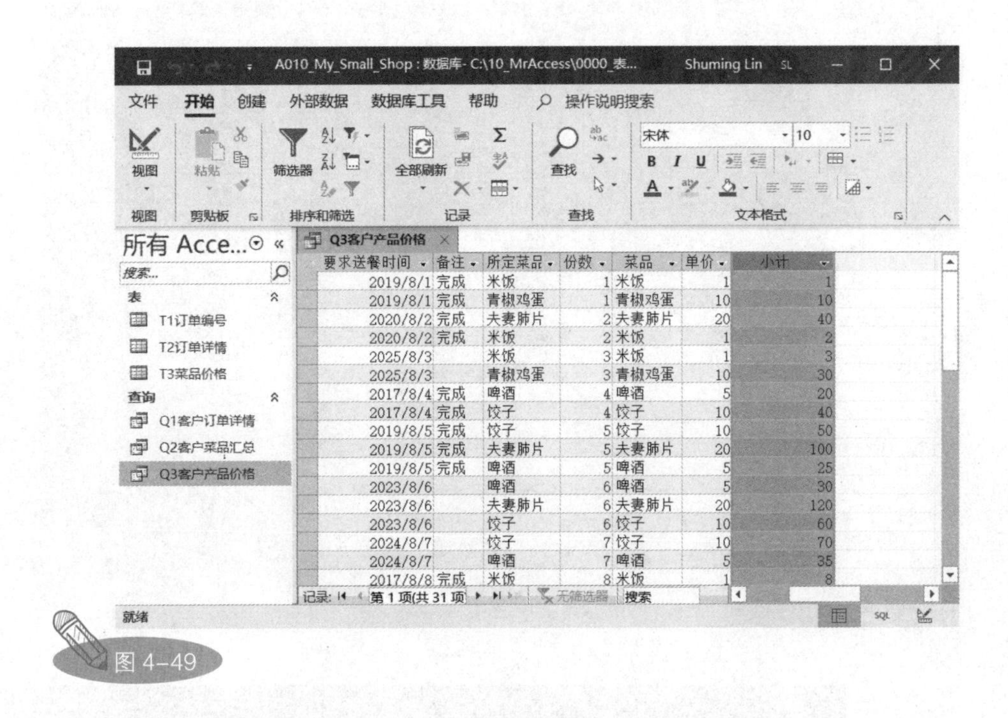

要求送餐时间	备注	所定菜品	份数	菜品	单价	小计
2019/8/1	完成	米饭	1	米饭	1	1
2019/8/1	完成	青椒鸡蛋	1	青椒鸡蛋	10	10
2020/8/2	完成	夫妻肺片	2	夫妻肺片	20	40
2020/8/2	完成	米饭	2	米饭	1	2
2025/8/3		米饭	3	米饭	1	3
2025/8/3		青椒鸡蛋	3	青椒鸡蛋	10	30
2017/8/4	完成	啤酒	4	啤酒	5	20
2017/8/4	完成	饺子	4	饺子	10	40
2019/8/5	完成	饺子	5	饺子	10	50
2019/8/5	完成	夫妻肺片	5	夫妻肺片	20	100
2019/8/5	完成	啤酒	5	啤酒	5	25
2023/8/6		啤酒	6	啤酒	5	30
2023/8/6		夫妻肺片	6	夫妻肺片	20	120
2023/8/6		饺子	6	饺子	10	60
2024/8/7		饺子	7	饺子	10	70
2024/8/7		啤酒	7	啤酒	5	35
2017/8/8	完成	米饭	8	米饭	1	8

图 4-49

对于在 Access 查询中增加自定义的计算字段，我们可以通过前面介绍的“表达式生成器”方式输入计算字段表达式，在对 Access 比较熟悉后，也可以直接在 Access 查询设计视图的空白字段中手动输入计算字段表达式。

4.5 Access 表间联接

上一节，在查询“Q3 客户产品价格”的设计过程中，我们提到了两个数据表之间“联接属性”的概念。在 Access 查询中设置两个数据表之间的联接线时，双击或右击那条联接线，会弹出“联接属性”对话框，如图 4-50 所示。

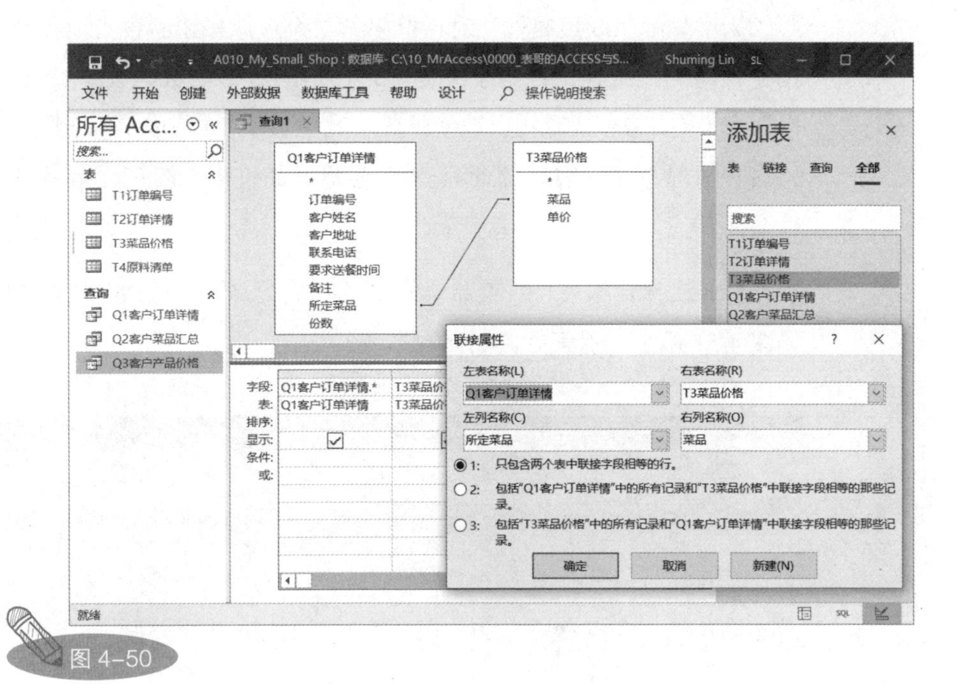

图 4-50

到目前为止，我们设计的所有 Access 查询，在其“联接属性”对话框中选择的都是默认的第一个单选按钮。这虽然不会有什么大问题，但是，在“联接属性”对话框中选择不同的单选按钮可能会影响 Access 查询的执行结果。下面将“联接属性”对话框中的三个单选按钮中的描述重新抄录一次。

1：只包含两个表中联接字段相等的行。

2：包括“Q1 客户订单详情”中的所有记录和“T3 菜品价格”中联接字段相等的那些记录。

3：包括“T3 菜品价格”中的所有记录和“Q1 客户订单详情”中联接字段相等的那些记录。

这里我们只讨论第二个单选按钮的含义。在理解第二个的单选按钮的含义后，自然可以理解第三个单选按钮的含义。

为了理解“联接属性”对话框中第二个单选按钮的含义，我们先假设一种情况：某客户订购了夫妻肺片，但其价格在数据表“T3 菜品价格”中没有维护，或者错误地维护成了其他名字，如写成了“夫妻胶片”。在这种情况下，我们看看查询“Q3 客户产品价格”的执行结果会变成什么样。

打开实体数据表“T3 菜品价格”，将“夫妻肺片”改成“夫妻胶片”，如图 4-51 所示，保存并关闭该数据表。

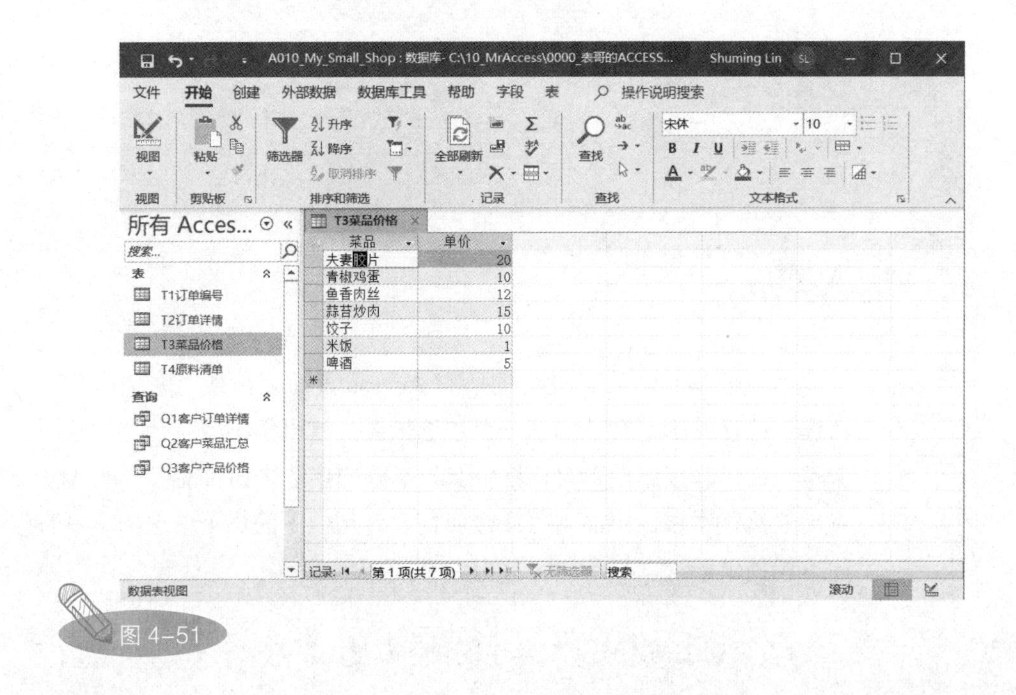

图 4-51

重新执行查询“Q3 客户产品价格”，我们发现，在查询“Q3 客户产品价格”的执行结果中，所有关于“夫妻肺片”的记录都消失了，如图4-52所示。发生这种情况的原因是在设计查询“Q3客户产品价格”时，我们在数据表之间的“联接属性”对话框中选择的是默认的第一个单选按钮，如图 4-53 所示。

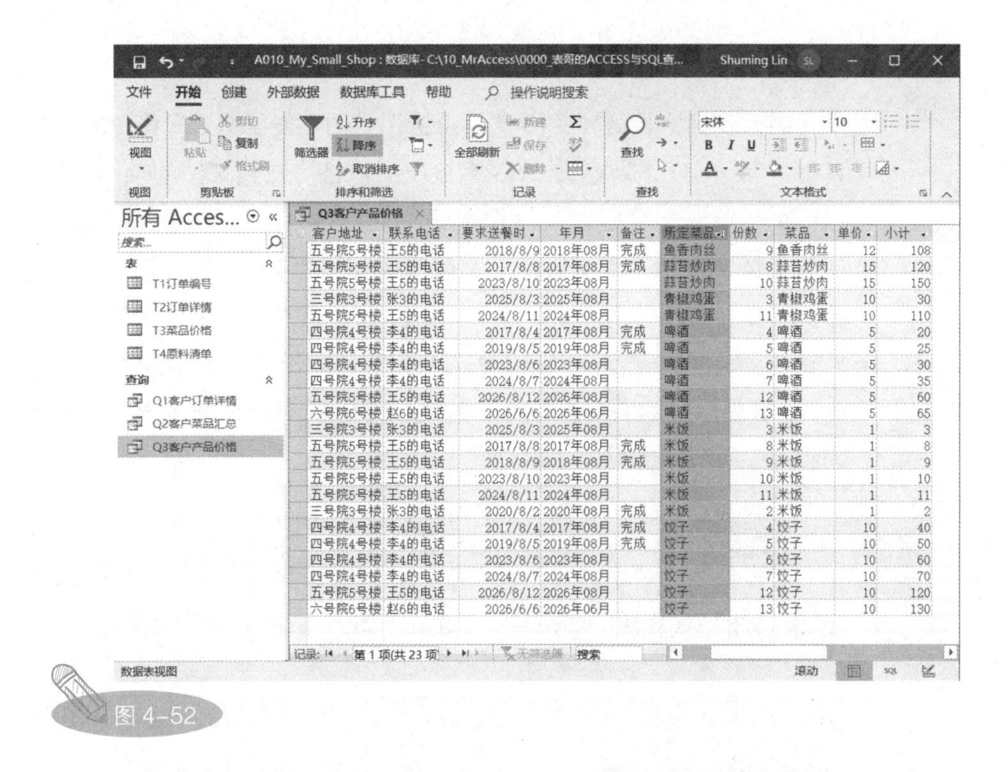

客户地址	联系电话	要求送餐时	年月	备注	所定菜品	份数	菜品	单价	小计
五号院5号楼	王5的电话	2018/8/9	2018年08月	完成	鱼香肉丝	9	鱼香肉丝	12	108
五号院5号楼	王5的电话	2017/8/8	2017年08月	完成	蒜苔炒肉	8	蒜苔炒肉	15	120
五号院5号楼	王5的电话	2023/8/10	2023年08月		蒜苔炒肉	10	蒜苔炒肉	15	150
三号院3号楼	张3的电话	2025/8/3	2025年08月		青椒鸡蛋	3	青椒鸡蛋	10	30
五号院5号楼	王5的电话	2024/8/11	2024年08月		青椒鸡蛋	11	青椒鸡蛋	10	110
四号院4号楼	李4的电话	2017/8/4	2017年08月	完成	啤酒	4	啤酒	5	20
四号院4号楼	李4的电话	2019/8/5	2019年08月	完成	啤酒	5	啤酒	5	25
四号院4号楼	李4的电话	2023/8/6	2023年08月		啤酒	6	啤酒	5	30
四号院4号楼	李4的电话	2024/8/7	2024年08月		啤酒	7	啤酒	5	35
五号院5号楼	王5的电话	2026/8/12	2026年08月		啤酒	12	啤酒	5	60
六号院6号楼	赵6的电话	2026/6/6	2026年06月		啤酒	13	啤酒	5	65
三号院3号楼	张3的电话	2025/8/3	2025年08月		米饭	3	米饭	1	3
五号院5号楼	王5的电话	2017/8/8	2017年08月	完成	米饭	8	米饭	1	8
五号院5号楼	王5的电话	2018/8/9	2018年08月	完成	米饭	9	米饭	1	9
五号院5号楼	王5的电话	2023/8/10	2023年08月		米饭	10	米饭	1	10
五号院5号楼	王5的电话	2024/8/11	2024年08月		米饭	11	米饭	1	11
三号院3号楼	张3的电话	2020/8/2	2020年08月	完成	米饭	2	米饭	1	2
四号院4号楼	李4的电话	2017/8/4	2017年08月	完成	饺子	4	饺子	10	40
四号院4号楼	李4的电话	2019/8/5	2019年08月	完成	饺子	5	饺子	10	50
四号院4号楼	李4的电话	2023/8/6	2023年08月		饺子	6	饺子	10	60
四号院4号楼	李4的电话	2024/8/7	2024年08月		饺子	7	饺子	10	70
五号院5号楼	王5的电话	2026/8/12	2026年08月		饺子	12	饺子	10	120
六号院6号楼	赵6的电话	2026/6/6	2026年06月		饺子	13	饺子	10	130

图 4-52

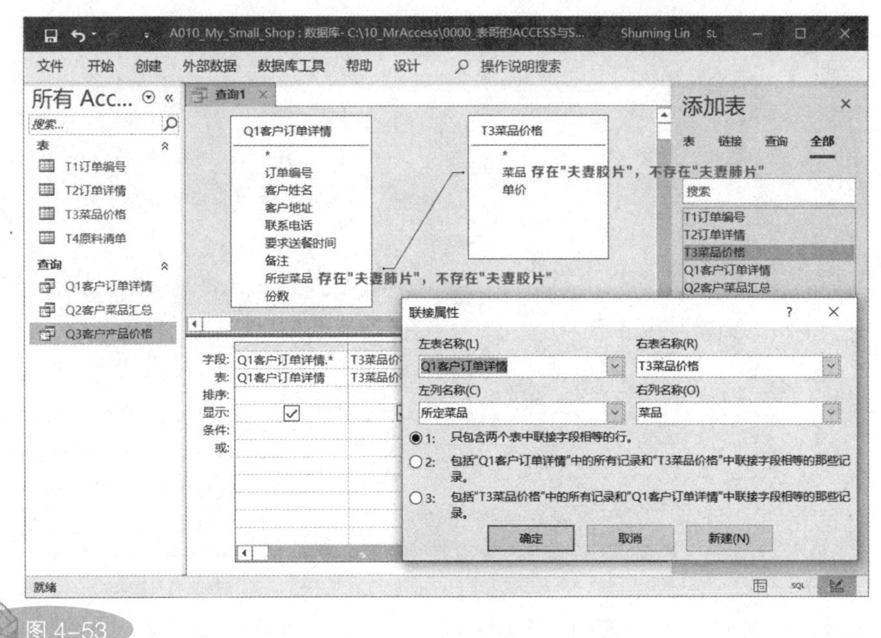

图 4-53

1：只包含两个表中联接字段相等的行。

因为我们将数据表“T3 菜品价格”中的“夫妻肺片”修改成了“夫妻胶片”，所以作为查询“Q3 客户产品价格”数据来源的查询“Q1 客户订单详情”和数据表“T3 菜品价格”，在联接字段（查询“Q1 客户订单详情”中的“所定菜品”字段和数据表“T3 菜品价格”中的“菜品价格”字段）上不满足“1：只包含两个表中联接字段相等的行”，也就是说，“夫妻肺片”和“夫妻胶片”在两个数据表中互不匹配，因此，在查询“Q3 客户产品价格”的执行结果中，含有“夫妻肺片”和“夫妻胶片”的数据丢失。

如何及时发现在数据表“T3 菜品价格”中出现的数据维护错误呢？我们可以在查询“Q1 客户订单详情”与数据表“T3 菜品价格”之间的“联接属性”对话框中选择第二个单选按钮，如图 4-54 所示。

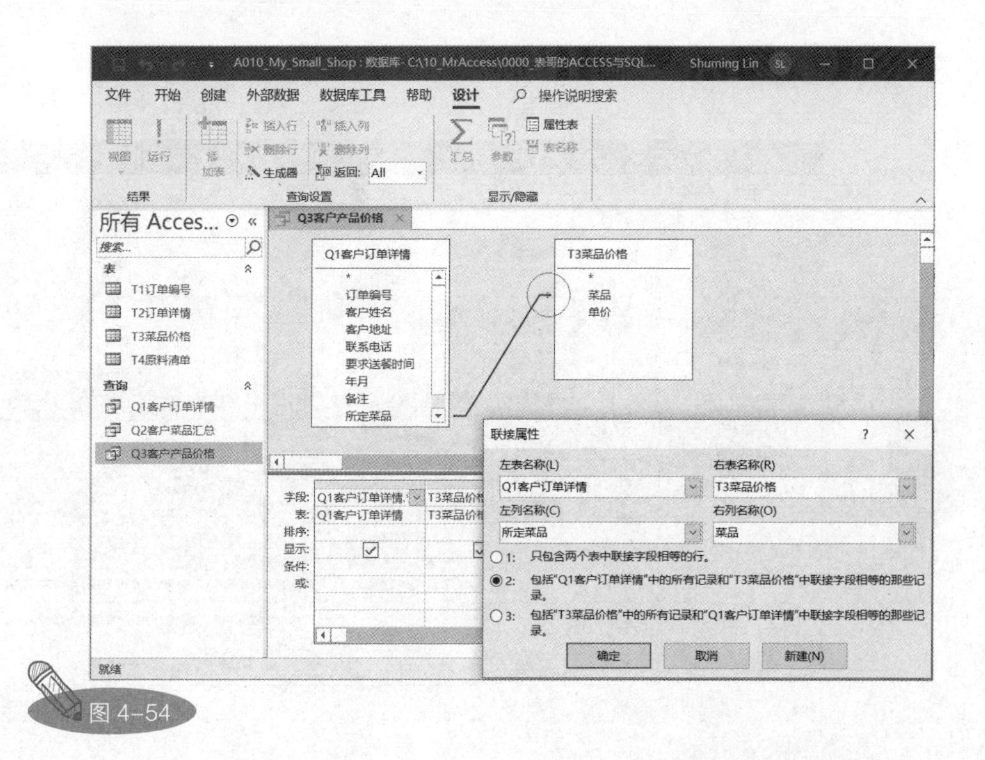

图 4-54

2：包括“Q1 客户订单详情”中的所有记录和“T3 菜品价格”中联接字段相等的那些记录。

在查询“Q1 客户订单详情”与数据表“T3 菜品价格”之间的“联接属性”对话框中选择第二个单选按钮后，可以发现，查询“Q1 客户订单详情”与数据表“T3 菜品价格”之间的联接线发生了变化，联接线的右侧变成了一个小箭头。这时，我们切换到查询“Q3 客户产品价格”的数据表视图，查看该查询的执行结果，如图 4-55 所示。

联系电话	要求送餐时	年月	备注	所定菜品	份数	菜品	单价	小计
李4的电话	2019/8/5	2019年08月	完成	夫妻肺片	5			
李4的电话	2023/8/6	2023年08月		夫妻肺片	6			
王5的电话	2017/8/8	2017年08月	完成	夫妻肺片	8			
王5的电话	2024/8/11	2024年08月		夫妻肺片	11			
王5的电话	2026/8/12	2026年08月		夫妻肺片	12			
张3的电话	2020/8/2	2020年08月	完成	夫妻肺片	2			
李4的电话	2017/8/4	2017年08月	完成	饺子	4	饺子	10	40
李4的电话	2019/8/5	2019年08月	完成	饺子	5	饺子	10	50
李4的电话	2023/8/6	2023年08月		饺子	6	饺子	10	60
李4的电话	2024/8/7	2024年08月		饺子	7	饺子	10	70
王5的电话	2026/8/12	2026年08月		饺子	12	饺子	10	120
赵6的电话	2026/6/6	2026年06月		饺子	13	饺子	10	130
张3的电话	2025/8/3	2025年08月		米饭	3	米饭	1	3
王5的电话	2017/8/8	2017年08月	完成	米饭	8	米饭	1	8
王5的电话	2018/8/9	2018年08月	完成	米饭	9	米饭	1	9
王5的电话	2023/8/10	2023年08月		米饭	10	米饭	1	10
王5的电话	2024/8/11	2024年08月		米饭	11	米饭	1	11
张3的电话	2020/8/2	2020年08月	完成	米饭	2	米饭	1	2
李4的电话	2017/8/4	2017年08月	完成	啤酒	4	啤酒	5	20
李4的电话	2019/8/5	2019年08月	完成	啤酒	5	啤酒	5	25
李4的电话	2023/8/6	2023年08月		啤酒	6	啤酒	5	30
李4的电话	2024/8/7	2024年08月		啤酒	7	啤酒	5	35
王5的电话	2026/8/12	2026年08月		啤酒	12	啤酒	5	60
赵6的电话	2026/6/6	2026年06月		啤酒	13	啤酒	5	65
张3的电话	2025/8/3	2025年08月		青椒鸡蛋	3	青椒鸡蛋	10	30
王5的电话	2024/8/11	2024年08月		青椒鸡蛋	11	青椒鸡蛋	10	110
王5的电话	2017/8/8	2017年08月	完成	蒜苔炒肉	8	蒜苔炒肉	15	120
王5的电话	2023/8/10	2023年08月		蒜苔炒肉	10	蒜苔炒肉	15	150
王5的电话	2018/8/9	2018年08月	完成	鱼香肉丝	9	鱼香肉丝	12	108

图 4-55

可以发现，在查询“Q1 客户订单详情”与数据表“T3 菜品价格”的关联字段中，即使查询“Q1 客户订单详情”中的“夫妻肺片”在数据表“T3 菜品价格”中不存在匹配的值，查询“Q1 客户订单详情”中的“夫妻肺片”的相关数据也要求在查询“Q3 客户产品价格”的执行结果中展示出来。这就是“联接属性”对话框中第二个单选按钮的作用。这样，根据查询“Q3 客户产品价格”的执行结果，可以发现是不是数据表“T3 菜品价格”中的数据维护出现了问题，以便及时纠正。

在实际工作中，通常选择“联接属性”对话框中的第二个单选按钮。

3：包括“T3 菜品价格”中的所有记录和“Q1 客户订单详情”中联接字段相等的那些记录。

接下来，我们试着选择“联接属性”对话框中的第三个单选按钮，查看是什么情况，如图 4-56 所示。

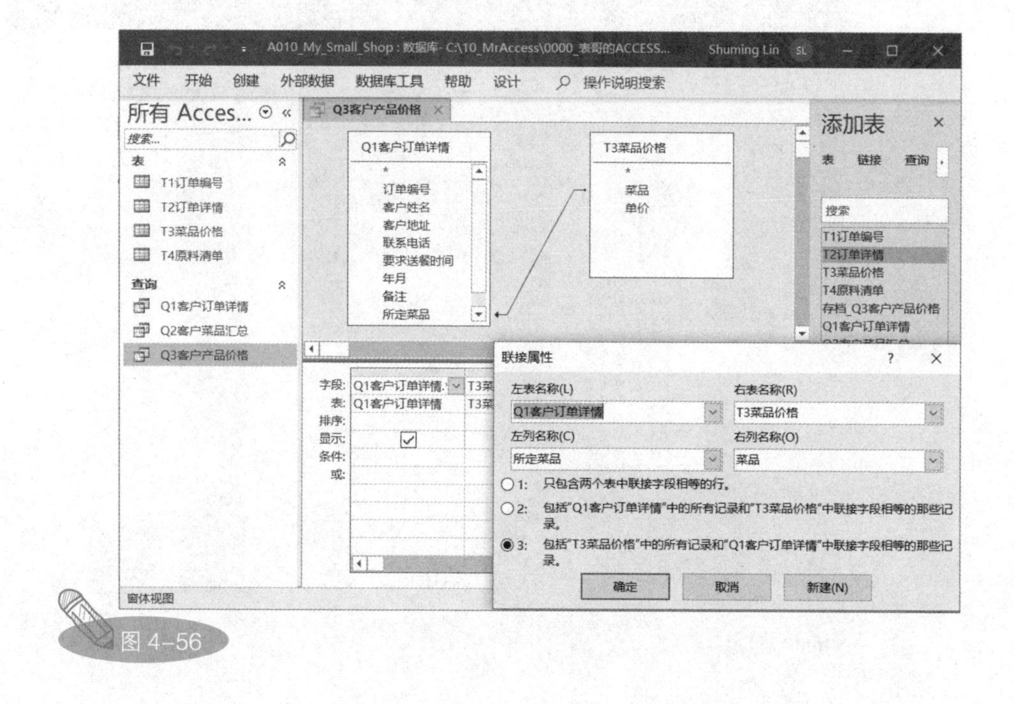

图 4-56

查询“Q3 客户产品价格”的执行结果如图 4-57 所示。

可以发现，在查询“Q3 客户产品价格”执行结果中，确实包含了数据表“T3 菜品价格”中的所有记录和查询“Q1 客户订单详情”中联接字段相等的那些记录。因为查询“Q1 客户订单详情”的联接字段中不包含“夫妻胶片”，所以没有值与数据表“T3 菜品价格”中的“夫妻胶片”匹配，显示为空（“空”在 Access 中称为 Null）。

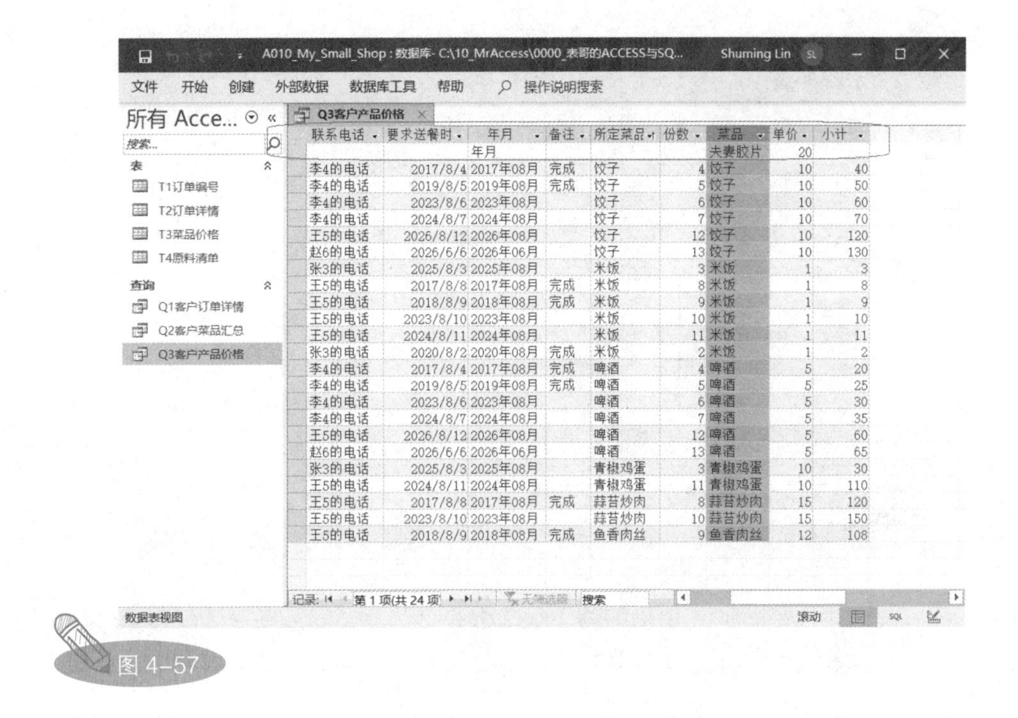

联系电话	要求送餐时	年月	备注	所定菜品	份数	菜品	单价	小计
		年月				夫妻胶片	20	
李4的电话	2017/8/4	2017年08月	完成	饺子	4	饺子	10	40
李4的电话	2019/8/5	2019年08月	完成	饺子	5	饺子	10	50
李4的电话	2023/8/6	2023年08月		饺子	6	饺子	10	60
李4的电话	2024/8/7	2024年08月		饺子	7	饺子	10	70
王5的电话	2026/8/12	2026年08月		饺子	12	饺子	10	120
赵6的电话	2026/6/6	2026年06月		饺子	13	饺子	10	130
张3的电话	2025/8/3	2025年08月		米饭	3	米饭	1	3
王5的电话	2017/8/8	2017年08月	完成	米饭	8	米饭	1	8
王5的电话	2018/8/9	2018年08月	完成	米饭	9	米饭	1	9
王5的电话	2023/8/10	2023年08月		米饭	10	米饭	1	10
王5的电话	2024/8/11	2024年08月		米饭	11	米饭	1	11
张3的电话	2020/8/2	2020年08月	完成	米饭	2	米饭	1	2
李4的电话	2017/8/4	2017年08月	完成	啤酒	4	啤酒	5	20
李4的电话	2019/8/5	2019年08月	完成	啤酒	5	啤酒	5	25
李4的电话	2023/8/6	2023年08月		啤酒	6	啤酒	5	30
李4的电话	2024/8/7	2024年08月		啤酒	7	啤酒	5	35
王5的电话	2026/8/12	2026年08月		啤酒	12	啤酒	5	60
赵6的电话	2026/6/6	2026年06月		啤酒	13	啤酒	5	65
张3的电话	2025/8/3	2025年08月		青椒鸡蛋	3	青椒鸡蛋	10	30
王5的电话	2024/8/11	2024年08月		青椒鸡蛋	11	青椒鸡蛋	10	110
王5的电话	2017/8/8	2017年08月	完成	蒜苔炒肉	8	蒜苔炒肉	15	120
王5的电话	2023/8/10	2023年08月		蒜苔炒肉	10	蒜苔炒肉	15	150
王5的电话	2018/8/9	2018年08月	完成	鱼香肉丝	9	鱼香肉丝	12	108

图 4-57

4.6 Access 高级查询

本节讲解 Access 查询设计的核心内容——物料清单的分解。下面使用一个简单的案例，讲解经营管理中的这个重要概念。

我们知道，任何产品都离不开原材料，即使是饭馆经营的菜品也不例外。小张为了能够洞察小饭馆的经营情况，进一步提升管理水平，在笔者的指导下，建立了每种菜品的原材料消耗清单，即生产经营管理上常说的物料清单（Bill of Material，BOM），如图 4-58 所示。

通过观察小饭馆的菜品物料清单，我们发现，每份夫妻肺片的原材料为牛肉 150 克、牛杂 100 克、调味包 1 袋。

有了这个物料清单，我们就可以利用 Access 查询特有的强大功能，轻松地将客户订单中所定菜品的份数转换为所需的各种原材料的数量。

菜品	原料	数量	单位
夫妻肺片	牛肉	150	克
夫妻肺片	牛杂	100	克
夫妻肺片	调味包	1	袋
青椒鸡蛋	青椒	200	克
青椒鸡蛋	鸡蛋	150	克
鱼香肉丝	猪肉	250	克
鱼香肉丝	胡萝卜	100	克
鱼香肉丝	青椒	100	克
蒜苔炒肉	猪肉	200	克
蒜苔炒肉	蒜台	150	克
饺子	饺子	20	个
米饭	米饭	150	克
啤酒	啤酒	1	瓶

图 4-58

按照前面介绍的将 Excel 数据导入 Access 的方法，将 Excel 工作表“T4 原料清单”中的数据粘贴到 Access 数据表中，得到的数据表“T4 原料清单”如图 4-59 所示。

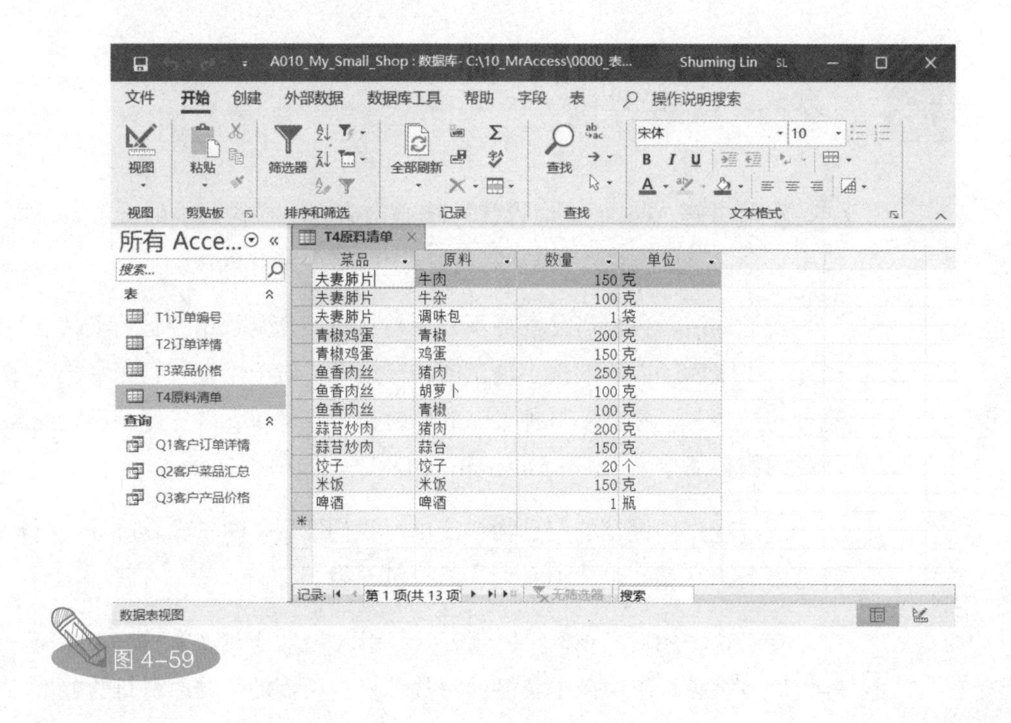

图 4-59

接下来，我们设计一个 Access 查询，看看如何将客户订单中所定菜品的份数通过数据表“T4 原料清单”分解为各种原材料的需求量，以便支持我们的生产经营决策。

在 Access 功能区中选择“创建”选项卡，单击“查询”功能组中的“查询设计”按钮，切换到 Access 查询设计视图，在“所有 Access 对象”面板中分别将查询“Q1 客户订单详情”和数据表“T4 原料清单”拖曳到 Access 查询设计视图中。

选中查询“Q1 客户订单详情”中的“所定菜品”字段，将其拖曳到数据表“T4 原料清单”中的“菜品”字段上。此时我们看到两个字段之间出现了一条联接线。将两个数据表中的相应字段拖曳到 Access 查询设计网格的“字段”行中，并且在“订单编号”字段和“所定菜品”字段中将“排序”设置为“升序”，如图 4-60 所示。

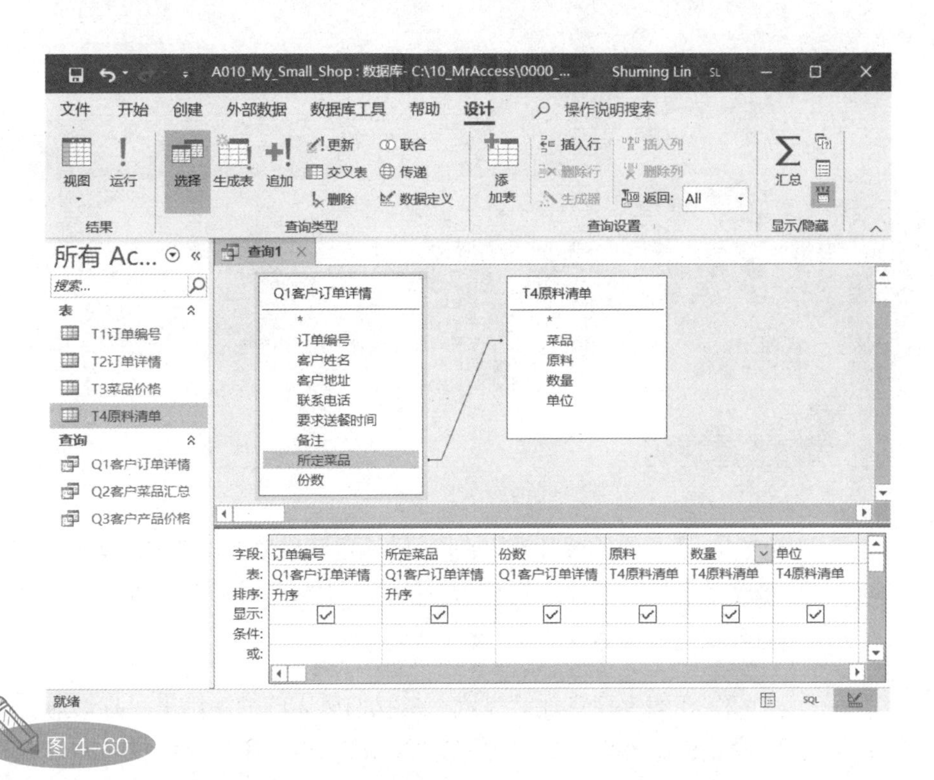

图 4-60

在 Access 功能区中选择“设计”选项卡，单击“视图”按钮下方的下拉按钮，在弹出的快捷菜单中选择“数据表视图”命令，切换到数据表视图，查询执行结果如图 4-61 所示。观察该查询执行结果，以订单编号为 DD-00002 的客户订单为例，该客户订单中的所定菜品已经被分解为原材料的需求量。其中，每份“夫妻肺片”需要三种原材料，分别是“调味包”1 袋、“牛肉”150 克、“牛杂”100 克。结合该查询执行结果中的第 3 列（表示所定菜品份数的列），即可轻松算出该客户订单中所定菜品的原材料需求量。

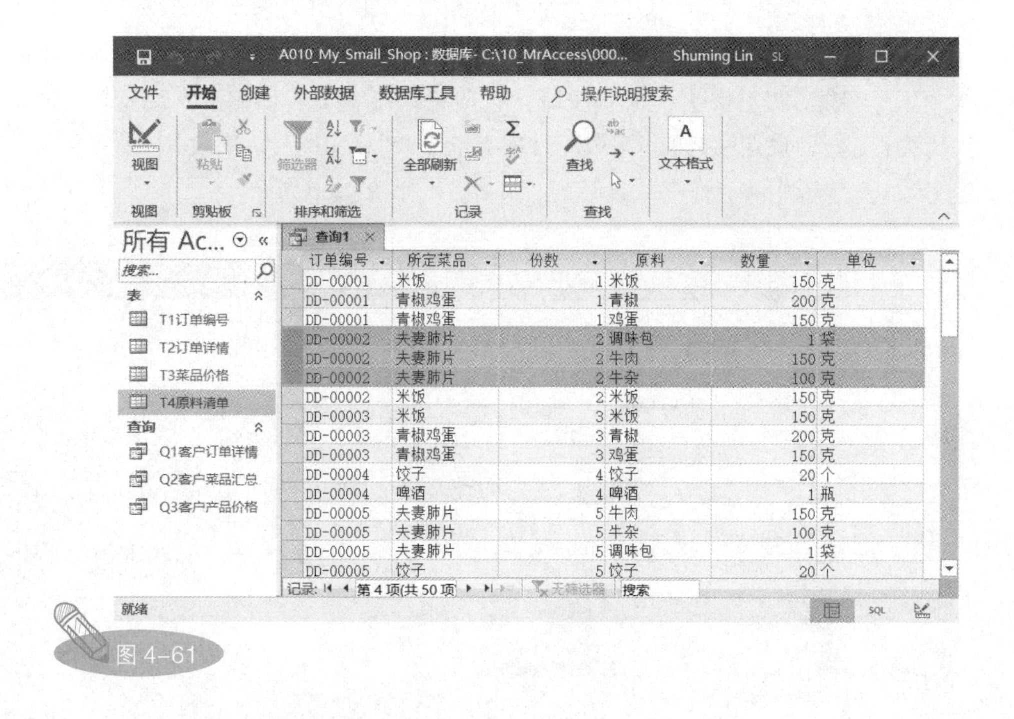

图 4-61

通过上面的操作，我们看到，原材料分解过程在 Access 中实现起来非常轻松，然而，物料清单的“一对多”分解过程在 Excel 中用函数与公式是很难实现的。

现在的查询执行结果还不是我们所需的最终结果。我们需要的是一个数据汇总报表，报表中有订单完成与否、所需原材料名称、原材料计量单位等信息，用于研究每种原材料的需求情况。这样，我们就能将该报表作为采购菜品原材料时的参考了。

为了完成这个任务，我们需要在该 Access 查询中增加一个自定义计算字段，该字段用于计算所定菜品的“份数”乘每份菜品所需原材料的“数量”，从而得到每行记录所需原材料的“小计”。

在 Access 功能区中选择“开始”选项卡，单击“视图”按钮下方的下拉按钮，在弹出的快捷菜单中选择“设计视图”命令，返回 Access 查询设计视图。在查询设计网格最后一个字段后面的空白位置输入如下表达式：

原料小计 : [Q1 客户订单详情].[份数]*[T4 原料清单].[数量]

具体操作如图 4-62 所示。这次，我们没有使用“表达式生成器”对话框帮助我们生成计算字段表达式。

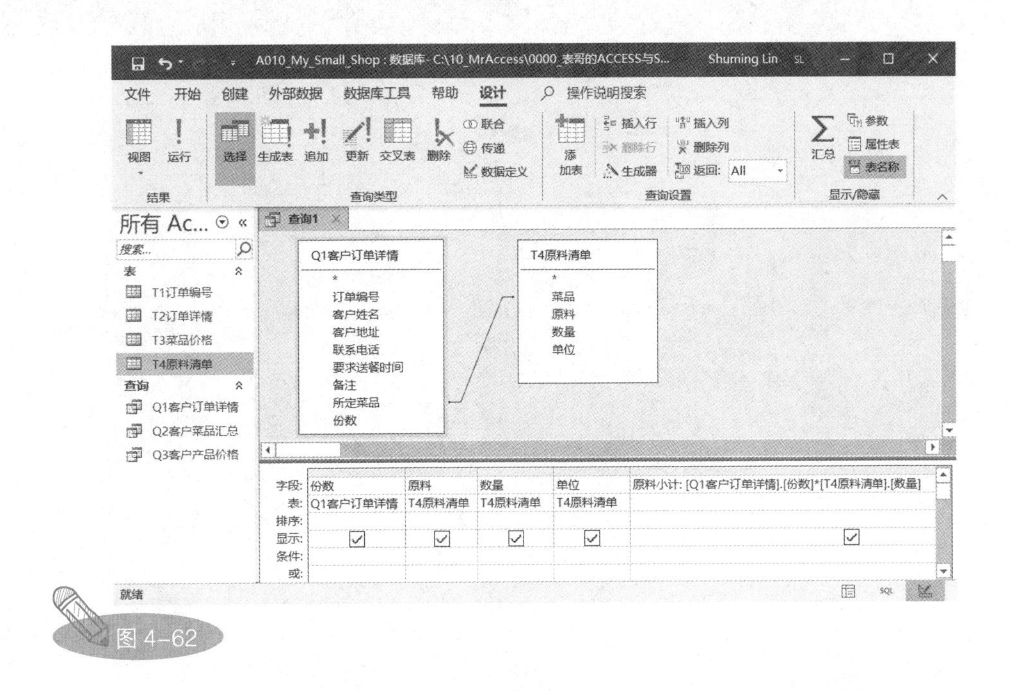

图 4-62

在上述表达式中，冒号前面的“原料小计”是我们给自定义计算字段取的名称，冒号后面是具体的 Access 表达式。之所以将数据表的名称也写在表达式中，是因为有时两个数据表中会有相同的字段名。在这种情况下，Access 为了保证精确引用，要求每个字段必须提供该字段所属的数据表名称。

在本案例中，因为数据表设计得比较优秀，不同数据表中没有相同的字段名，因此，该计算字段表达式也可以写成不带数据表名称的格式：

原料小计 : [份数]*[数量]

在计算字段设置完成后，切换到数据表视图，可以看到，“原料小计”字段已经出现在查询执行结果中了，如图 4-63 所示。

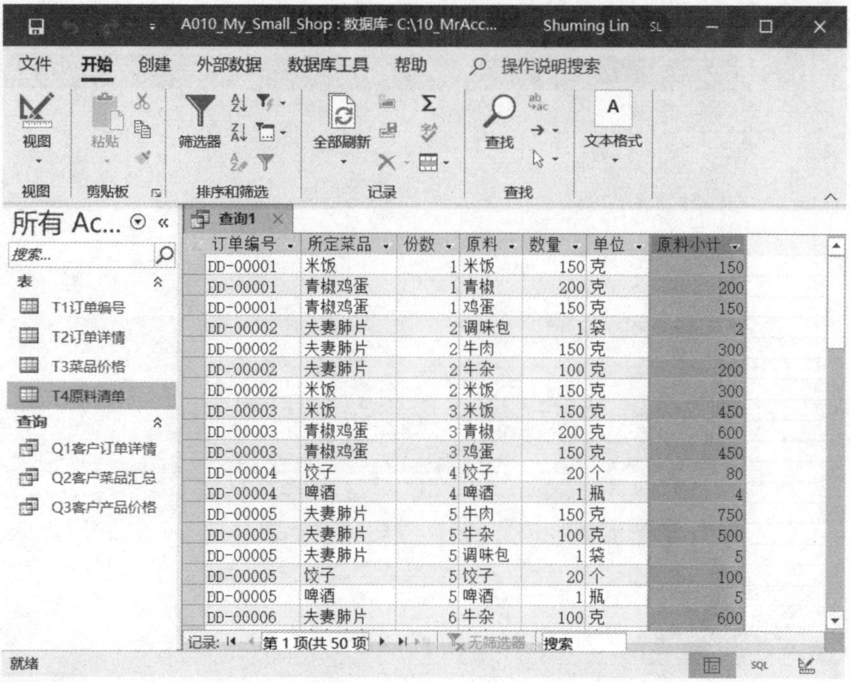
A010_My_Small_Shop : 数据库- C:\10_MrAcc...
Shuming Lin
文件
开始
创建
外部数据
数据库工具
帮助
操作说明搜索
视图
粘贴
筛选器
全部刷新
查找
文本格式
视图
剪贴板
排序和筛选
记录
查找
所有 Ac...
搜索...
表
T1订单编号
T2订单详情
T3菜品价格
T4原料清单
查询
Q1客户订单详情
Q2客户菜品汇总
Q3客户产品价格
查询1
订单编号 所定菜品 份数 原料 数量 单位 原料小计
DD-00001 米饭 1 米饭 150 克 150
DD-00001 青椒鸡蛋 1 青椒 200 克 200
DD-00001 青椒鸡蛋 1 鸡蛋 150 克 150
DD-00002 夫妻肺片 2 调味包 1 袋 2
DD-00002 夫妻肺片 2 牛肉 150 克 300
DD-00002 夫妻肺片 2 牛杂 100 克 200
DD-00002 米饭 2 米饭 150 克 300
DD-00003 米饭 3 米饭 150 克 450
DD-00003 青椒鸡蛋 3 青椒 200 克 600
DD-00003 青椒鸡蛋 3 鸡蛋 150 克 450
DD-00004 饺子 4 饺子 20 个 80
DD-00004 啤酒 4 啤酒 1 瓶 4
DD-00005 夫妻肺片 5 牛肉 150 克 750
DD-00005 夫妻肺片 5 牛杂 100 克 500
DD-00005 夫妻肺片 5 调味包 1 袋 5
DD-00005 饺子 5 饺子 20 个 100
DD-00005 啤酒 5 啤酒 1 瓶 5
DD-00006 夫妻肺片 6 牛杂 100 克 600
记录: 第 1 项(共 50 项
无筛选器
搜索
就绪
SQL
图 4-63

返回查询设计视图，在查询设计网格中删除“订单编号”字段、“所定菜品”字段、“份数”字段、“数量”字段，只保留“原料”字段、“单位”字段和“原料小计”字段，然后，从查询“Q1客户订单详情”中向查询设计网格中拖入“备注”字段，调整后的Access查询设计视图如图4-64所示。

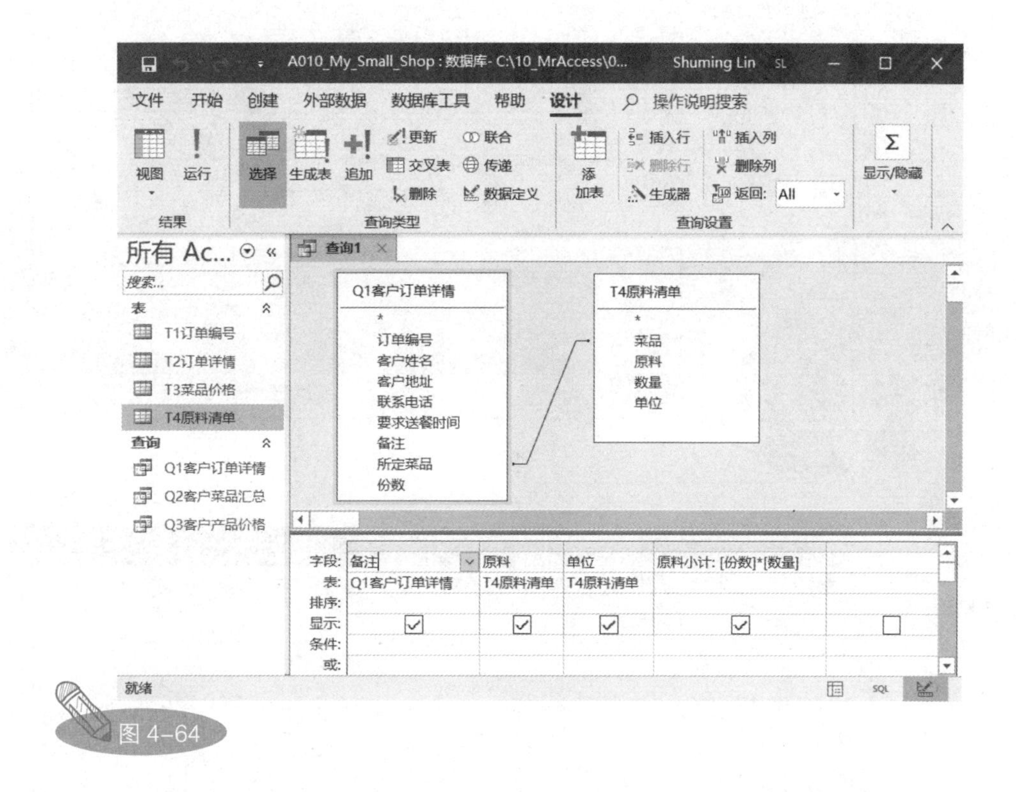

图 4-64

接下来，在Access查询设计网格中右击，在弹出的快捷菜单中选择“汇总”命令，如图4-65所示。此时，查询设计网格中就会多出一行行名称为“总计”，使该查询变为汇总查询。将“原料小计”字段的“总计”设置为“合计”，并且将“备注”字段的“排序”设置为“升序”，如图4-66所示。

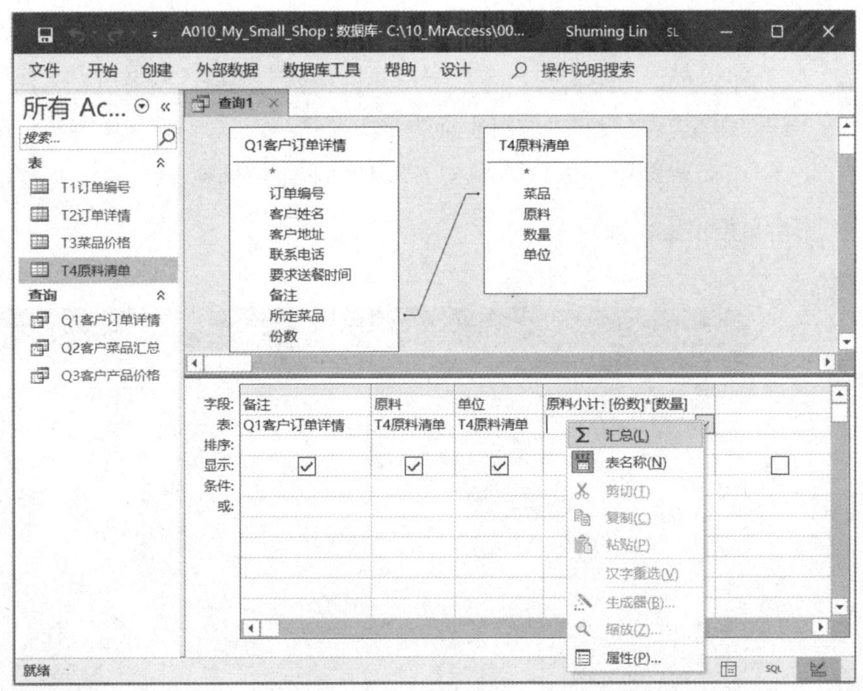

A010_My_Small_Shop : 数据库- C:\10_MrAccess\00...
Shuming Lin
文件
开始
创建
外部数据
数据库工具
帮助
设计
操作说明搜索
所有 Ac...
表
T1订单编号
T2订单详情
T3菜品价格
T4原料清单
查询
Q1客户订单详情
Q2客户菜品汇总
Q3客户产品价格
查询1
Q1客户订单详情
订单编号
客户姓名
客户地址
联系电话
要求送餐时间
备注
所定菜品
份数
T4原料清单
菜品
原料
数量
单位
字段:
表:
排序:
显示:
条件:
或:
备注
Q1客户订单详情
原料
T4原料清单
单位
T4原料清单
原料小计: [份数]*[数量]
汇总(L)
表名称(N)
剪切(T)
复制(C)
粘贴(P)
汉字重选(V)
生成器(B)...
缩放(Z)...
属性(P)...
就绪

图 4-65

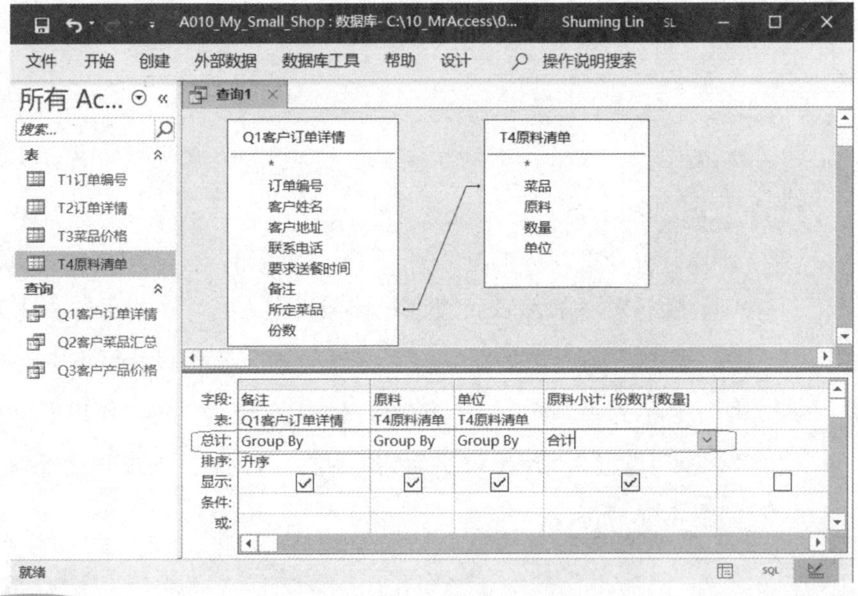

A010_My_Small_Shop : 数据库- C:\10_MrAccess\0...
Shuming Lin
文件
开始
创建
外部数据
数据库工具
帮助
设计
操作说明搜索
所有 Ac...
表
T1订单编号
T2订单详情
T3菜品价格
T4原料清单
查询
Q1客户订单详情
Q2客户菜品汇总
Q3客户产品价格
查询1
Q1客户订单详情
订单编号
客户姓名
客户地址
联系电话
要求送餐时间
备注
所定菜品
份数
T4原料清单
菜品
原料
数量
单位
字段:
表:
总计:
排序:
显示:
条件:
或:
备注
Q1客户订单详情
Group By
升序
原料
T4原料清单
Group By
单位
T4原料清单
Group By
原料小计: [份数]*[数量]
合计
就绪

图 4-66

在 Access 功能区中选择“开始”选项卡，单击“视图”按钮下方的下拉按钮，在弹出的下拉菜单中选择“数据表视图”命令，切换到数据表视图，查看该查询的执行结果，如图 4-67 所示。我们看到，该查询的执行结果按照客户订单是否完成进行分类，并且可以看到每种原材料的总需求量。根据完成的订单可以查看历史数据，根据未完成的订单可以查看将来可能需要采购的原材料数量。保存该查询，并且将其命名为“Q5 菜品原料采购”。

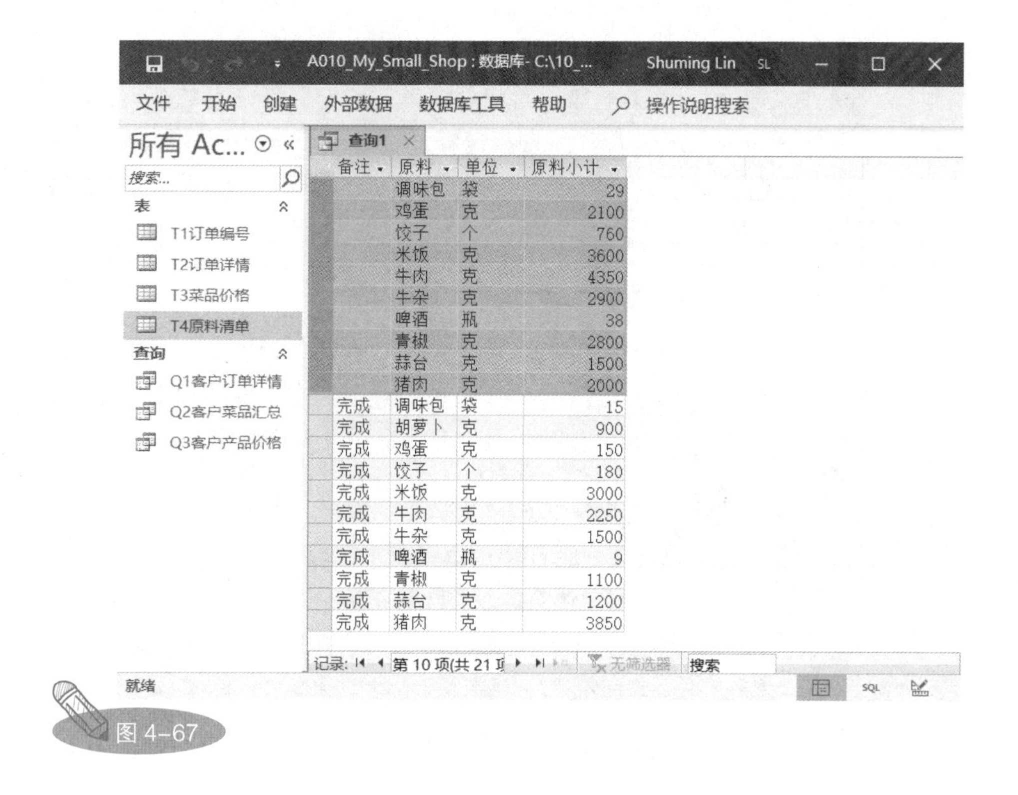

备注	原料	单位	原料小计
	调味包	袋	29
	鸡蛋	克	2100
	饺子	个	760
	米饭	克	3600
	牛肉	克	4350
	牛杂	克	2900
	啤酒	瓶	38
	青椒	克	2800
	蒜台	克	1500
	猪肉	克	2000
完成	调味包	袋	15
完成	胡萝卜	克	900
完成	鸡蛋	克	150
完成	饺子	个	180
完成	米饭	克	3000
完成	牛肉	克	2250
完成	牛杂	克	1500
完成	啤酒	瓶	9
完成	青椒	克	1100
完成	蒜台	克	1200
完成	猪肉	克	3850

图 4-67

我们知道，客户订单中有“要求送餐时间”字段，对于已经完成的历史订单，我们没什么好说的；但对于未完成的订单，我们已经对其进行原材料分解，并且得到每种原材料的需求量，可以据此制订采购计划，包括在什么时间采购，需要采购什么，采购量是多少，等等。

4.7 Access 实体数据表的设计

Access作为一个数据库管理系统，可以存储不同主题的实体数据表，还可以在实体数据表或查询虚拟数据表的基础上设计并执行各种不同的查询（虚拟数据表）。

前面，我们重点研究了 Access 查询的工作原理和设计方法。这些查询都属于 Access 查询分类中的选择查询。本质上，Access 选择查询是建立在 Access 实体数据表或查询虚拟数据表基础上的数据提取方法的一个定义，或者说，Access 选择查询是基于 Access 实体数据表或查询虚拟数据表基础上的一个虚拟数据表。如果Access中没有实体数据表，那么 Access 查询就成了“无源之水，无本之木”，因此，我们有必要回过头来研究一下 Access 中实体数据表的设计。

我们以实体数据表“T1 订单编号”为例，研究一下它的数据表结构。在 Access 界面左侧的“所有 Access 对象”面板中双击数据表“T1 订单编号”，打开该实体数据表，可以看到该实体数据表中的所有内容。

接下来，在 Access 功能区中选择“开始”选项卡，单击“视图”按钮下方的下拉按钮，在弹出的下拉菜单中选择“设计视图”命令，如图 4-68 所示，切换到实体数据表“T1 订单编号”的设计视图，你会发现，Access 实体数据表设计视图和 Access 查询设计视图完全不同。

在 Access 查询设计视图中，显示的是对 Access 数据表的操作界面，包括如何设置数据表间的联接线，哪些字段需要显示在最后的查询执行结果中，查询执行结果要按哪些字段进行排序，需要增加哪些计算字段，等等。

而在 Access 实体数据表设计视图中，显示的是数据表中需要包含哪些字段，每个字段允许的输入数据类型（文本、数字、日期等），每个字段的数据验证规则，等等，如图 4-69 所示。

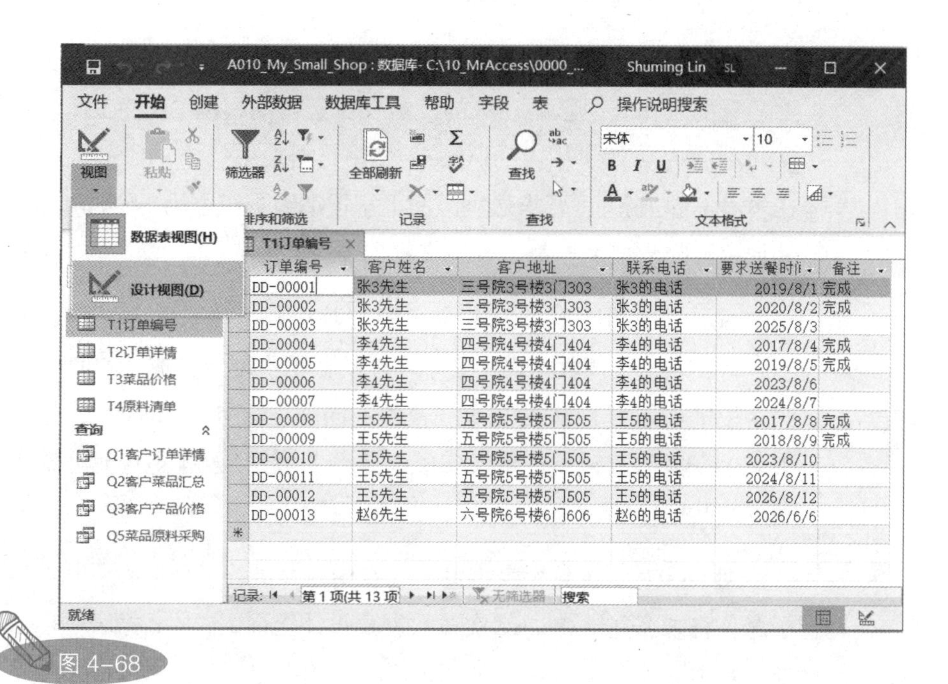
A010_My_Small_Shop : 数据库- C:\10_MrAccess\0000_...
Shuming Lin
文件 开始 创建 外部数据 数据库工具 帮助 字段 表 操作说明搜索
视图 粘贴 筛选器 全部刷新 查找 宋体 10
排序和筛选 记录 查找 文本格式
数据表视图(H)
设计视图(D)
T1订单编号
订单编号 客户姓名 客户地址 联系电话 要求送餐时间 备注
DD-00001 张3先生 三号院3号楼3门303 张3的电话 2019/8/1 完成
DD-00002 张3先生 三号院3号楼3门303 张3的电话 2020/8/2 完成
DD-00003 张3先生 三号院3号楼3门303 张3的电话 2025/8/3
DD-00004 李4先生 四号院4号楼4门404 李4的电话 2017/8/4 完成
DD-00005 李4先生 四号院4号楼4门404 李4的电话 2019/8/5 完成
DD-00006 李4先生 四号院4号楼4门404 李4的电话 2023/8/6
DD-00007 李4先生 四号院4号楼4门404 李4的电话 2024/8/7
DD-00008 王5先生 五号院5号楼5门505 王5的电话 2017/8/8 完成
DD-00009 王5先生 五号院5号楼5门505 王5的电话 2018/8/9 完成
DD-00010 王5先生 五号院5号楼5门505 王5的电话 2023/8/10
DD-00011 王5先生 五号院5号楼5门505 王5的电话 2024/8/11
DD-00012 王5先生 五号院5号楼5门505 王5的电话 2026/8/12
DD-00013 赵6先生 六号院6号楼6门606 赵6的电话 2026/6/6
T1订单编号
T2订单详情
T3菜品价格
T4原料清单
查询
Q1客户订单详情
Q2客户菜品汇总
Q3客户产品价格
Q5菜品原料采购
记录: 第 1 项(共 13 项) 无筛选器 搜索
就绪
图 4-68

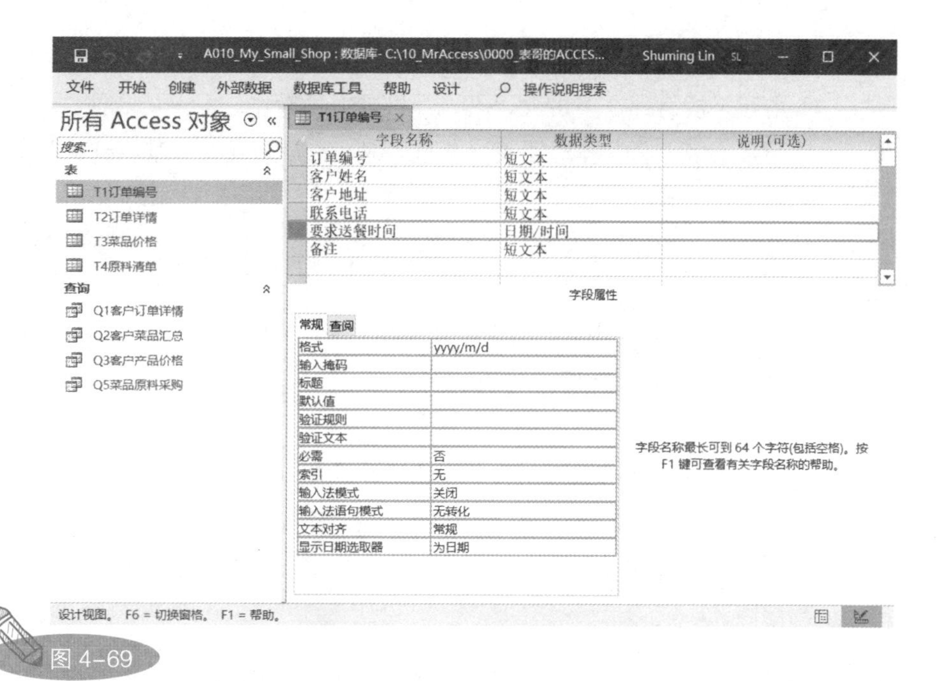
A010_My_Small_Shop : 数据库- C:\10_MrAccess\0000_表哥的ACCES...
Shuming Lin
文件 开始 创建 外部数据 数据库工具 帮助 设计 操作说明搜索
所有 Access 对象
搜索...
表
T1订单编号
T2订单详情
T3菜品价格
T4原料清单
查询
Q1客户订单详情
Q2客户菜品汇总
Q3客户产品价格
Q5菜品原料采购
T1订单编号
字段名称 数据类型 说明(可选)
订单编号 短文本
客户姓名 短文本
客户地址 短文本
联系电话 短文本
要求送餐时间 日期/时间
备注 短文本
字段属性
常规 查阅
格式 yyyy/m/d
输入掩码
标题
默认值
验证规则
验证文本
必需 否
索引 无
输入法模式 关闭
输入法语句模式 无转化
文本对齐 常规
显示日期选取器 为日期
字段名称最长可到 64 个字符(包括空格)。按 F1 键可查看有关字段名称的帮助。
设计视图。 F6 = 切换窗格。 F1 = 帮助。
图 4-69

对于本案例，所有 Access 实体数据表中的数据都是直接从 Excel 中已有的工作表中粘贴过来的，Access 会自动根据 Excel 工作表中每个字段中的内容确定相应的 Access 实体数据表中每个字段的数据类型。在本案例中，除了“要求送餐时间”字段的数据类型为“日期/时间”外，其他字段的数据类型都是“短文本”。

Access 实体数据表对各个字段的数据类型要求非常严格。例如，一旦将Access实体数据表中某个字段的数据类型定义成了“日期/时间”，该字段就不再允许输入文本或数字；同理，一旦将 Access 实体数据表中某个字段的数据类型定义成了“数字”，该字段就不再允许输入除数字外的其他内容。

Access 对实体数据表中每一列存储内容进行了严格限定，主要是为了避免将来在基于 Access 实体数据表设计查询、窗体、报表时出现不必要的麻烦。关于 Access 窗体和报表方面的内容，会在本书后面的章节中介绍。

Excel 之所以比 Access 容易，是因为 Excel 是一款“弱规则”软件，用起来没有那么多讲究，人人都可以上手操作。但正是这种“弱规则”，导致很多人在操作时不遵守规则，使 Excel 开发报告难以维护和优化。

Access 是一款“强规则”软件，要想使用它，必须遵守一些数据库通用规则，其优势是开发出来的东西有规矩，将来易于进行升级和维护。

如果 Access 实体数据表中的数据不是直接从 Excel 工作表中粘贴过来的，那么我们需要在 Access 功能区中依次单击“创建”>>“表格”>>“表”按钮，进入数据表设计视图进行操作。由于我们的 Access 实体数据表中的数据是直接从 Excel 工作表中粘贴过来的，因此 Access 已经自动为我们创建好了数据表结构。如果Access在创建数据表结构时，对某个字段的数据类型判断错误，那么可以在数据表设计视图中进行修改。

我们需要在实体数据表“T1 订单编号”中增加一个名为“订单录

入员”的字段，因此在实体数据表“T1 订单编号”设计视图的字段列表下面的空白字段处输入“订单录入员”，然后在旁边的下拉列表中设置该字段的数据类型为“短文本”，如图 4-70 所示。

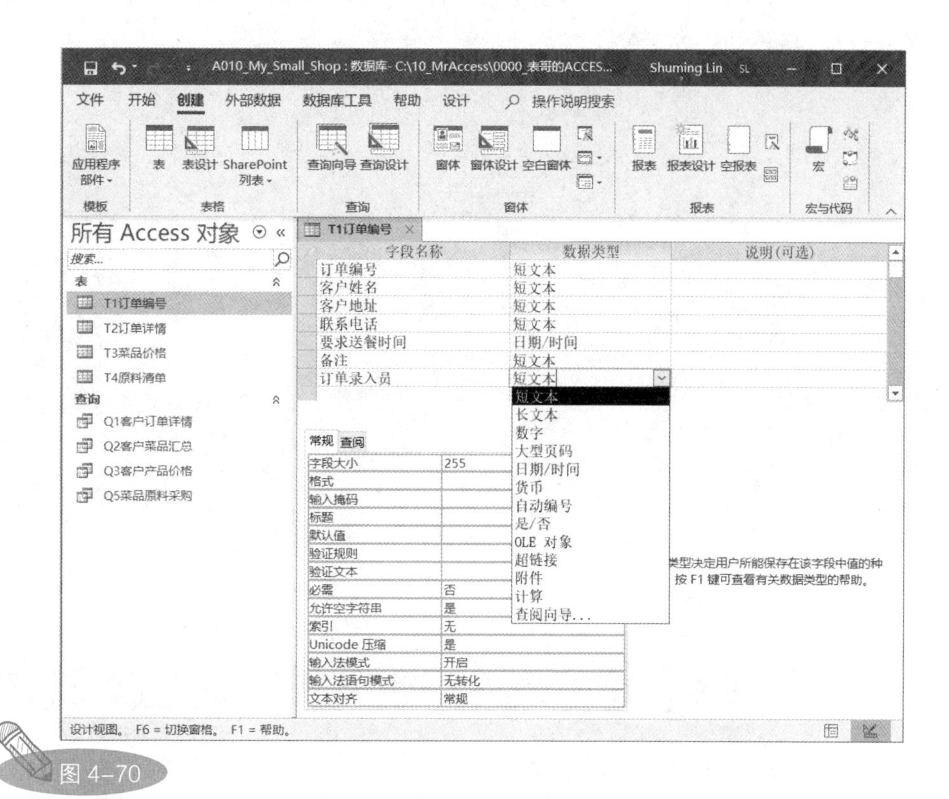

图 4-70

在设置完成后，单击 Access 界面左上角的“保存”按钮，保存对数据表“T1 订单编号”的设置。然后，在 Access 功能区中选择“设计”选项卡，单击“视图”按钮下方的下拉按钮，在弹出的下拉菜单中选择“数据表视图”命令，切换到实体数据表“T1 订单编号”的数据表视图，可以看到，新增加的字段“订单录入员”已经出现在实体数据表“T1 订单编号”中了，如图 4-71 所示。

需要注意的是，在设计视图中将实体数据表中某个字段的数据类型设置成“日期 / 时间”后，除了能够限制该字段可接受的数据类型，还增加了一个额外的好处：在数据表视图单击该字段时，会自动弹出一个

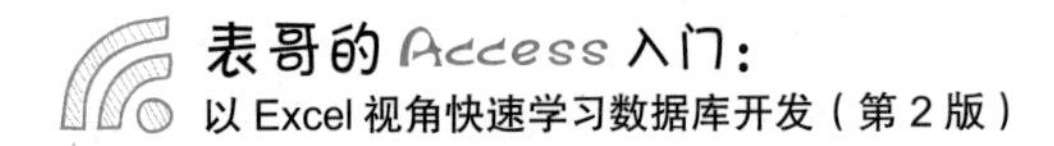

日期选择控件，让日期的增加和修改操作变得更方便，如图4-72所示。

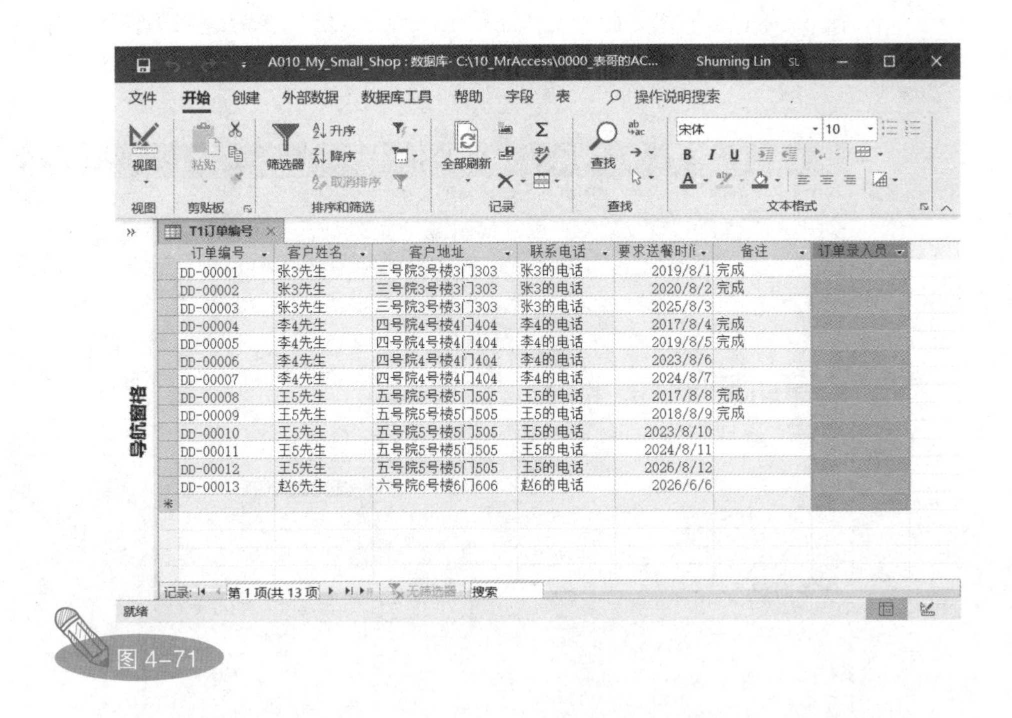

订单编号	客户姓名	客户地址	联系电话	要求送餐时	备注	订单录入员
DD-00001	张3先生	三号院3号楼3门303	张3的电话	2019/8/1	完成	
DD-00002	张3先生	三号院3号楼3门303	张3的电话	2020/8/2	完成	
DD-00003	张3先生	三号院3号楼3门303	张3的电话	2025/8/3		
DD-00004	李4先生	四号院4号楼4门404	李4的电话	2017/8/4	完成	
DD-00005	李4先生	四号院4号楼4门404	李4的电话	2019/8/5	完成	
DD-00006	李4先生	四号院4号楼4门404	李4的电话	2023/8/6		
DD-00007	李4先生	四号院4号楼4门404	李4的电话	2024/8/7		
DD-00008	王5先生	五号院5号楼5门505	王5的电话	2017/8/8	完成	
DD-00009	王5先生	五号院5号楼5门505	王5的电话	2018/8/9	完成	
DD-00010	王5先生	五号院5号楼5门505	王5的电话	2023/8/10		
DD-00011	王5先生	五号院5号楼5门505	王5的电话	2024/8/11		
DD-00012	王5先生	五号院5号楼5门505	王5的电话	2026/8/12		
DD-00013	赵6先生	六号院6号楼6门606	赵6的电话	2026/6/6		

图4-71

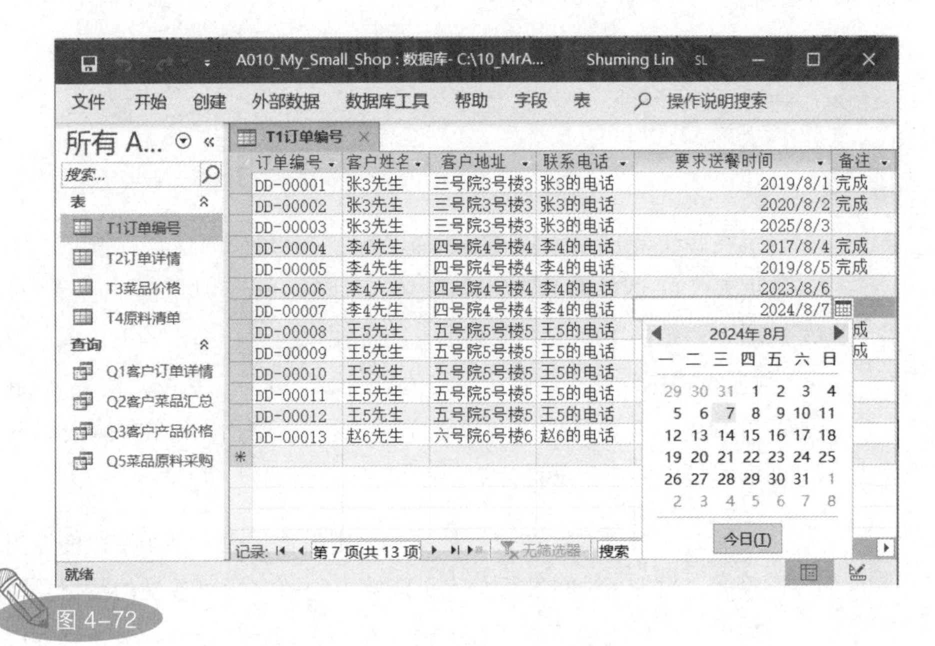

订单编号	客户姓名	客户地址	联系电话	要求送餐时间	备注
DD-00001	张3先生	三号院3号楼3	张3的电话	2019/8/1	完成
DD-00002	张3先生	三号院3号楼3	张3的电话	2020/8/2	完成
DD-00003	张3先生	三号院3号楼3	张3的电话	2025/8/3	
DD-00004	李4先生	四号院4号楼4	李4的电话	2017/8/4	完成
DD-00005	李4先生	四号院4号楼4	李4的电话	2019/8/5	完成
DD-00006	李4先生	四号院4号楼4	李4的电话	2023/8/6	
DD-00007	李4先生	四号院4号楼4	李4的电话	2024/8/7	
DD-00008	王5先生	五号院5号楼5	王5的电话		成
DD-00009	王5先生	五号院5号楼5	王5的电话		成
DD-00010	王5先生	五号院5号楼5	王5的电话		
DD-00011	王5先生	五号院5号楼5	王5的电话		
DD-00012	王5先生	五号院5号楼5	王5的电话		
DD-00013	赵6先生	六号院6号楼6	赵6的电话		

图4-72

4.8 根据时间做决策

本节，我们会在 Access 查询设计中考虑时间因素，增加对日期时间的处理，让数据分析更有时效性，从而指导小张在正确的时间做出正确的采购决策。

在 Access 界面左侧的“所有 Access 对象”面板中右击查询“Q1 客户订单详情”，在弹出的快捷菜单中选择“设计视图”命令，进入该查询的设计视图，如图 4-73 所示。

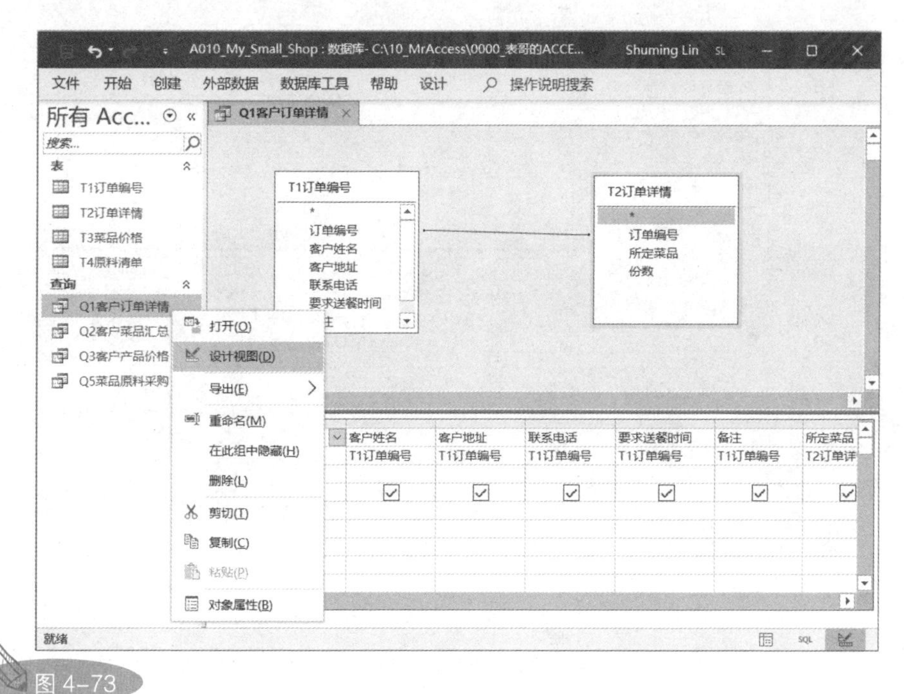

图 4-73

在查询“Q1 客户订单详情”中增加一个新的计算字段，按照“要求送餐时间”字段中的内容，利用 Access 中的日期 / 时间函数，将每一个日期归类到相应的月份，以便按照月份汇总数据。因为我们对 Access

的使用还不是特别熟练，所以此处使用“表达式生成器”工具帮助完成这项工作。

在查询设计网格中选中“备注”字段，然后在 Access 功能区中依次单击“设计”>>“查询设置”>>“插入列”按钮，在“备注”字段前面插入一个空白字段，然后在该空白字段中右击，在弹出的快捷菜单中选择“生成器”命令，如图 4-74 所示。

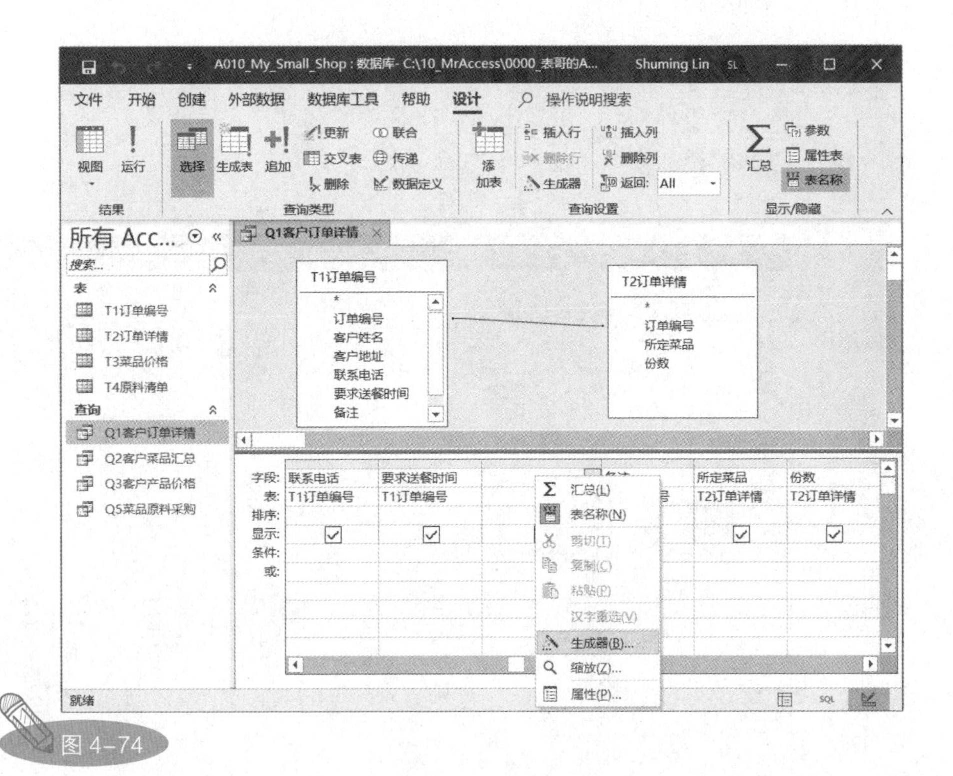

图 4-74

弹出“表达式生成器”对话框，在“表达式元素”列表框中选择“函数”>>“内置函数”选项，然后在“表达式类别”列表框中选择“日期 / 时间”选项，在“表达式值”列表框中依次双击“Year”选项和“Month”选项，将这两个函数加入上面的表达式文本域，并且用“&”符号将 "年" 和 "月" 分别连接到相应的函数后，如图 4-75 所示。

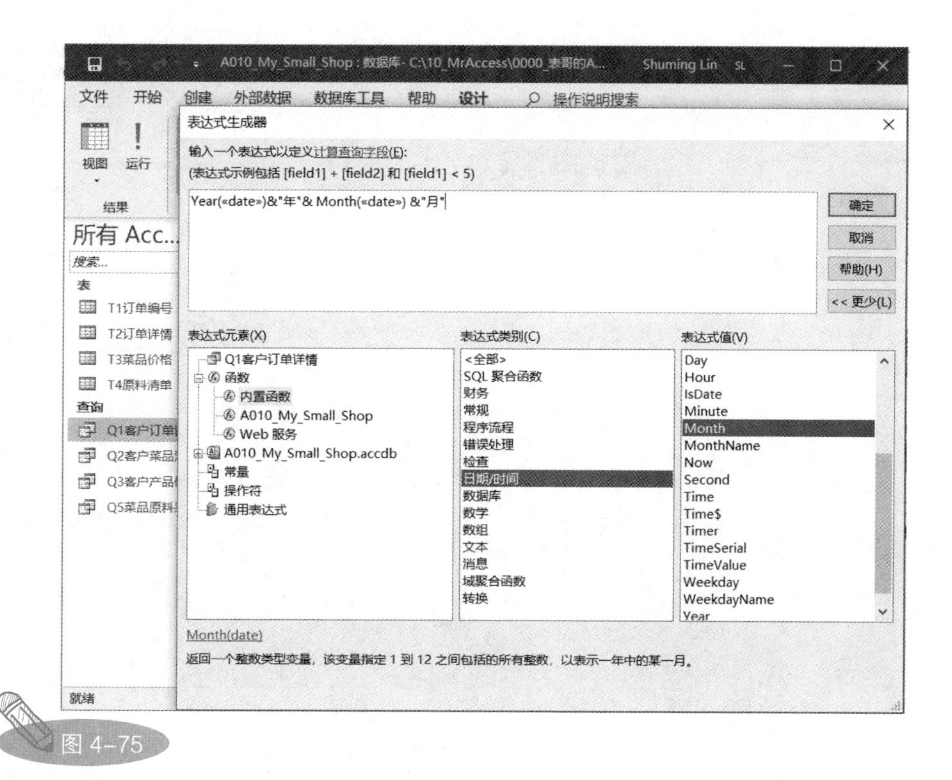

图 4-75

接下来，在图 4-75 中的表达式中选中函数参数占位符“《date》”，然后在“表达式元素”列表框中双击“Q1 客户订单详情”选项，然后使用双击的方式将“表达式类别”列表框中相应的字段自动填写到函数参数中，如图 4-76 所示。需要注意的是，这里的引号必须是英文半角格式的双引号。

关闭“表达式生成器”对话框，我们看到，一个新的计算字段出现了，该字段的默认名称为“表达式 1”。我们将字段名修改为有实际意义的“年月”，如图 4-77 所示。

保存对该查询的修改，然后在 Access 功能区中选择“开始”选项卡，单击“视图”按钮下方的下拉按钮，在弹出的下拉菜单中选择“数据表视图”命令，切换到数据表视图。在该视图中可以查看该查询的执行结果，我们看到，“要求送餐时间”已经归类到具体的某个“年月”，如图 4-78 所示。

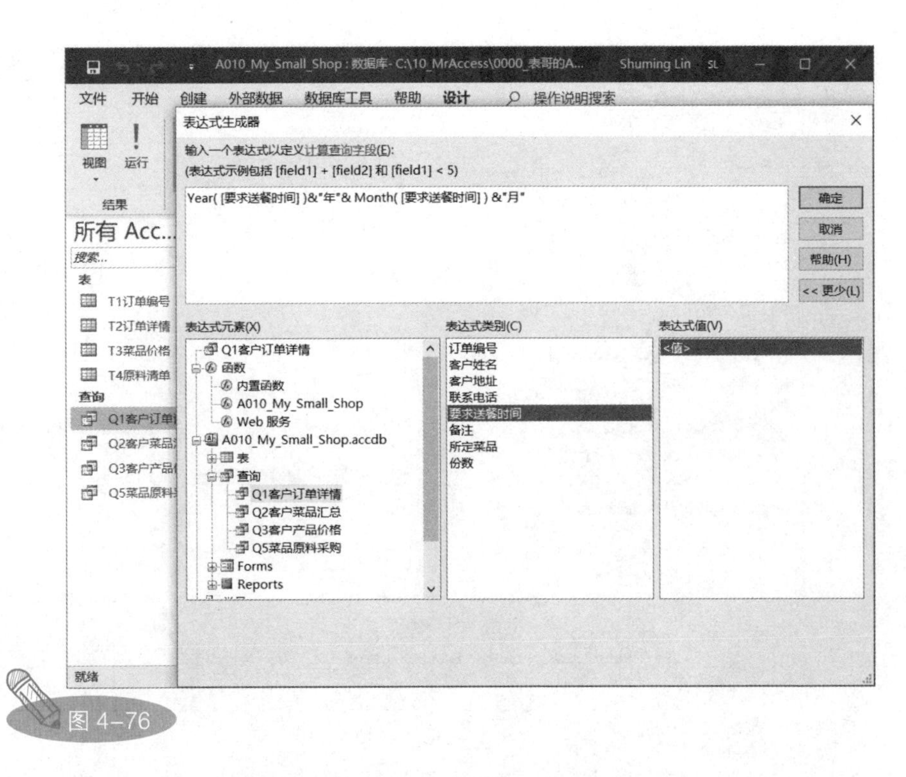

图 4-76

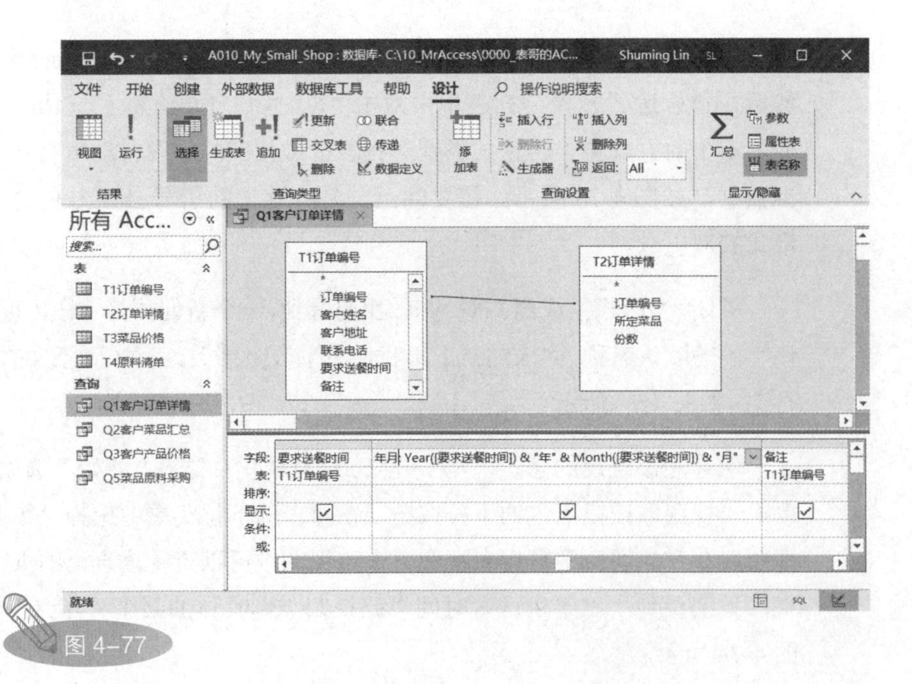

图 4-77

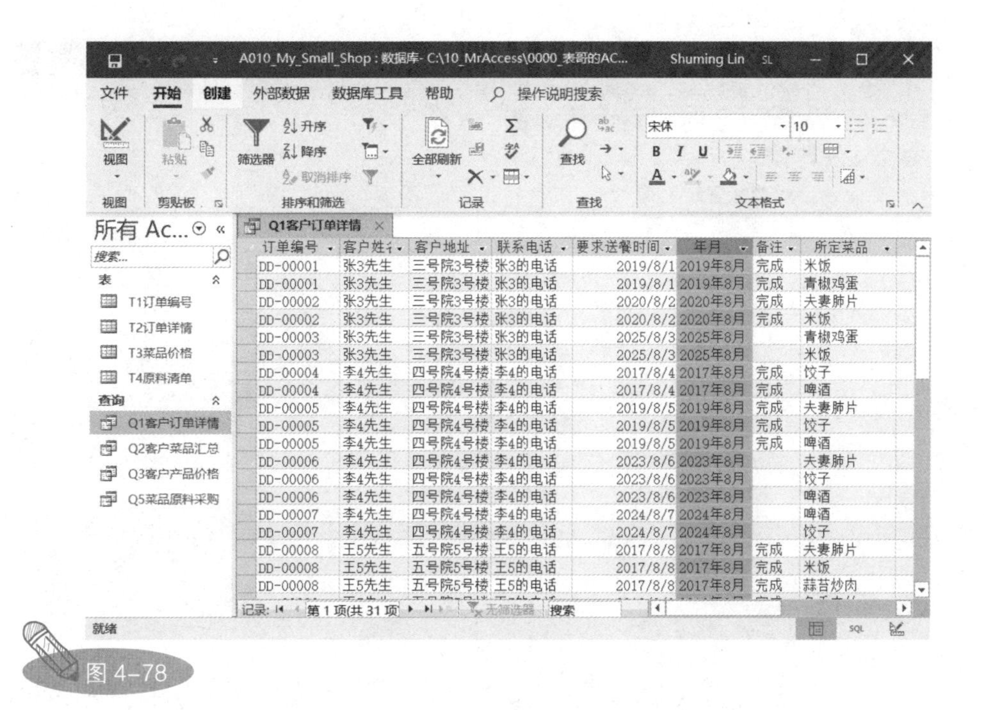

图 4-78

接下来修改查询“Q5 菜品原料采购”，在该汇总查询中增加查询“Q1 客户订单详情”中的“年月”字段，用于汇总“每个月”的原材料总需求量。这样，小张就可以按月准备菜品原材料数量了。

在 Access 界面左侧的“所有 Access 对象”面板中右击查询“Q5 菜品原料采购”，在弹出的快捷菜单中选择“设计视图”命令，切换到该查询的设计视图。查询“Q5 菜品原料采购”是我们以前已经设计好的查询，它是基于查询“Q1 客户订单详情”和数据表“T4 原材清单”建立的。因此，查询“Q1 客户订单详情”中新增的计算字段“年月”已经存在于该查询中了，如图 4-79 所示。

现在，我们在查询“Q5 菜品原料采购”的设计视图中，将查询“Q1 客户订单详情”中的计算字段“年月”拖曳到查询设计网格中，将其“排序”设置为“升序”，将“原料”字段的“排序”也设置为“升序”，如图 4-80 所示。

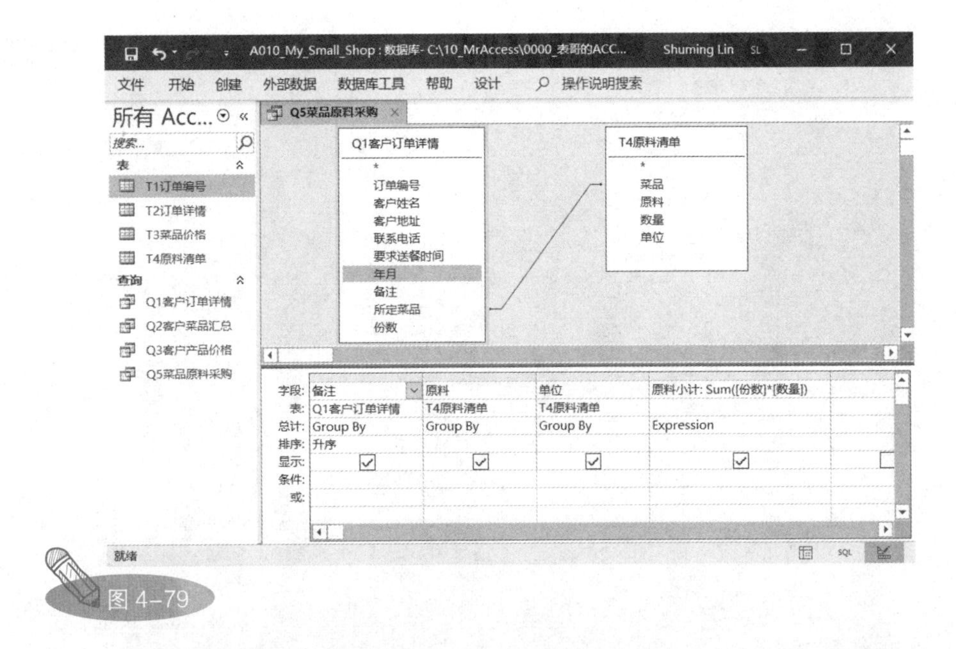

图 4–79

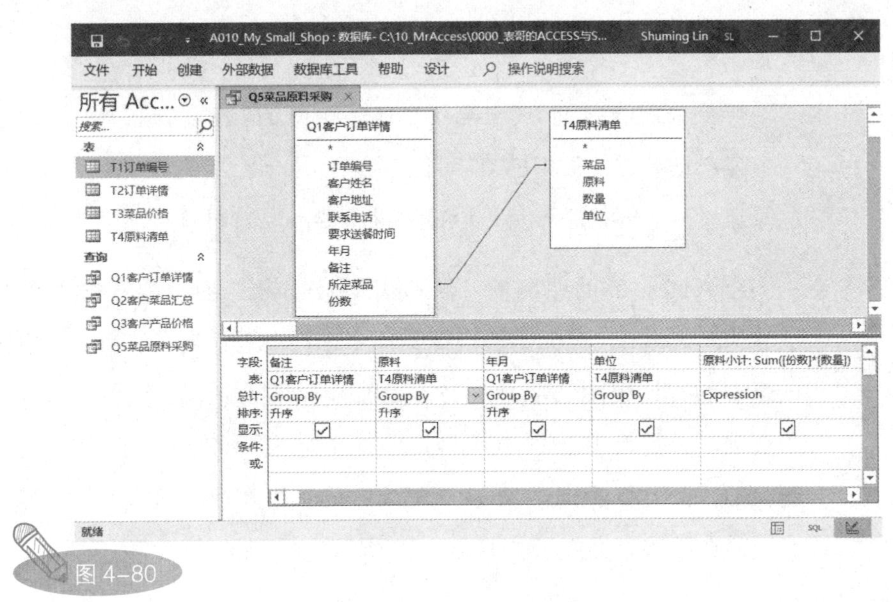

图 4–80

接下来，在 Access 功能区中选择“设计”选项卡，单击“视图”按钮下方的下拉按钮，在弹出的快捷菜单中选择“数据表视图”命令，切换到数据表视图，查看查询“Q5 菜品原料采购”的执行结果，如

图 4-81 所示。可以看到，菜品原材料的需求量已经按月汇总好了。查看未完成订单中牛肉的需求量：2023 年 8 月，需要 900 克；2024 年 8 月，需要 1650 克；2026 年 8 月，需要 1800 克。有了查询“Q5 菜品原料采购”的指导，小张就可以在恰当的时间，以恰当的数量提前订货了。虽然本案例中的订货时间有些夸张，但原理是正确的。

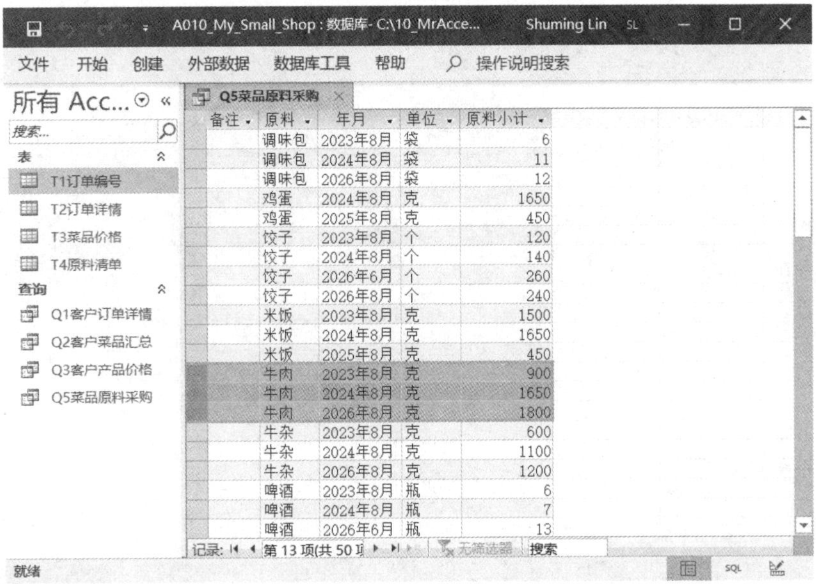

A010_My_Small_Shop : 数据库- C:\10_MrAcce...　Shuming Lin

文件　开始　创建　外部数据　数据库工具　帮助　操作说明搜索

所有 Acc...

搜索...

表

T1订单编号

T2订单详情

T3菜品价格

T4原料清单

查询

Q1客户订单详情

Q2客户菜品汇总

Q3客户产品价格

Q5菜品原料采购

Q5菜品原料采购

备注	原料	年月	单位	原料小计
	调味包	2023年8月	袋	6
	调味包	2024年8月	袋	11
	调味包	2026年8月	袋	12
	鸡蛋	2024年8月	克	1650
	鸡蛋	2025年8月	克	450
	饺子	2023年8月	个	120
	饺子	2024年8月	个	140
	饺子	2026年6月	个	260
	饺子	2026年8月	个	240
	米饭	2023年8月	克	1500
	米饭	2024年8月	克	1650
	米饭	2025年8月	克	450
	牛肉	2023年8月	克	900
	牛肉	2024年8月	克	1650
	牛肉	2026年8月	克	1800
	牛杂	2023年8月	克	600
	牛杂	2024年8月	克	1100
	牛杂	2026年8月	克	1200
	啤酒	2023年8月	瓶	6
	啤酒	2024年8月	瓶	7
	啤酒	2026年6月	瓶	13

记录: 第 13 项(共 50 项　无筛选器　搜索

就绪

图 4-81

需要注意的是，查询“Q5 客户订单信息”中有个错误：在按照“年月”字段升序排序时，如果“年月”字段中存在两个日期，分别为“2023 年 8 月”和“2023 年 12 月”，那么日期“2023 年 12 月”会排到日期“2023 年 8 月”前面，这是不符合逻辑的。要解决这个问题，可以将月份的数字格式化为两位数，即将“2023 年 8 月”格式化成“2023 年 08 月”，这样就不会出现上述错误了。

我们知道，计算字段“年月”是在查询“Q1 客户订单详情”中定义的，因此我们切换到查询“Q1 客户订单详情”的设计视图，在计算字段“年月”的任意一个单元格中右击，在弹出的快捷菜单中选择“缩放”命令，如图 4-82 所示，弹出“缩放”对话框，用于编辑 Access 查询的计算字段表达式。

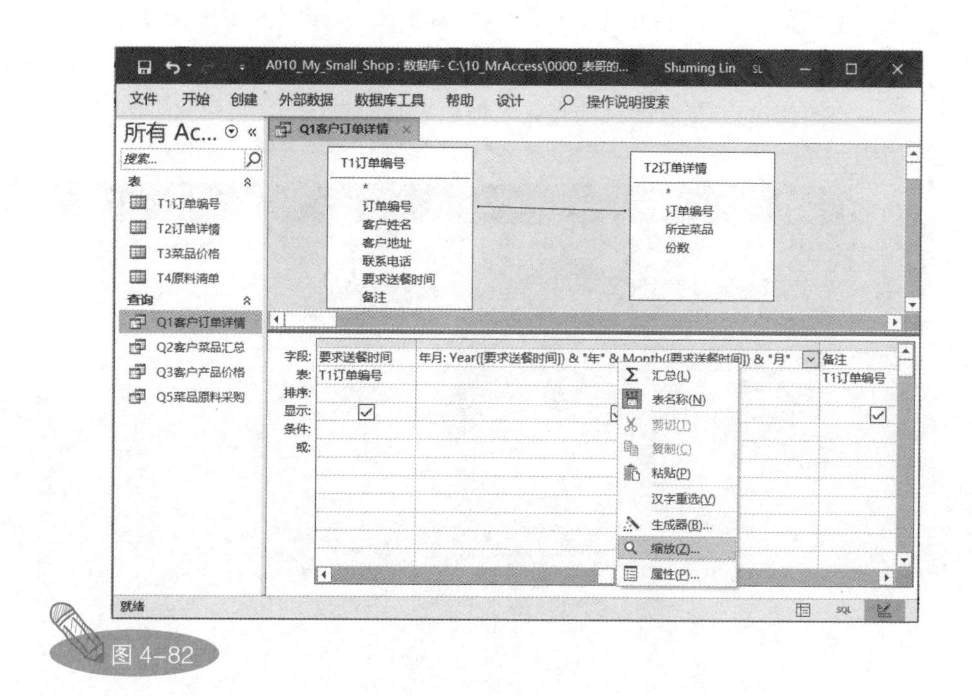

图 4-82

关于查询计算字段的创建和修改，可以像以前一样在“表达式生成器”对话框中进行操作，只是这次我们想尝试一下新方法。事实上，如果我们对 Access 中的表达式与函数比较熟悉，那么在通常情况下，都可以在空白字段中直接输入计算字段表达式，或者在“缩放”对话框中对计算字段表达式进行修改。

在“缩放”对话框中，我们在原表达式的月份部分“Month([要求送餐时间])”的外面套了一个 Format() 函数，如图 4-83 所示。Access 中的 Format() 函数类似于 Excel 中的 Text() 函数，主要用于给数字或日期设置特定的显示格式。Format(Month([要求送餐时间]),"00") 的第二个参数 "00" 表示月份数字以两位数的格式显示，不足补 0。

在计算字段表达式修改完毕后，从查询“Q1 客户订单详情”的设计视图切换到数据表视图，可以看到，计算字段“年月”的月份部分已经变成以两位数的格式显示了，如图 4-84 所示。此时，如果“年月”字段中存在两个日期，分别为“2023 年 08 月”和“2023 年 12 月”，那么日期“2023 年 12 月”与日期“2023 年 08 月”的排序不再出现问题。

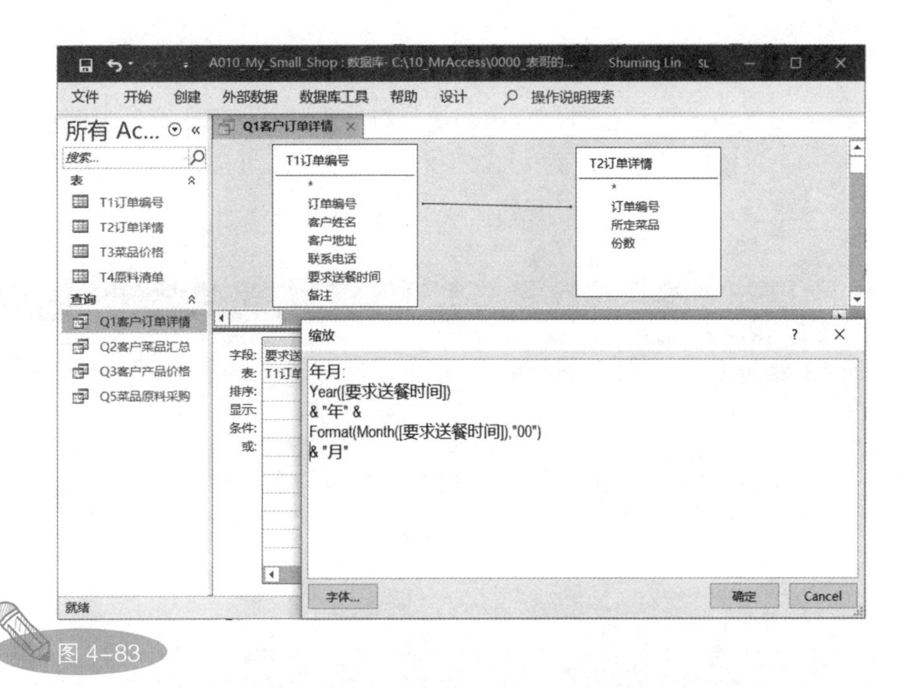

图 4-83

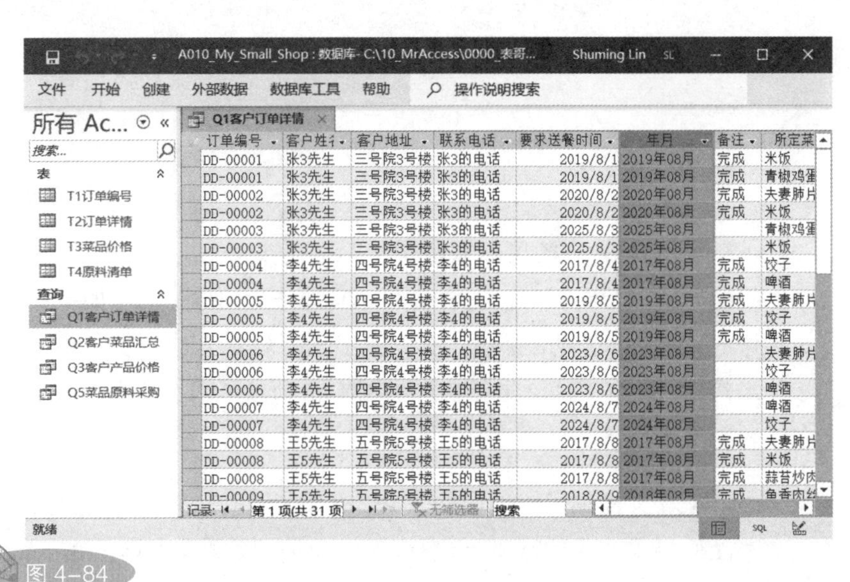

订单编号	客户姓名	客户地址	联系电话	要求送餐时间	年月	备注	所定菜
DD-00001	张3先生	三号院3号楼	张3的电话	2019/8/1	2019年08月	完成	米饭
DD-00001	张3先生	三号院3号楼	张3的电话	2019/8/1	2019年08月	完成	青椒鸡蛋
DD-00002	张3先生	三号院3号楼	张3的电话	2020/8/2	2020年08月	完成	夫妻肺片
DD-00002	张3先生	三号院3号楼	张3的电话	2020/8/2	2020年08月	完成	米饭
DD-00003	张3先生	三号院3号楼	张3的电话	2025/8/3	2025年08月		青椒鸡蛋
DD-00003	张3先生	三号院3号楼	张3的电话	2025/8/3	2025年08月		米饭
DD-00004	李4先生	四号院4号楼	李4的电话	2017/8/4	2017年08月	完成	饺子
DD-00004	李4先生	四号院4号楼	李4的电话	2017/8/4	2017年08月	完成	啤酒
DD-00005	李4先生	四号院4号楼	李4的电话	2019/8/5	2019年08月	完成	夫妻肺片
DD-00005	李4先生	四号院4号楼	李4的电话	2019/8/5	2019年08月	完成	饺子
DD-00005	李4先生	四号院4号楼	李4的电话	2019/8/5	2019年08月	完成	啤酒
DD-00006	李4先生	四号院4号楼	李4的电话	2023/8/6	2023年08月		夫妻肺片
DD-00006	李4先生	四号院4号楼	李4的电话	2023/8/6	2023年08月		饺子
DD-00006	李4先生	四号院4号楼	李4的电话	2023/8/6	2023年08月		啤酒
DD-00007	李4先生	四号院4号楼	李4的电话	2024/8/7	2024年08月		啤酒
DD-00007	李4先生	四号院4号楼	李4的电话	2024/8/7	2024年08月		饺子
DD-00008	王5先生	五号院5号楼	王5的电话	2017/8/8	2017年08月	完成	夫妻肺片
DD-00008	王5先生	五号院5号楼	王5的电话	2017/8/8	2017年08月	完成	米饭
DD-00008	王5先生	五号院5号楼	王5的电话	2017/8/8	2017年08月	完成	蒜苔炒肉
DD-00009	王5先生	五号院5号楼	王5的电话	2018/8/9	2018年08月	完成	鱼香肉丝

图 4-84

4.9 Access 交叉表查询

上一节，我们通过查询“Q5 菜品原料采购”的设计介绍了如何利用 Access 查询按月汇总菜品原材料的需求量：对于已经完成的订单，可以核算原材料的成本；对于未完成的订单，可以提前预估原材料的需求量。这都是企业经营的日常工作，如图 4-85 所示。

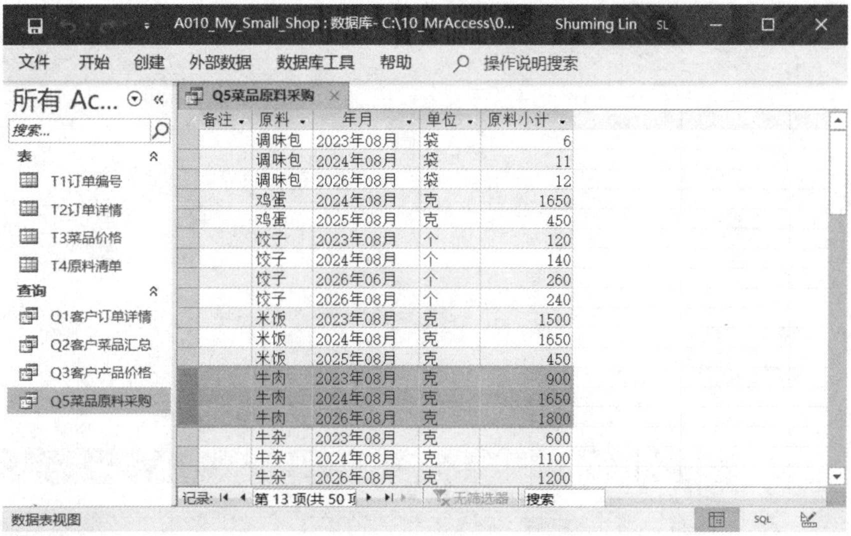

图 4-85

显然查询“Q5 菜品原料采购”还不够完美。在查询“Q5 菜品原料采购”的执行结果中，原材料和时间都是竖向排列的，如果查询结果能像 Excel 数据透视表那样，第一列显示原材料名称，横向显示原材料需求月份，使其变成二维结构，如图 4-86 所示，那么这份报表阅读起来会容易得多。

Access 提供了这项功能，叫作交叉表查询。下面，我们在查询“Q5 菜品原料采购”的基础上设计一个 Access 交叉表查询。在 Access 功能区中依次单击“创建”>>“查询”>>“查询设计”按钮，进入查询设计视图。然后，将前面设计好的查询“Q5菜品原料采购”拖曳到查询设计视图中，如图4-87所示。

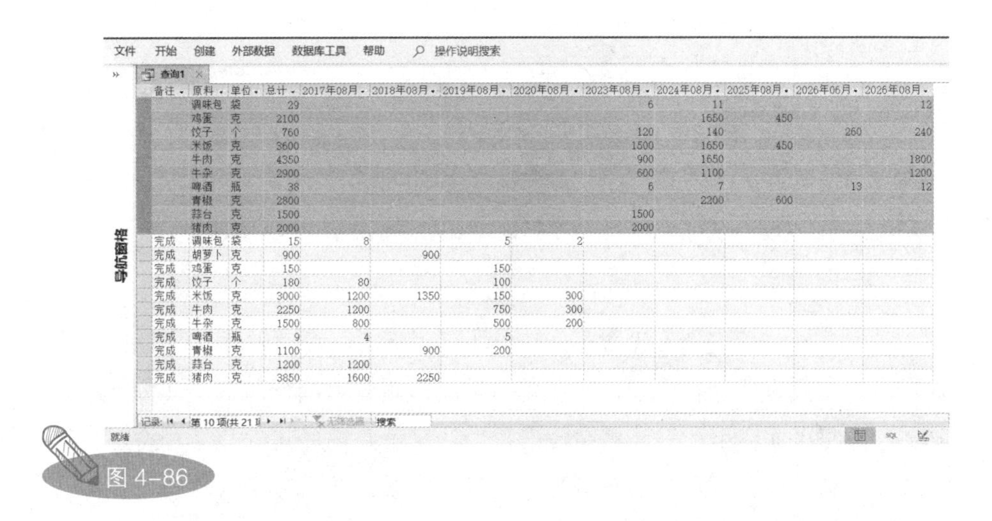

图4-86

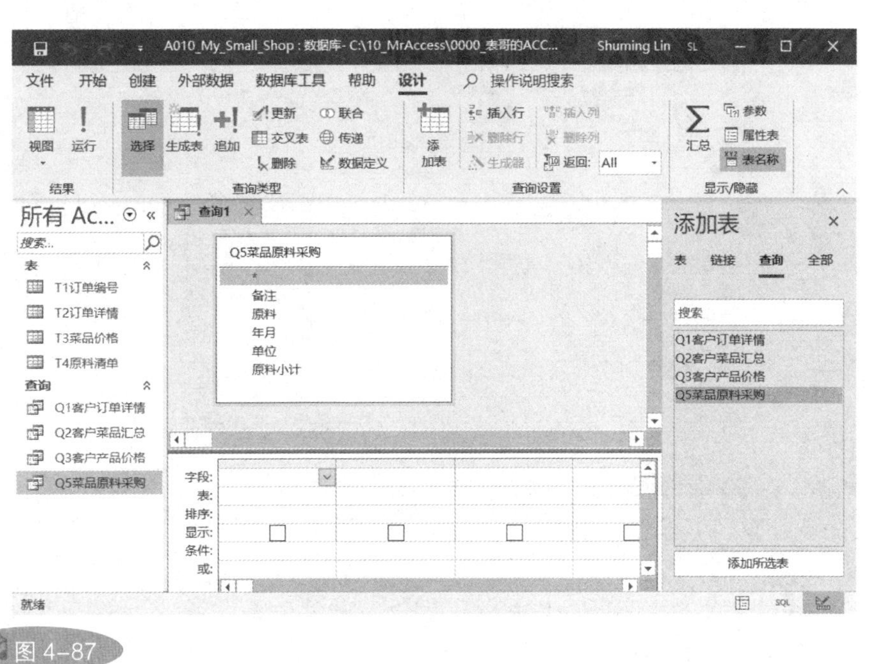

图4-87

当前的查询设计视图是我们前面一直在用的选择查询设计视图，在 Access 功能区中依次单击“设计”>>“查询类型”>>“交叉表”按钮，将其切换为交叉表查询设计视图。所谓交叉表，其实有点儿类似于 Excel 中的数据透视表。

交叉表查询设计视图的特点是，在 Access 查询设计视图下方的查询设计网格中增加了一行新的内容，行标题为“交叉表”。在这一行中，我们可以设置数据表中的哪个字段为行标题、哪个字段为列标题、哪个字段为汇总值（汇总值会显示在交叉表右下方的数据区域）。

交叉表查询设置如图 4-88 所示。其中，将“备注”“原料”“单位”字段设置为行标题，将“年月”字段设置为列标题并使其按升序排序，将“原料小计”计算字段设置为计算值并设置其值汇总方式为“合计”。这些设置都可以在下拉列表中进行设置，非常方便。

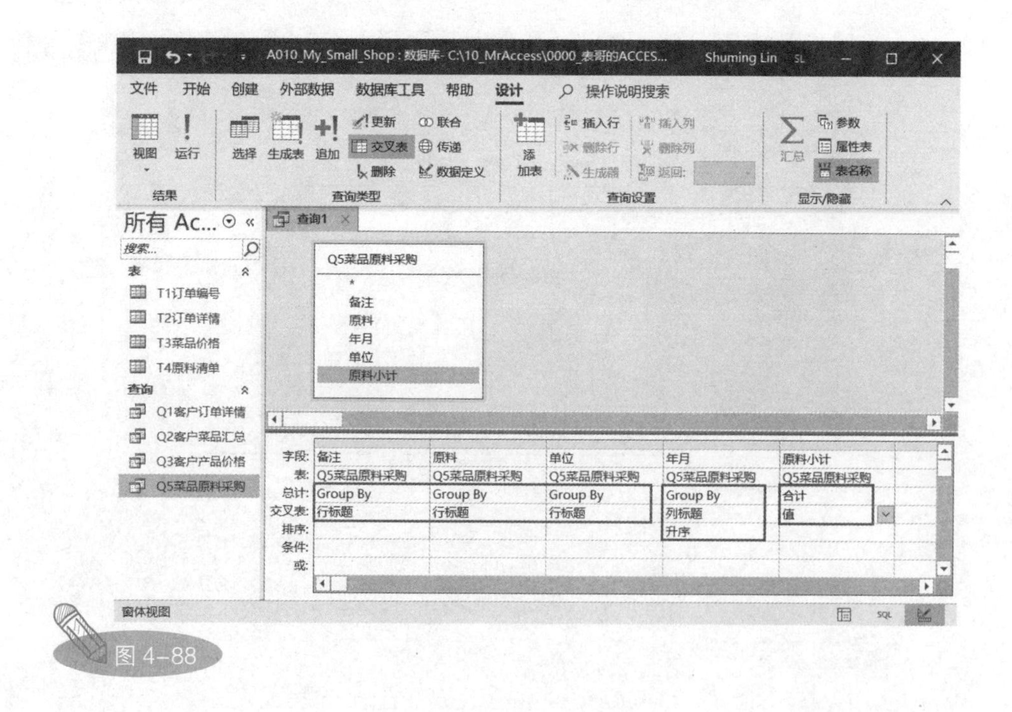

图 4-88

在交叉表查询设置完毕后，我们将查询设计视图切换到数据表视图，如图 4-89 所示。可以看到，各种菜品原材料的需求量（“备注”字段值为空的客户订单）和消耗量（“备注”字段值为“完成”的客户订单）已经按照时间序列横向显示了。

A010_My_Small_Shop : 数据库- C:\10_MrAccess\0000_表哥的ACCESS与SQL查询入门_2... Shuming Lin SL

文件 开始 创建 外部数据 数据库工具 帮助 操作说明搜索

查询1

备注	原料	单位	2017年08月	2018年08	2019年08	2020年08	2023年08.	2024年08	2025年08	2026年06月	2026年08.
	调味包	袋					6	11			12
	鸡蛋	克						1650	450		
	饺子	个					120	140		260	240
	米饭	克					1500	1650	450		
	牛肉	克					900	1650			1800
	牛杂	克					600	1100			1200
	啤酒	瓶					6	7		13	12
	青椒	克						2200	600		
	蒜台	克					1500				
	猪肉	克					2000				
完成	调味包	袋	8		5	2					
完成	胡萝卜	克		900							
完成	鸡蛋	克			150						
完成	饺子	个	80		100						
完成	米饭	克	1200	1350	150	300					
完成	牛肉	克	1200		750	300					
完成	牛杂	克	800		500	200					
完成	啤酒	瓶	4		5						
完成	青椒	克		900	200						
完成	蒜台	克	1200								
完成	猪肉	克	1600	2250							

记录: 第 1 项(共 21 项 无筛选器 搜索

导航窗格

就绪

图 4-89

如果需要在每一行显示原材料需求量的总计，那么 Access 交叉表查询可以做到吗？答案是肯定的。切换回查询设计视图，将“原料小计”字段拖曳到“单位”字段后面，并且将该字段名改成“总计”，计算方式是“合计”，但是，这次该字段不是作为 Access 交叉表查询的汇总值，而是作为每一行的行标题，如图 4-90 所示。

将 Access 交叉表查询设计视图切换到数据表视图，可以看到，“总计”字段已经显示在查询执行结果中，其值为相应行原材料需求量的总计，如图 4-91 所示。最后保存该交叉表查询并将其命名为“Q6 原料需求查询”。

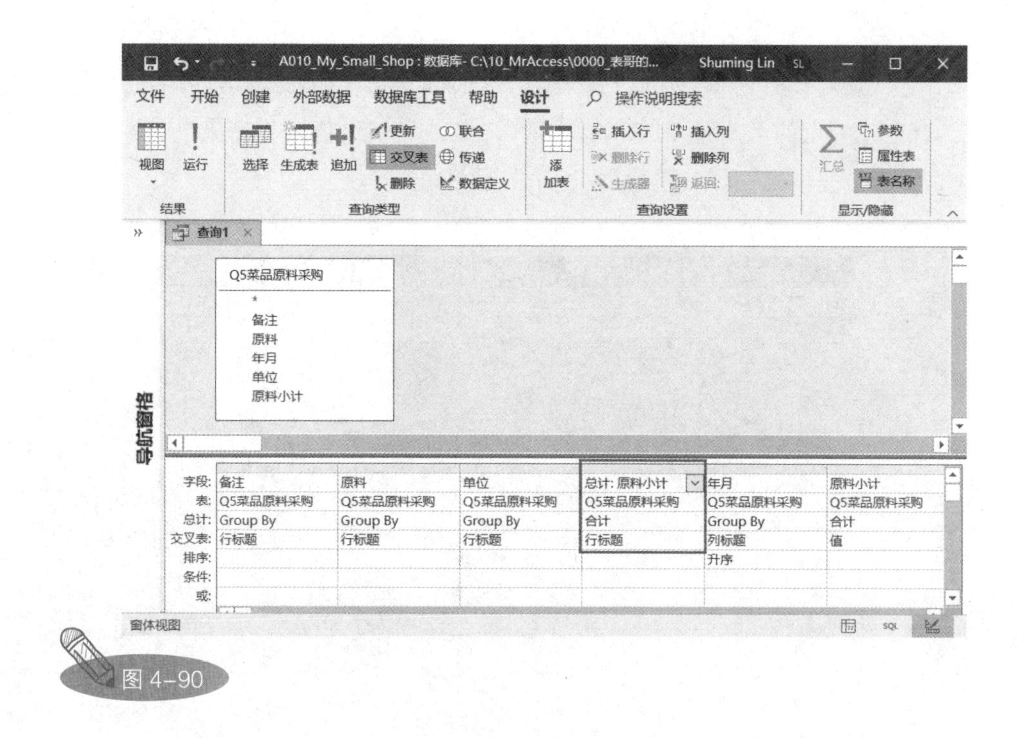

图 4-90

备注	原料	单位	总计	2017年08月	2018年08	2019年08	2020年08	2023年08	2024年08	2025年08	2026年06	2026年08
	调味包	袋	29					6	11			12
	鸡蛋	克	2100						1650	450		
	饺子	个	760					120	140		260	240
	米饭	克	3600					1500	1650	450		
	牛肉	克	4350					900	1650			1800
	牛杂	克	2900					600	1100			1200
	啤酒	瓶	38					6	7		13	12
	青椒	克	2800						2200	600		
	蒜台	克	1500					1500				
	猪肉	克	2000					2000				
完成	调味包	袋	15	8		5	2					
完成	胡萝卜	克	900		900							
完成	鸡蛋	克	150			150						
完成	饺子	个	180	80		100						
完成	米饭	克	3000	1200	1350	150	300					
完成	牛肉	克	2250	1200		750	300					
完成	牛杂	克	1500	800		500	200					
完成	啤酒	瓶	9	4		5						
完成	青椒	克	1100		900	200						
完成	蒜台	克	1200	1200								
完成	猪肉	克	3850	1600	2250							

记录: 第 1 项(共 21 项) 无筛选器 搜索

数据表视图

图 4-91

4.10 Access系统界面设计

如果你对软件界面没有要求，那么到现在为止，你已经用Access完成了一个最基础的小饭馆数据库管理软件。你可以随时执行已设计好的各种查询，用于了解小饭馆当前的经营状况，如菜品销售数量和销售金额、菜品原材料的消耗量和需求量等。

但是，这个小饭馆数据库管理软件的操作界面太粗糙了：

- *在数据表“T1订单编号”中输入订单编号及客户信息。*
- *在数据表“T2订单详情”中输入该订单编号下的所定菜品。*
- *在数据表“T3菜品价格”中维护菜品价格。*
- *在数据表“T4原料清单”中维护菜品的原材料组成信息。*

如果你不是这个小饭馆数据库管理软件的开发者或非常了解这个系统各个数据表的作用，那么你会觉得这个小饭馆数据库管理软件不是那么易于使用。因此，我们需要给小饭馆数据库管理软件设计一个对用户友好的程序界面。

让不懂代码的人也能设计程序界面，这是Access的厉害之处，当然，前提是非常熟悉Access数据库中各个数据表中的数据，这个我们已经做到了。下面介绍Access系统界面设计。

在Access中，开发应用程序操作界面叫作创建窗体。在Access功能区中选择“创建”选项卡，单击“窗体”功能组中的“窗体设计”按钮，即可进入窗体设计视图，如图4-92所示。

我们看到，Access界面中出现了一个背景，这个就是我们安放程序界面各个部件（如按钮、下拉列表、列表框等）的“画板”。

我们设计Access程序界面的目的是要用这个界面和Access底层数据表打交道，用户能够通过界面中的这些按钮、下拉列表、列表框等部件和Access底层数据表互动。因此，我们首先需要给这个界面指定所关联的底层数据表，底层数据表可以是实体数据表，也可以是查询虚拟数据表。

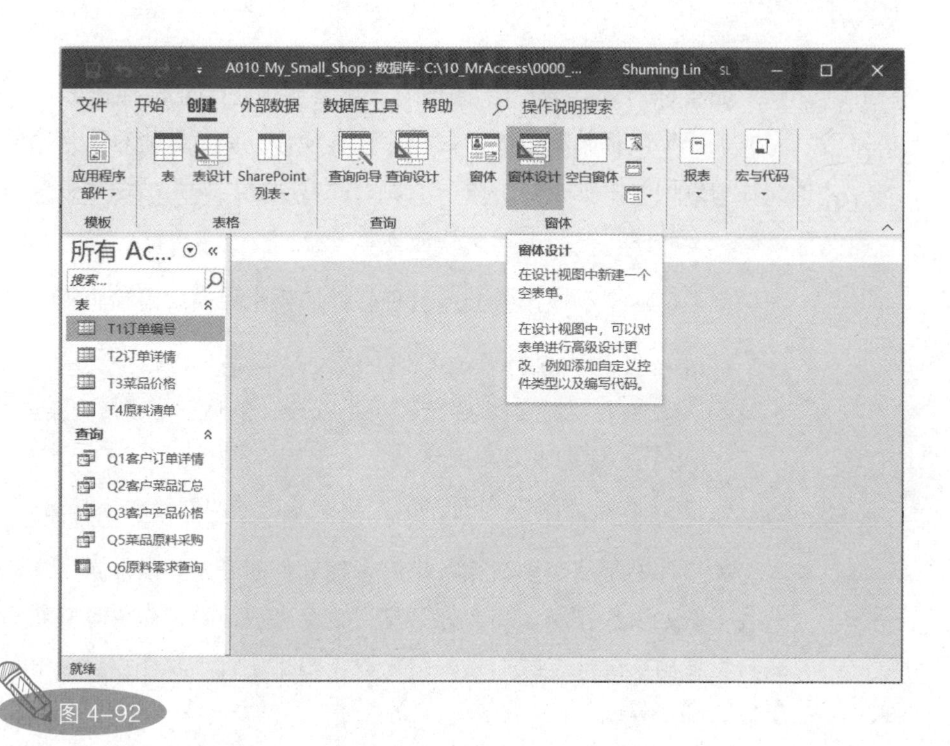

图 4-92

在 Access 窗体设计视图的功能区中选择“设计”选项卡，单击“工具”功能组中的“添加现有字段”按钮，打开“字段列表”窗格。在“字段列表”窗格中，单击“显示所有表”超链接，可以列出当前 Access 数据库中的所有实体数据表，如图 4-93 所示，双击实体数据表的名称可以看到该实体数据表中包含的字段名。

下面，我们设计一个用于记录小饭馆送餐业务的 Access 程序界面，使小饭馆工作人员通过 Access 程序界面进行操作，不用直接在 Access 数据表中记录小饭馆日常经营业务。

记录小饭馆日常经营业务数据的数据表有两个，一个是记录客户基本信息的数据表“T1 订单编号”，另一个是记录每个订单编号下所定菜品详细信息的数据表“T2 订单详情”。

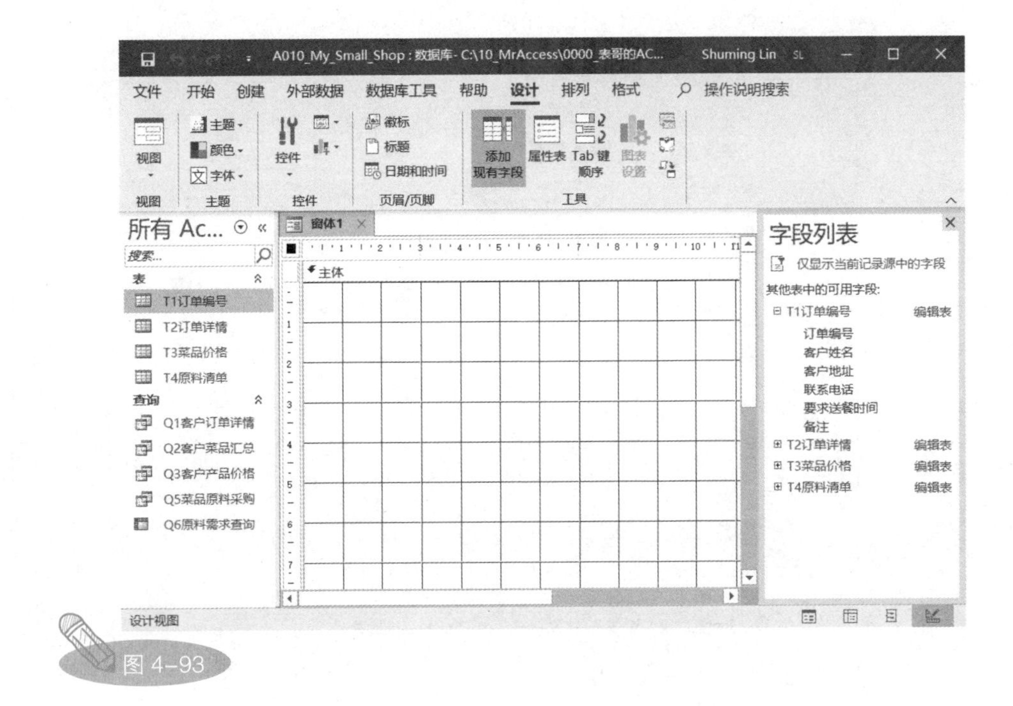

图 4-93

我们希望有这样一个程序界面：在界面上方输入客户基本信息（与数据表“T1订单编号”相关联），在界面下方输入客户当前订单编号下所定菜品详细信息（与数据表“T2订单详情”相关联）。

完成后的程序界面如图4-94所示，当前界面显示的是订单编号为DD-00001的订单信息，我们看到，张3先生在该订单中定了1份青椒鸡蛋和1份米饭。

设计这个程序界面的关键是如何将数据表“T1订单编号”和数据表“T2订单详情”同步起来，即当界面上方显示某个订单编号（如DD-00001）时，界面下方显示该订单编号下的所定菜品。此外，我们需要在这个程序界面中对当前订单编号下的所定菜品进行增加、修改和删除（简称“增改删”）操作。

这个Access程序界面的设计过程如下，依次选中数据表“T1订单编号”中的所有字段，将其拖曳到Access窗体设计视图中，并且将其调整到合适的位置，如图4-95所示。

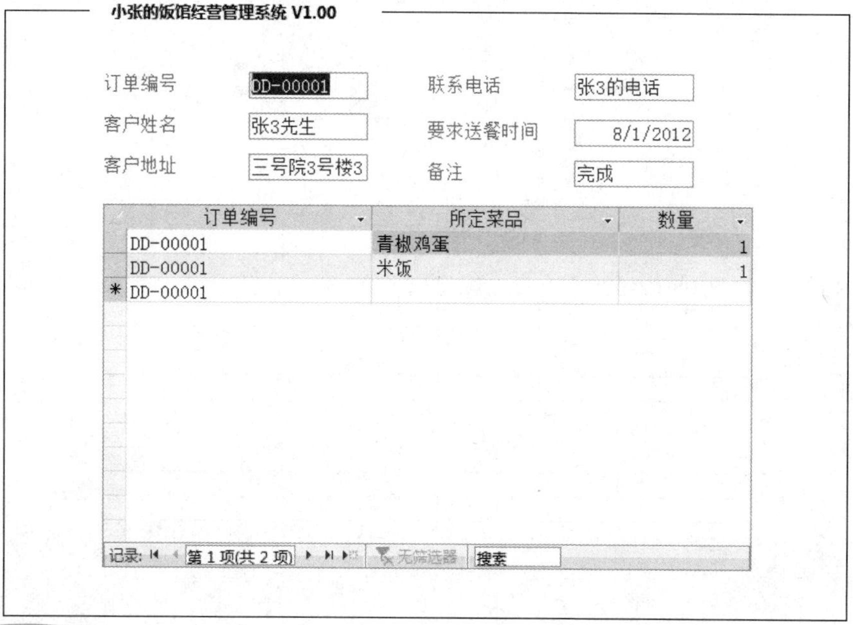

小张的饭馆经营管理系统 V1.00

订单编号 DD-00001　　联系电话 张3的电话
客户姓名 张3先生　　要求送餐时间 8/1/2012
客户地址 三号院3号楼3　　备注 完成

订单编号	所定菜品	数量
DD-00001	青椒鸡蛋	1
DD-00001	米饭	1
* DD-00001		

记录: 第 1 项(共 2 项)　无筛选器　搜索

图 4-94

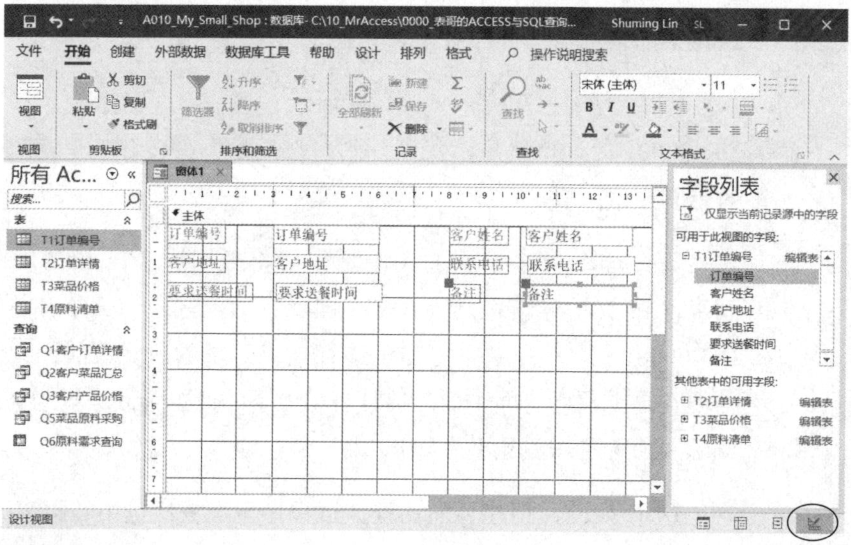

A010_My_Small_Shop : 数据库- C:\10_MrAccess\0000_表哥的ACCESS与SQL查询...　Shuming Lin

文件　开始　创建　外部数据　数据库工具　帮助　设计　排列　格式　操作说明搜索

视图　粘贴　剪切　复制　格式刷　筛选器　升序　降序　取消排序　全部刷新　新建　保存　删除　查找　宋体 (主体)　11

视图　剪贴板　排序和筛选　记录　查找　文本格式

所有 Ac...
搜索...
表
T1订单编号
T2订单详情
T3菜品价格
T4原料清单
查询
Q1客户订单详情
Q2客户菜品汇总
Q3客户产品价格
Q5菜品原料采购
Q6原料需求查询

窗体1
主体
订单编号　订单编号　客户姓名　客户姓名
客户地址　客户地址　联系电话　联系电话
要求送餐时间　要求送餐时间　备注　备注

字段列表
仅显示当前记录源中的字段
可用于此视图的字段:
T1订单编号　编辑表
订单编号
客户姓名
客户地址
联系电话
要求送餐时间
备注
其他表中的可用字段:
T2订单详情　编辑表
T3菜品价格　编辑表
T4原料清单　编辑表

设计视图

图 4-95

这里需要强调的是，当我们将 Access 数据表中的字段拖曳到 Access 窗体设计视图中时，窗体设计视图中会出现一个显示数据表中对应字段内容的小部件，这个部件的专业名称为“控件”。各个控件与它所依赖的数据表中当前记录的对应字段相关联。通过界面中的控件，我们可以对数据表当前行的字段内容进行查看、修改等操作。

像 Access 查询一样，Access 窗体也可以切换到不同的视图。我们最常用的视图有两个，分别为设计视图和窗体视图。图 4-95 中的视图为窗体的设计视图，现在，我们切换到窗体视图，看看程序界面的实际效果，如图 4-96 所示。

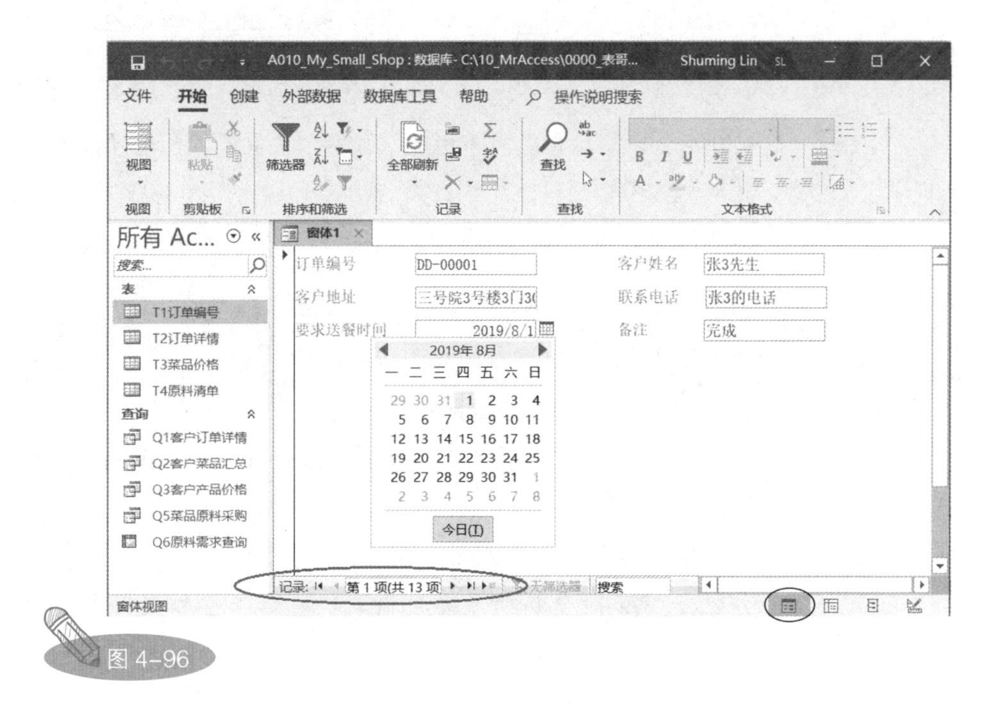

图 4-96

在窗体视图中，我们看到，窗体中的几个控件中显示的是 Access 底层数据表“T1 订单编号”中第一条记录所对应的各个字段中的内容。通过单击窗体下方的记录浏览按钮，可以让控件显示不同记录中的字段内容。

需要注意的是，当我们将数据表中的字段拖曳到窗体设计视图中时，Access可以自动识别底层数据表中该字段的数据类型，并且自动选择合适的控件类型。例如，在数据表“T1订单编号”中，“要求送餐时间”字段的数据类型为“日期/时间”，因此，在窗体视图中单击“要求送餐时间”控件，会弹出一个日期选择控件，使日期的输入和更新更加便捷。

切换回窗体设计视图。现在，我们以向窗体设计视图中拖曳添加字段的方式将数据表“T1订单编号”与窗体关联起来了。在Access中，控件与数据表中的字段之间存在的关联关系叫作绑定。在窗体设计视图中对控件中的内容进行修改，实际上修改的是底层数据表中当前记录对应字段中的内容。

我们知道，一个订单编号下可能包含多个菜品，我们已经在Access窗体中显示了某份客户订单中内容（订单编号、客户信息等）。要如何在窗体下方显示该订单编号下的所有菜品名称呢？这涉及Access中的一个新概念——子窗体。

所谓子窗体，就是在“大窗体”中再创建一个“小窗体”，并且让“大窗体”和“小窗体”中的数据联动起来，“小窗体”的Access标准名称为“子窗体”，“大窗体”的Access标准名称为“主窗体”。要创建子窗体，我们需要完成以下两项工作。

- 给子窗体指定对应的Access底层数据表。
- 建立子窗体所使用的底层数据表（简称子窗体数据表）和主窗体所使用的底层数据表（简称主窗体数据表）之间的关联关系。

在主窗体数据表和子窗体数据表之间建立关联关系后，主窗体和子窗体中的数据便可以“联动”了。单击Access界面左上角的“保存”按钮，以默认名称“窗体1”保存当前窗体。下面介绍子窗体的制作过程。

在 Access 窗体设计视图的功能区中选择“设计”选项卡，单击“控件”按钮下方的下拉按钮，在弹出的下拉面板中单击“子窗体/子报表”按钮，并且激活“使用控件向导”按钮，用于辅助完成子窗体的创建，如图 4-97 所示。

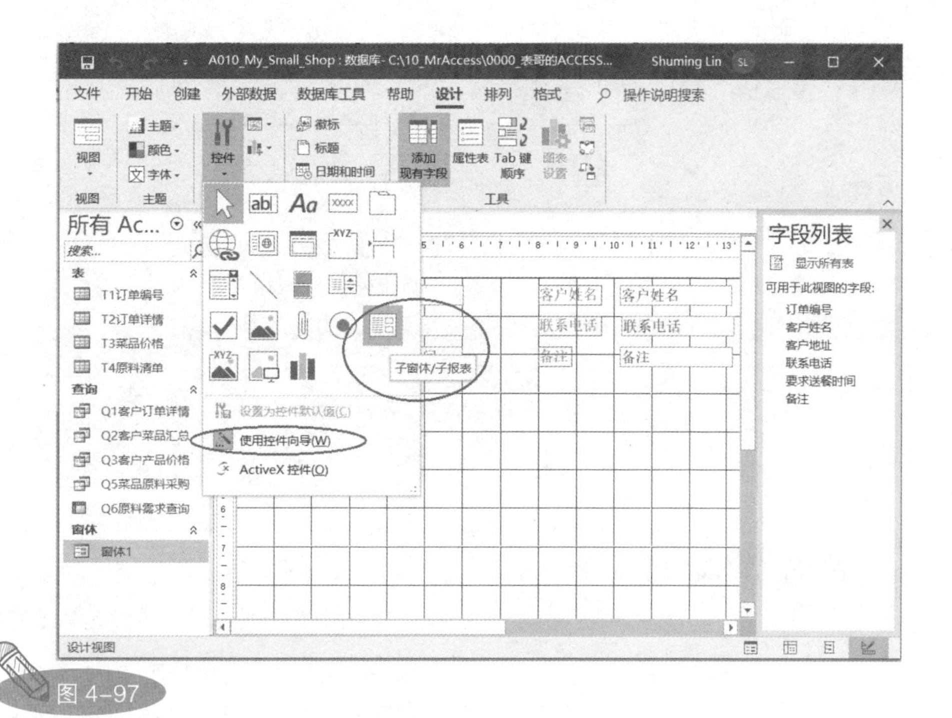

图 4-97

需要注意的是，在 Access 中，如果需要使用“控件向导”工具，那么 Access 窗体设计视图中的“使用控件向导”按钮必须处于激活状态。

接下来，在Access主窗体下面的合适位置按住鼠标左键并拖动鼠标，绘制一个子窗体，由于“使用窗体向导”按钮处于激活状态，因此，在释放鼠标左键后，会打开“子窗体向导”面板，如图 4-98 所示。

“子窗体向导”面板可以在以下两方面为我们提供便利。

- 指定子窗体数据表。

- 建立子窗体数据表和主窗体数据表之间的关联关系。

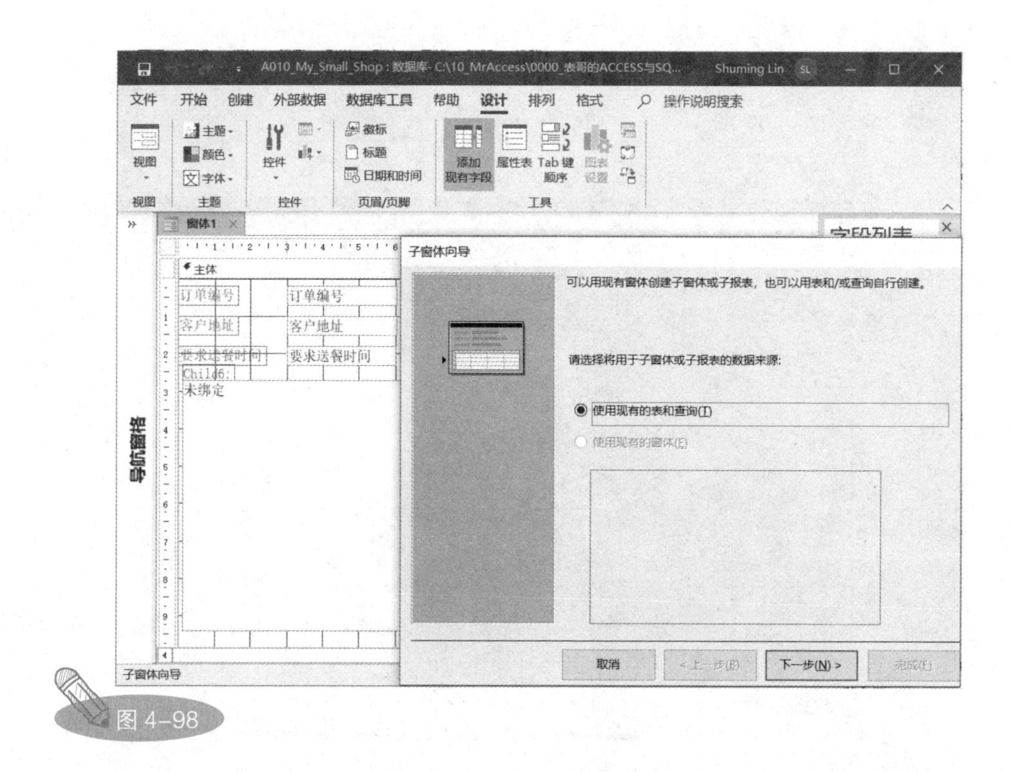

图 4-98

在“子窗体向导”面板中的文字提示“请选择将用于子窗体或子报表的数据来源”下选择“使用现有的表和查询”单选按钮，然后单击“下一步”按钮。

这一步，我们可以选择子窗体用到的数据表和查询。在本案例中，子窗体用到的数据表是存储订单编号下所定菜品的数据表“T2 订单详情”，因此选择这个数据表，如图 4-99 所示。

将“可用字段”列表框中的所有选项移动到“选定字段”列表框中，然后单击“下一步”按钮，如图 4-100 所示。

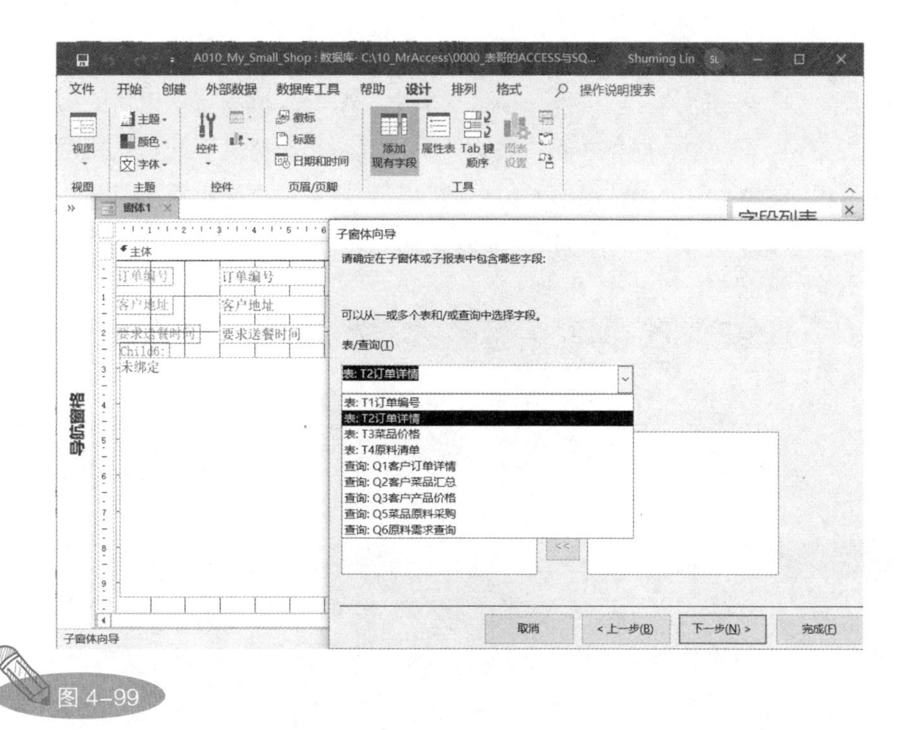
A010_My_Small_Shop : 数据库- C:\10_MrAccess\0000_表哥的ACCESS与SQ...
Shuming Lin
文件
开始
创建
外部数据
数据库工具
帮助
设计
排列
格式
操作说明搜索
视图
主题
颜色
字体
控件
徽标
标题
日期和时间
添加现有字段
属性表
Tab 键顺序
页眉/页脚
工具
窗体1
导航窗格
主体
订单编号
客户地址
要求送餐时间
Child6:
未绑定
子窗体向导
请确定在子窗体或子报表中包含哪些字段:
可以从一或多个表和/或查询中选择字段。
表/查询(T)
表: T2订单详情
表: T1订单编号
表: T2订单详情
表: T3菜品价格
表: T4原料清单
查询: Q1客户订单详情
查询: Q2客户菜品汇总
查询: Q3客户产品价格
查询: Q5菜品原料采购
查询: Q6原料需求查询
取消
< 上一步(B)
下一步(N) >
完成(F)

图 4-99

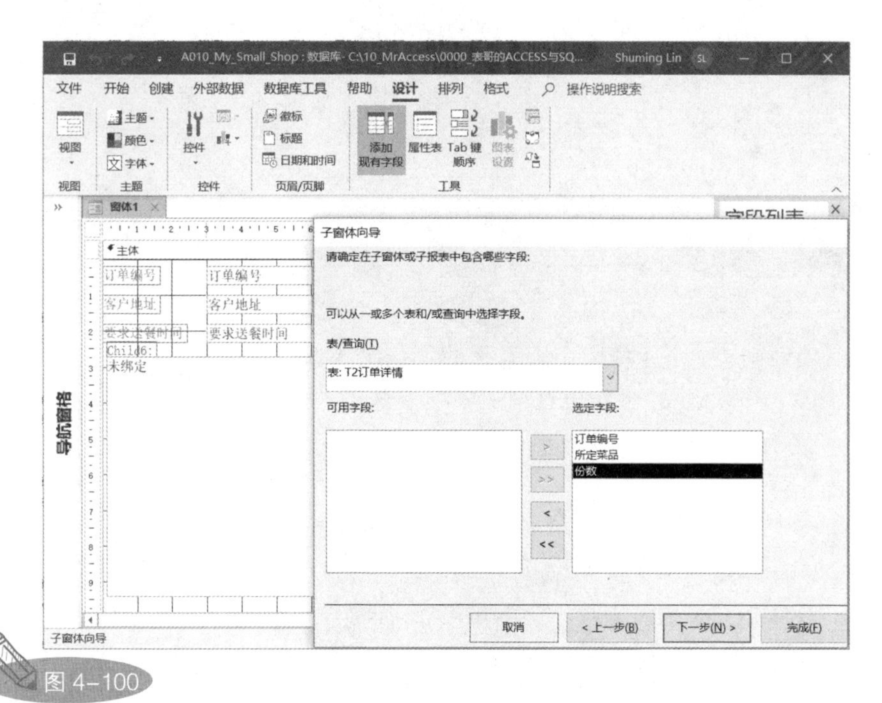
A010_My_Small_Shop : 数据库- C:\10_MrAccess\0000_表哥的ACCESS与SQ...
Shuming Lin
文件
开始
创建
外部数据
数据库工具
帮助
设计
排列
格式
操作说明搜索
窗体1
导航窗格
主体
订单编号
客户地址
要求送餐时间
Child6:
未绑定
子窗体向导
请确定在子窗体或子报表中包含哪些字段:
可以从一或多个表和/或查询中选择字段。
表/查询(T)
表: T2订单详情
可用字段:
选定字段:
订单编号
所定菜品
份数
取消
< 上一步(B)
下一步(N) >
完成(F)

图 4-100

这一步是创建子窗体的关键步骤，即建立主窗体数据表和子窗体数据表之间的关联关系。在这一步中，Access试图自动建立主窗体数据表和子窗体数据表之间的关联关系。但是，计算机不一定总能正确判断各种复杂的人为情况，它给出的关联关系不一定是对的。因此，我们选择“自行定义”单选按钮，如图4-101所示。

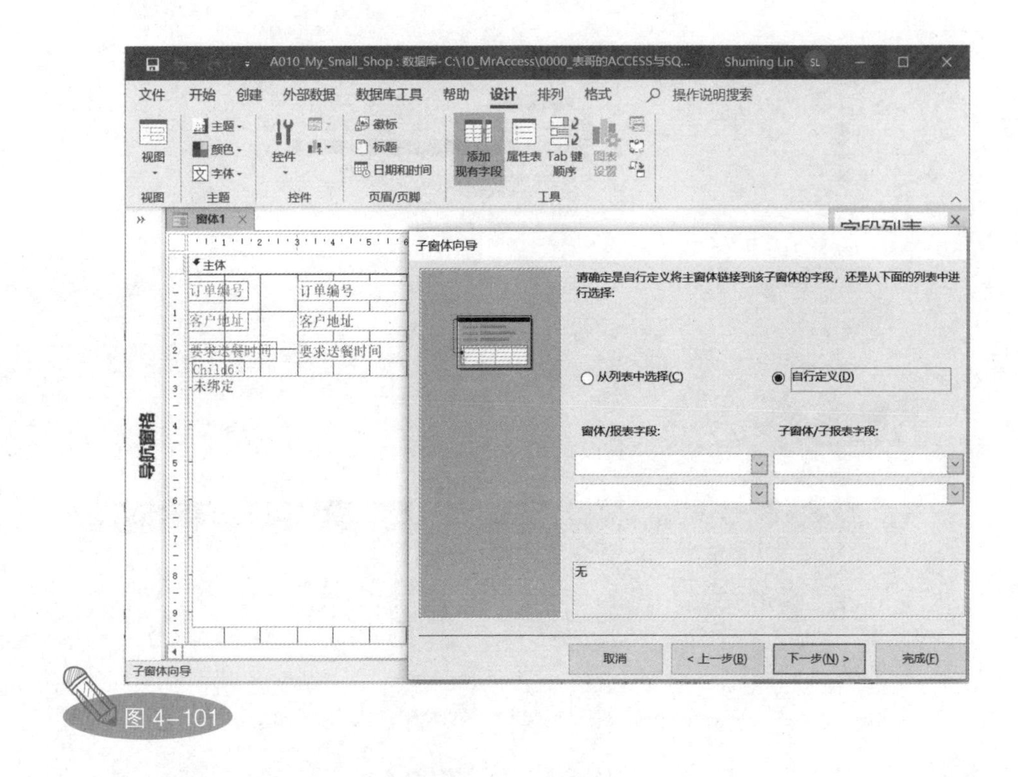

图4-101

“窗体/报表字段”下的第一个下拉列表中显示的是主窗体数据表中的字段及其数据类型，“子窗体/子报表字段”下的第一个下拉列表中显示的是子窗体数据表中的字段及其数据类型。

建立主窗体数据表和子窗体数据表之间的关联关系类似于在Excel中用VLOOKUP()函数建立两个工作表之间的关联关系，但与VLOOKUP()函数不同的是，Access能轻松处理数据表之间的“一对多”问题，而Excel中的VLOOKUP()函数对此无能为力。

在“窗体 / 报表字段”下的第一个下拉列表中选择主窗体数据表中的“订单编号”字段，在“子窗体 / 子报表字段”下的第一个下拉列表中选择子窗体数据表中的“订单编号”字段，然后单击“下一步”按钮，如图 4-102 所示，即可建立主窗体数据表和子窗体数据表之间的关联关系。

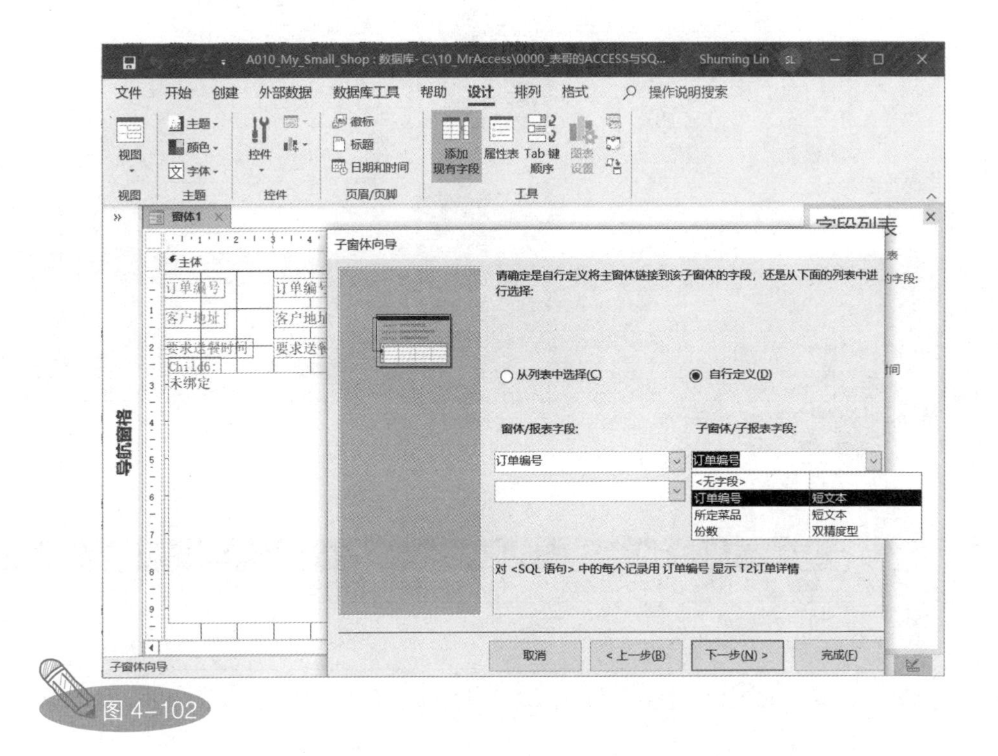

图 4-102

最后，我们需要给子窗体指定一个名称。在 Access 中，虽然子窗体建立在主窗体内部，看起来与主窗体是密不可分的一个整体，但事实上，Access 中的子窗体会单独存储为一个 Access 窗体对象。这里我们采用 Access 给子窗体设定的默认名称“T2 订单详情 子窗体”，单击“完成”按钮，如图 4-103 所示。

可以发现，在 Access 界面左侧的“所有 Access 对象”面板中多了一个窗体对象，如图 4-104 所示，这个窗体对象就是我们刚才保存的子窗体。

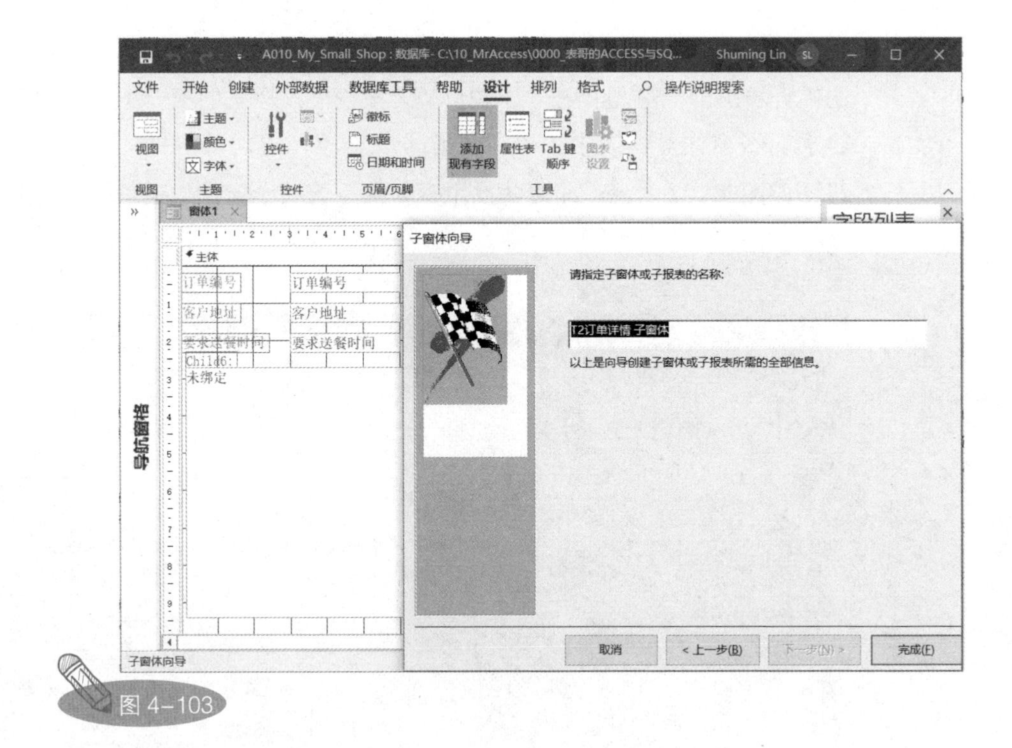
子窗体向导
请指定子窗体或子报表的名称：
T2订单详情 子窗体
以上是向导创建子窗体或子报表所需的全部信息。
取消
< 上一步(B)
下一步(N) >
完成(F)

图 4-103

图 4-104

将“窗体 1”的设计视图切换为窗体视图，即可看到我们刚刚设计的小饭馆数据库管理软件程序界面的初步样子，如图 4-105 所示。

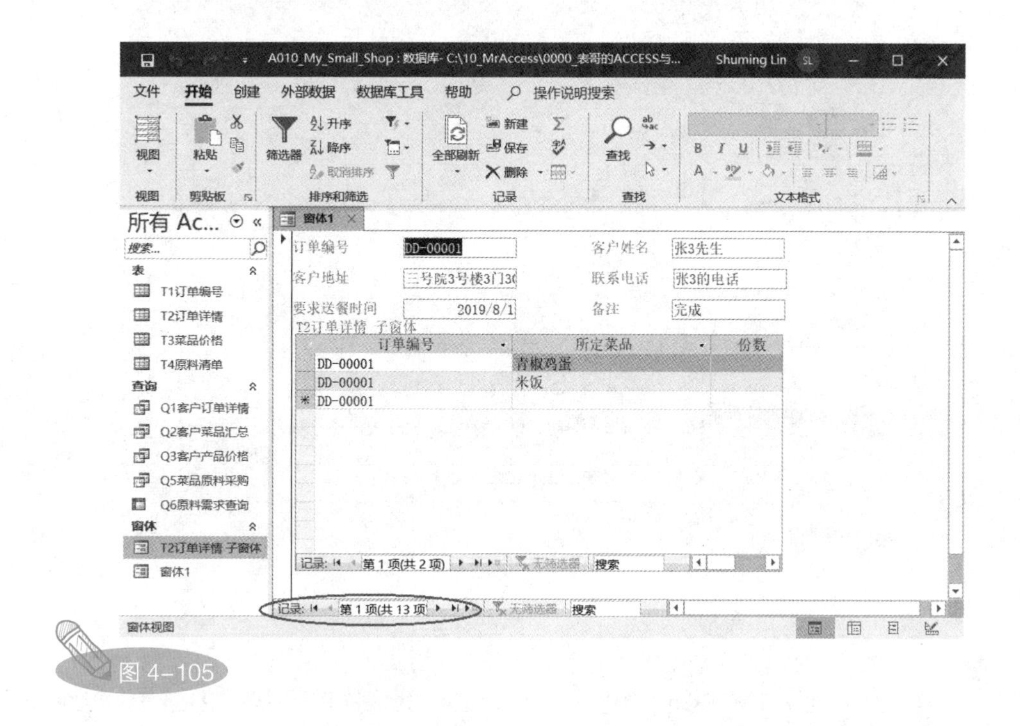

图 4-105

在 Access 窗体视图中，将鼠标指针放置在主窗体中的任意一个字段中，连续按下键盘上的 PageDown 键，或者单击主窗体下方的记录浏览按钮，可以发现，子窗体中的数据会随着主窗体中订单编号的变化而变化。此时，对窗体（无论是主窗体，还是子窗体）中的数据进行修改，实际上修改的是窗体数据表中的数据。

怎么通过窗体向数据库中增加新的客户订单数据呢？我们可以在主窗体下方单击记录浏览按钮中的“新（空白）记录”按钮，如图 4-106 所示。

在单击“新（空白）记录”按钮后，主窗体和子窗体都变成了空白的（实际上，此时两个窗体数据表中的对应操作是将当前记录指针移动到数据表中最后一条记录后面的空白行，即新增记录所在的位置）。

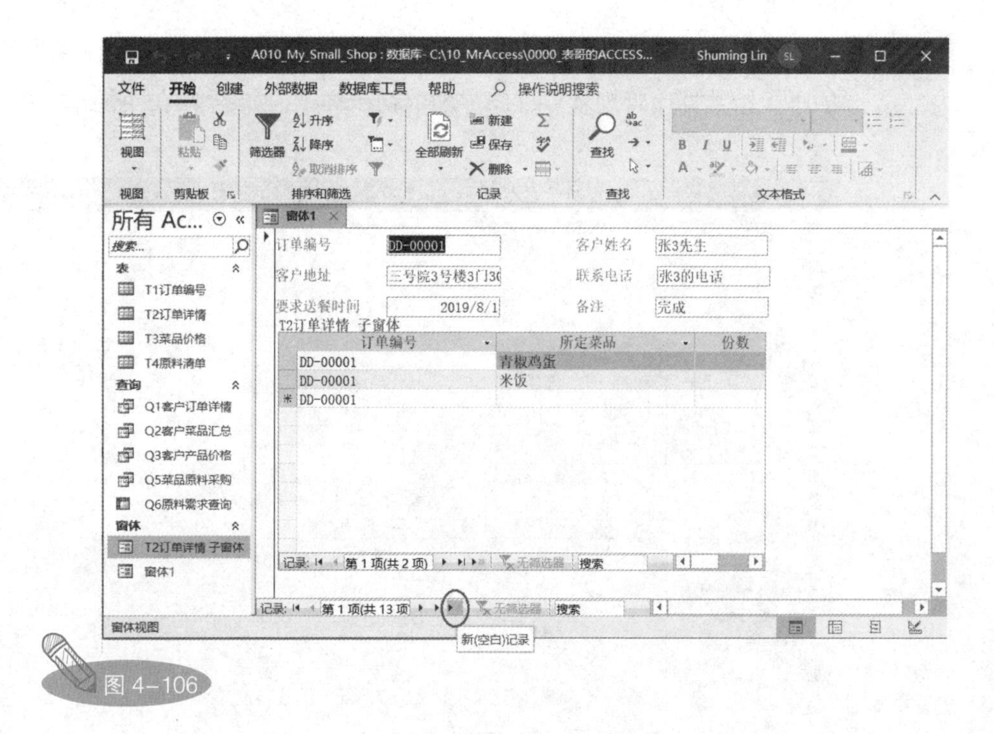

图 4-106

下面增加一份新的客户订单，如图 4-107 所示。在填写“要求送餐时间”字段中的内容时，Access 会给我们提供一个日期选择控件。这是因为，我们在设计窗体数据表时，将“要求送餐时间”字段的数据类型设置成了“日期 / 时间”，在将这种数据类型的字段拖曳到窗体中时，默认会出现一个日期选择控件，这说明窗体控件继承了底层数据表的一些特性。

接着，我们在子窗体中填写新客户订单中所订菜品的名称，可以在该客户订单中填写多个菜品，但我们只填写了一种菜品（6 份饺子），然后单击 Access 界面左上角的“保存”按钮，保存所做的修改。

现在我们已经知道，在窗体中对数据进行修改，其实修改的是窗体数据表。作为验证，我们打开主窗体数据表和子窗体数据表，可以看到，两个数据表中的数据已经被修改了，如图 4-108 所示。

A010_My_Small_Shop : 数据库- C:\10_MrAccess\0000_表哥的ACCE...
Shuming Lin
文件 开始 创建 外部数据 数据库工具 帮助 操作说明搜索
视图 粘贴 筛选器 升序 降序 取消排序 全部刷新 查找
视图 剪贴板 排序和筛选 记录 查找 文本格式
所有 Ac...
搜索...
表
T1订单编号
T2订单详情
T3菜品价格
T4原料清单
查询
Q1客户订单...
Q2客户菜品...
Q3客户产品...
Q5菜品原料...
Q6原料需求...
窗体
T2订单详情 ...
窗体1
订单编号 DD-00014
客户姓名 赵6先生
客户地址
联系电话 赵6的电话
要求送餐时间 2021/2/19
备注
T2订单详情
2021年2月
一 二 三 四 五 六 日
所定菜品 份数
DD-00014 饺子 6
DD-00014
今日(T)
记录: 第 14 项(共 14 项 无筛选器 搜索
窗体视图

图 4-107

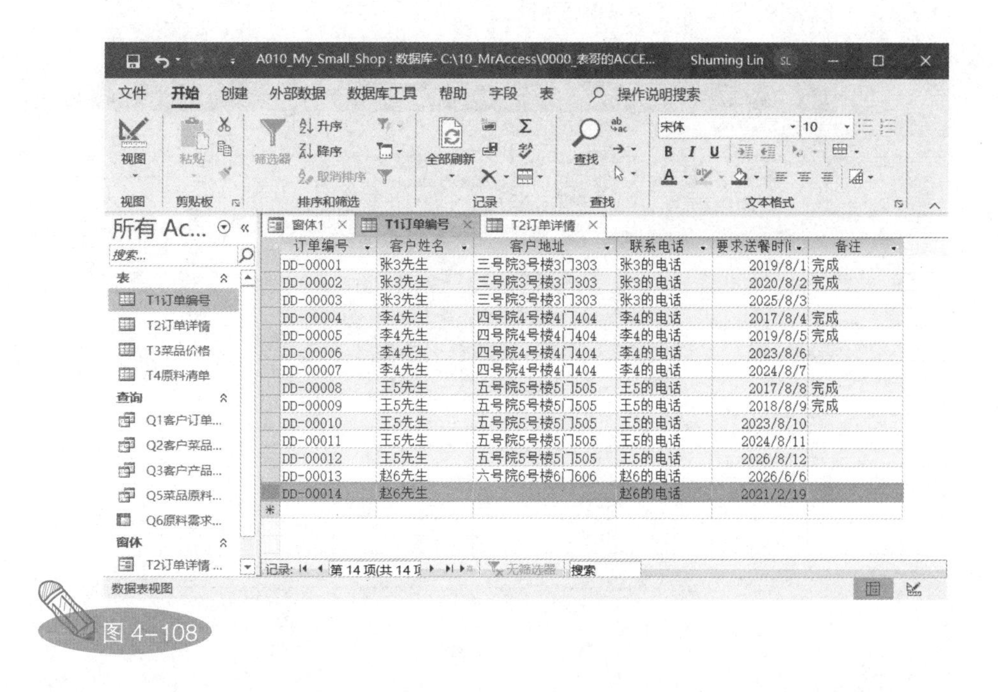
A010_My_Small_Shop : 数据库- C:\10_MrAccess\0000_表哥的ACCE...
Shuming Lin
文件 开始 创建 外部数据 数据库工具 帮助 字段 表 操作说明搜索
视图 粘贴 筛选器 升序 降序 取消排序 全部刷新 查找 宋体 10
视图 剪贴板 排序和筛选 记录 查找 文本格式
所有 Ac...
搜索...
表
T1订单编号
T2订单详情
T3菜品价格
T4原料清单
查询
Q1客户订单...
Q2客户菜品...
Q3客户产品...
Q5菜品原料...
Q6原料需求...
窗体
T2订单详情 ...
窗体1 T1订单编号 T2订单详情
订单编号 客户姓名 客户地址 联系电话 要求送餐时间 备注
DD-00001 张3先生 三号院3号楼3门303 张3的电话 2019/8/1 完成
DD-00002 张3先生 三号院3号楼3门303 张3的电话 2020/8/2 完成
DD-00003 张3先生 三号院3号楼3门303 张3的电话 2025/8/3
DD-00004 李4先生 四号院4号楼4门404 李4的电话 2017/8/4 完成
DD-00005 李4先生 四号院4号楼4门404 李4的电话 2019/8/5 完成
DD-00006 李4先生 四号院4号楼4门404 李4的电话 2023/8/6
DD-00007 李4先生 四号院4号楼4门404 李4的电话 2024/8/7
DD-00008 王5先生 五号院5号楼5门505 王5的电话 2017/8/8 完成
DD-00009 王5先生 五号院5号楼5门505 王5的电话 2018/8/9 完成
DD-00010 王5先生 五号院5号楼5门505 王5的电话 2023/8/10
DD-00011 王5先生 五号院5号楼5门505 王5的电话 2024/8/11
DD-00012 王5先生 五号院5号楼5门505 王5的电话 2026/8/12
DD-00013 赵6先生 六号院6号楼6门606 赵6的电话 2026/6/6
DD-00014 赵6先生 赵6的电话 2021/2/19
记录: 第 14 项(共 14 项 无筛选器 搜索
数据表视图

图 4-108

4.11 让用户操作更方便

上一节，我们制作了一个初级的 Access 程序界面，并且介绍了在 Access 程序界面中对底层数据表中的内容进行添加、修改的方法。这比分别处理两个数据表中的内容方便一些，但还远远不够。

小饭馆所经营的菜品种类是固定的，我们希望在输入客户所定菜品时，能够在下拉列表中选择，而不是每次都输入菜品名称，那该怎么办呢？别急，且听笔者慢慢道来。

在 Access 界面左侧的“所有 Access 对象”面板中选中主窗体“窗体 1”，在 Access 功能区中选择“开始”选项卡，单击“视图”按钮下方的下拉按钮，在弹出的下拉菜单中选择“设计视图”命令，或者在 Access 界面左侧的“所有 Access 对象”面板中右击主窗体“窗体 1”，在弹出的快捷菜单中选择“设计视图”命令，进入主窗体“窗体 1”的设计视图，如图 4-109 所示。

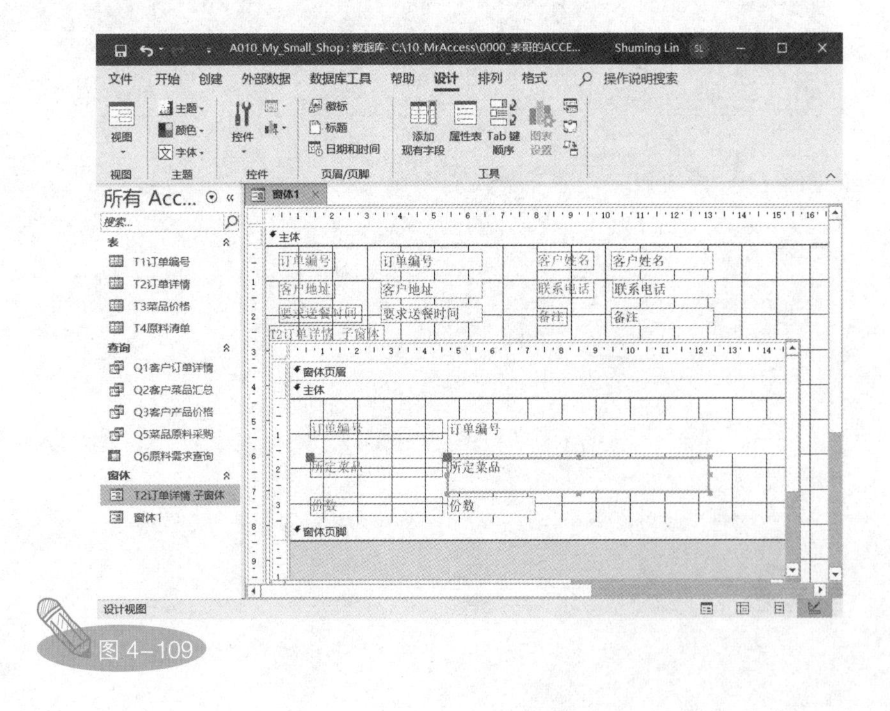

图 4-109

因为主窗体“窗体 1”中包含子窗体“T2 订单详情 子窗体”，所以在打开主窗体时，子窗体也被打开了。在窗体设计视图中，选中子窗体中的“所定菜品”控件并右击，在弹出的快捷菜单中选择“更改为”>>“组合框”命令，如图 4-110 所示。组合框实际上就是下拉列表，而下拉列表中的选项由我们自己指定。这里我们看到，控件的鼠标右键快捷菜单中有许多设置命令，这些设置命令的功能大家可以自行探索。

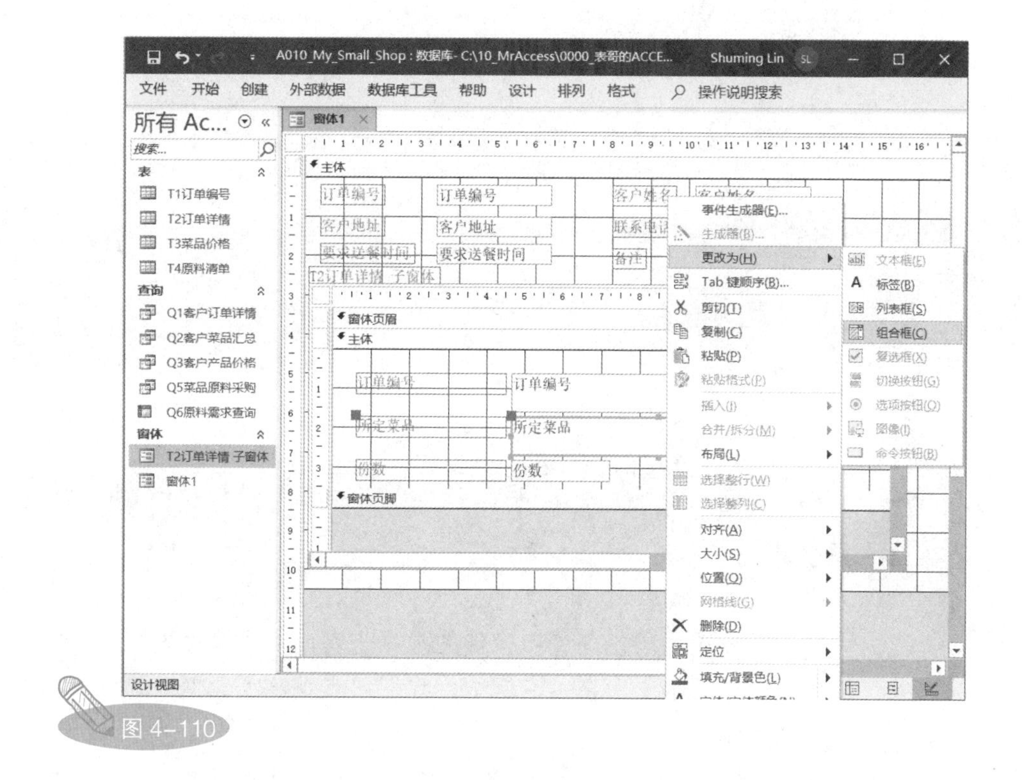

图 4-110

“所定菜品”控件在被设置成组合框后，可以容纳很多选项，但是，这些选项的来源是哪里呢？需要我们告诉该控件。

使“所定菜品”控件处于被选中状态，在 Access 功能区中选择“设计”选项卡，单击“工具”功能组中的“属性表”按钮，即可在 Access 界面右侧打开当前控件的“属性表”窗格，如图 4-111 所示。控件的属性是指属于控件的、我们可以对其进行设置或更改的特性，包括控件的外观、控件被单击或选中时的响应方式、控件底层的数据来源等。

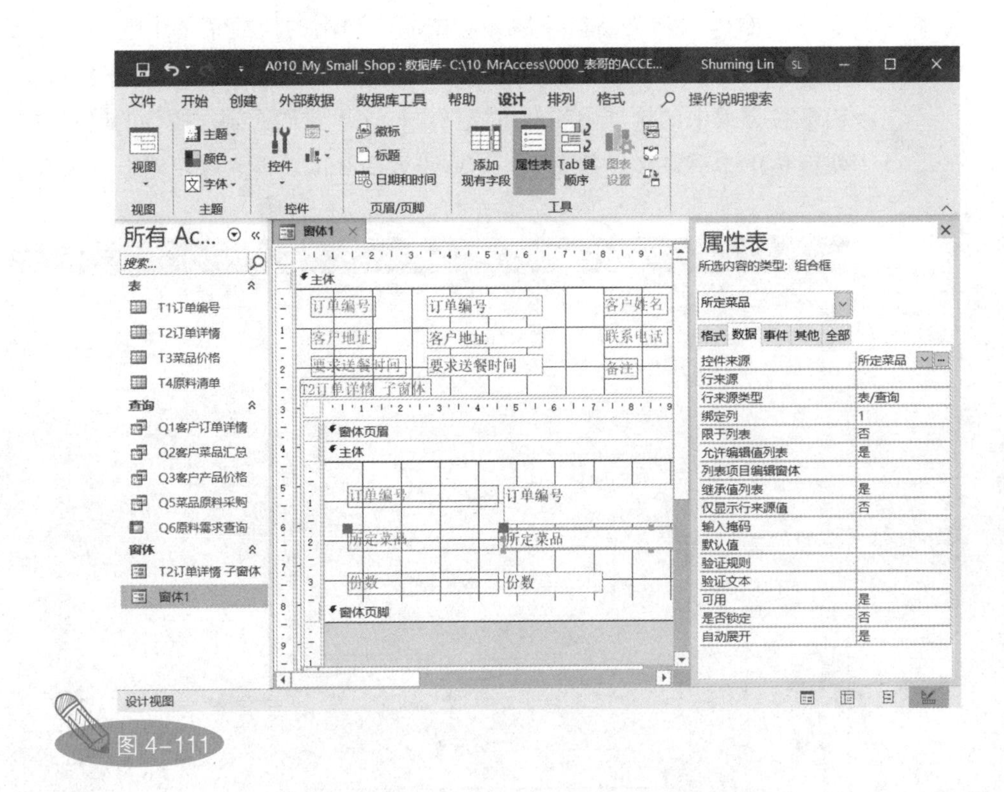

图 4-111

下面设置“所定菜品”控件的数据来源。在“属性表”窗格中选择“数据”选项卡，在本案例中，我们重点关注“数据”选项卡中的以下几项属性。

- 控件来源：表示当前所选控件与当前窗体数据表中的哪个字段关联。对于本案例，控件来源是当前子窗体数据表中的“所定菜品”字段。
- 行来源：控件中的数据来自哪个Access数据表、查询或自定义数据，可在下拉列表中选择。对于本案例，控件中的数据来自数据表“T3 菜品价格”，因为该数据表中含有不重复的所有菜品名称。
- 行来源类型：行来源类型有三个选项，分别是“表/查询”、“值列表”和“字段列表”。当选择“表/查询”选项时，控件会显示“行来源”属性中所选的数据表或查询中的数据行；当选择“值列表”选项时，我们可以在“行来源”属性中输入用逗号分隔的自定义数据系列；当选择“字段列表”选项时，控件会显示“行来源”属性中所选的数据表或查询中的字段名列表。

- 绑定列：如果控件能够显示多列，那么该属性用于设置将第几列内容存储于当前窗体数据表中。
- 限于列表：如果下拉列表控件中没有所需选项，那么该属性用于设置是否允许用户自行添加。

因为我们设置的是子窗体控件“所定菜品”的属性，所以在“属性表”窗格的“数据”选项卡中，Access 默认将“控件来源”设置为“所定菜品”，表示该控件与子窗体数据表中的“所订菜品”字段相关联（或者称为“绑定”）；默认将“行来源类型”设置为“表/查询”，表示控件中的数据来自指定的数据表或查询中的数据行，如图 4-112 所示。

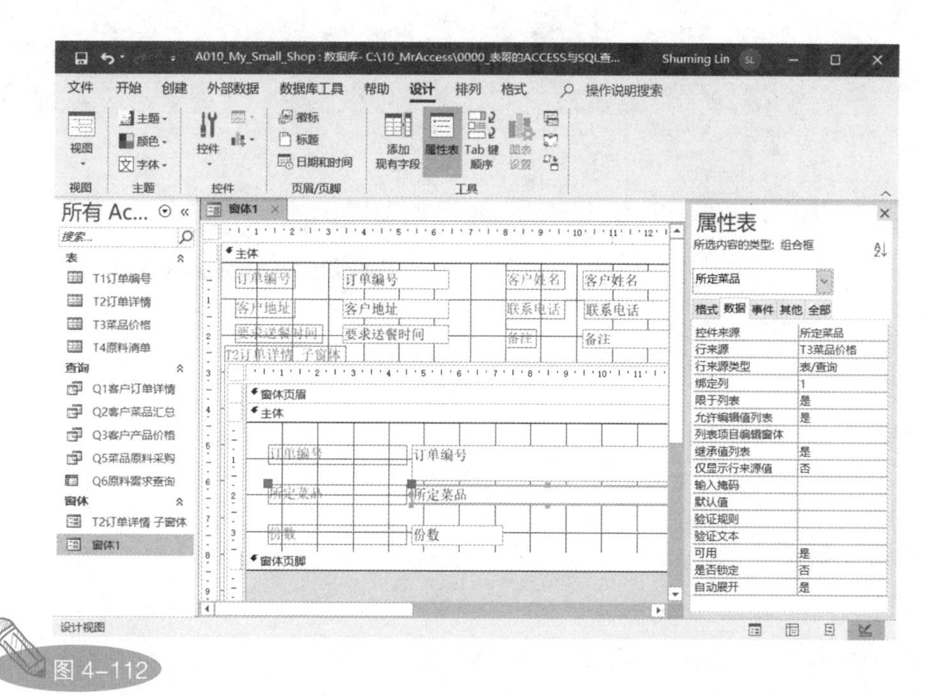

图 4-112

由于上一步将“行来源类型”设置为“表/查询”，因此在单击“行来源”属性时，Access 在其下拉列表中列出了 Access 数据库中所有可用的数据表和查询名称，选择数据表“T3 菜品价格”。因为数据表“T3 菜品价格”的第 1 列是菜品名称，所以将“绑定列”设置为默认的“1”。将“限于列表”设置为默认的“否”，表示对于数据表“T3 菜品价格”中没有的菜品，我们可以直接在控件中输入。

在设置完成后，在 Access 功能区中选择“开始”选项卡，单击“视图”按钮下方的下拉按钮，在弹出的下拉菜单中选择“窗体视图”命令，切换到主窗体“窗体 1”的窗体视图。可以看到，“所定菜品”控件变成了下拉列表，如图 4-113 所示，比手动输入菜品名称方便，并且不会产生手动输入出现的拼写错误。要知道，数据的精确性对建立数据表之间的关联关系非常重要。

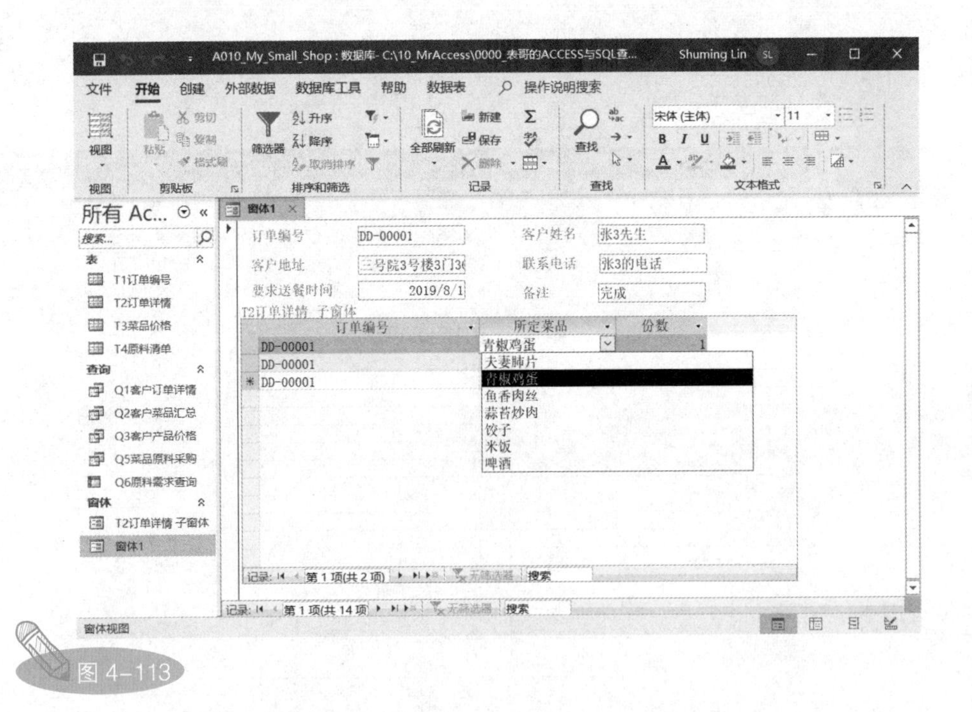

图 4-113

4.12 数据的添加、修改和删除

上一节，我们使用组合框控件提升了客户订单中菜品名称的输入速度和精确性，但这样的界面和我们最常见的程序界面还有些差距。数据库应用程序界面最基本的功能是数据的添加、修改和删除，我们小饭馆数据库管理软件的界面中还没有实现这几个重要功能的按钮，下面我们来添加一下。

Access作为简单易用的小型桌面数据库管理系统，只要我们理解了窗体和窗体数据表之间的依赖关系，那么在窗体中添加各种功能的按钮是件非常容易的事情。

首先，在Access界面左侧的“所有Access对象”面板中，选中上一节制作的Access程序界面的主窗体“窗体1”并右击，在弹出的快捷菜单中选择“设计视图”命令，进入主窗体“窗体1”的设计视图。

然后，制作一个用于添加新记录的按钮。在Access功能区中选择“设计”选项卡，单击“控件”按钮下方的下拉按钮，在弹出的下拉面板中单击“按钮”按钮，并且激活“使用控件向导”按钮，如图4-114所示。

接下来，在主窗体“窗体1”的适当位置按住鼠标左键并拖动鼠标绘制一个按钮，在释放鼠标左键后，会打开“命令按钮向导”面板，该面板主要用于指导你设置你想让所创建的按钮完成的任务。

在“命令按钮向导”面板中，Access已经将命令按钮所能完成的任务分门别类地组织好，在“类别”列表框中选择一个类别选项，在“操作”列表框中会显示该类别的相应操作。我们需要创建一个用于向数据库中添加新记录的按钮，在“类别”列表框中选择“记录操作”选项，在“操作”列表框中选择“添加新记录”选项，然后单击“下一步”按钮，如图4-115所示。

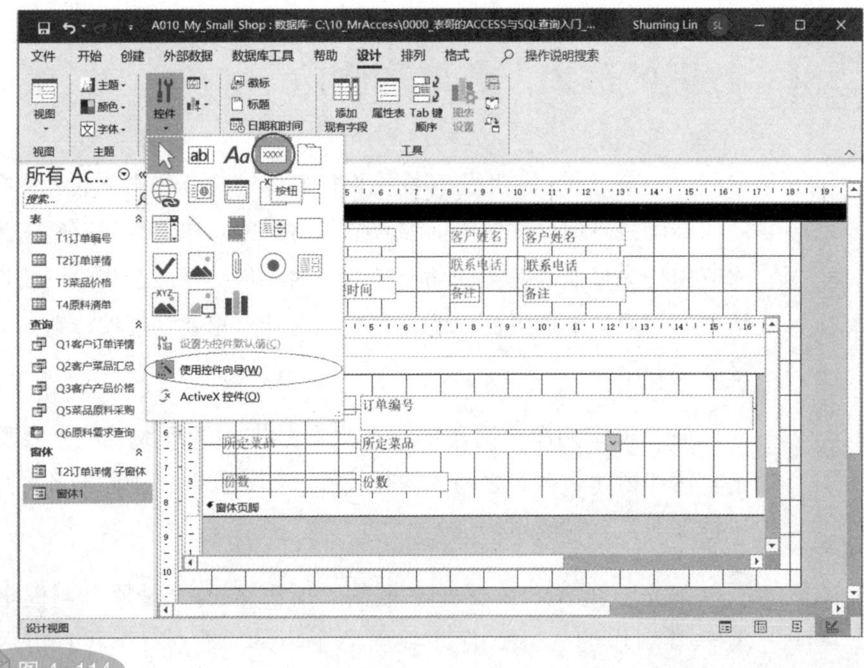
文件
开始
创建
外部数据
数据库工具
帮助
设计
排列
格式
操作说明搜索
按钮
设置为控件默认值(C)
使用控件向导(W)
ActiveX 控件(O)
所有 Ac...
T1订单编号
T2订单详情
T3菜品价格
T4原料清单
Q1客户订单详情
Q2客户菜品汇总
Q3客户产品价格
Q5菜品原料采购
Q6原料需求查询
T2订单详情 子窗体
窗体1
设计视图

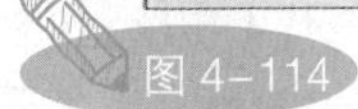
图 4-114

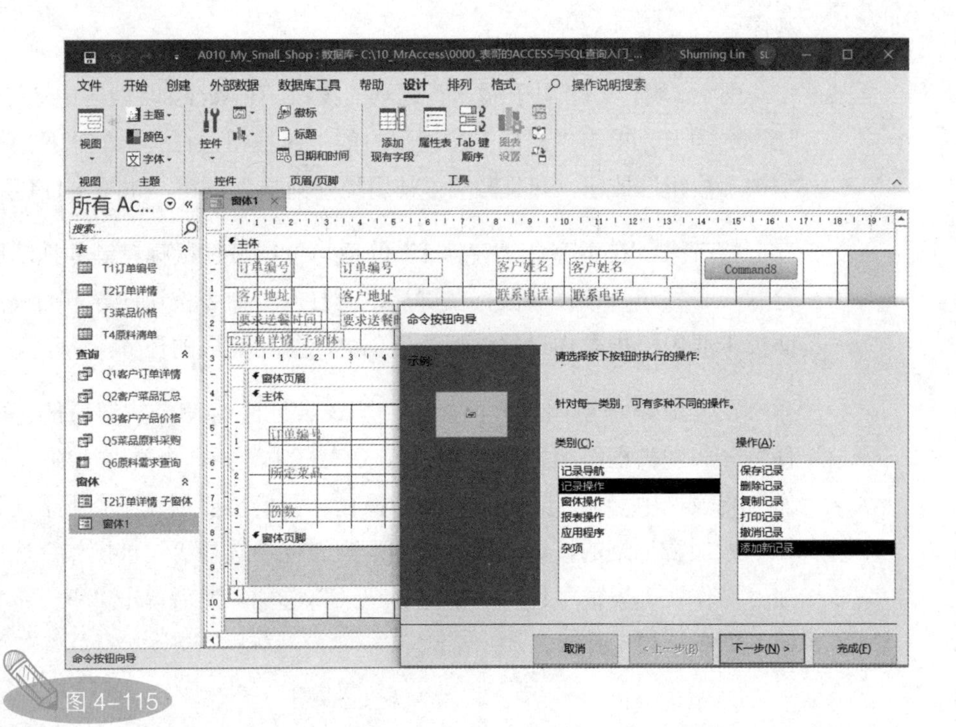
命令按钮向导
示例:
请选择按下按钮时执行的操作:
针对每一类别，可有多种不同的操作。
类别(C):
记录导航
记录操作
窗体操作
报表操作
应用程序
杂项
操作(A):
保存记录
删除记录
复制记录
打印记录
撤消记录
添加新记录
取消
< 上一步(B)
下一步(N) >
完成(F)
Command8
命令按钮向导

图 4-115

这一步主要用于设置在按钮上显示的内容，因为该按钮的功能是向数据库中添加新记录，所以采用默认设置，在该按钮上显示文本“添加记录”，然后单击“下一步”按钮，如图 4-116 所示。

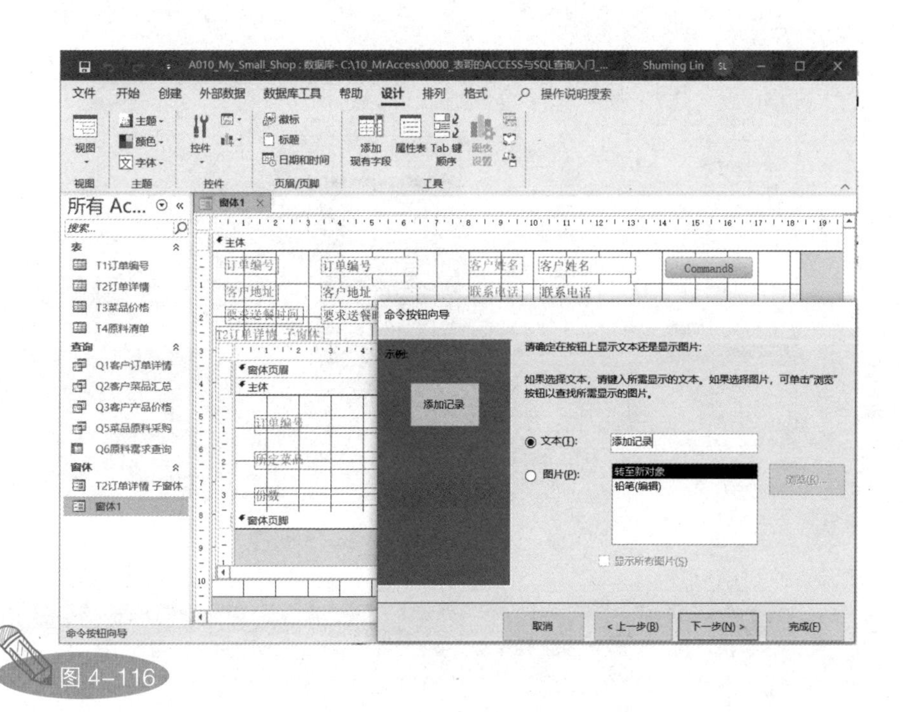

图 4-116

这一步主要用于给按钮取一个名字。需要注意的是，这个名字不是按钮上显示的文本，而是在需要编写代码时用于指代或引用该按钮的名字（本书不涉及编写代码）。我们给它取名为“btnAdd”，然后单击“完成”按钮，如图 4-117 所示。

至此，我们完成了主窗体“窗体 1”中“添加记录”按钮的制作，如图 4-118 所示。回顾“添加记录”按钮的制作过程，我们发现：制作一个 Access 界面中的功能按钮，只需在 Access 窗体设计视图中创建一个按钮，然后告诉该按钮要完成什么任务。至于 Access 在背后的实现细节，目前不用我们关心。在本案例中，因为新增的记录要记录在主窗体数据表“T1 订单编号”中，而不是记录在子窗体数据表“T2 订单详情”中，所以“添加记录”按钮应该位于主窗体中。

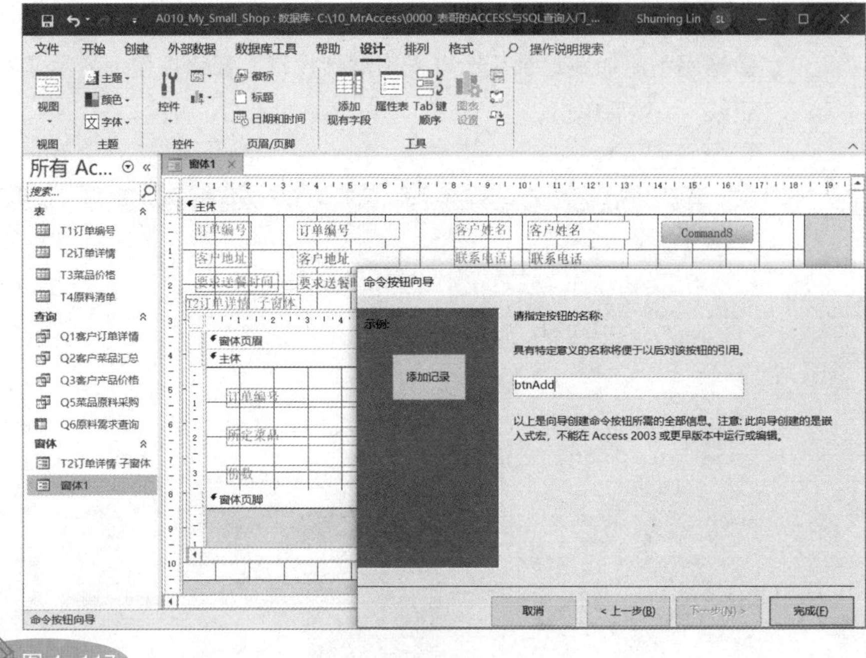
A010_My_Small_Shop : 数据库- C:\10_MrAccess\0000_表哥的ACCESS与SQL查询入门_...
Shuming Lin
文件
开始
创建
外部数据
数据库工具
帮助
设计
排列
格式
操作说明搜索
命令按钮向导
示例:
添加记录
请指定按钮的名称:
具有特定意义的名称将便于以后对该按钮的引用。
btnAdd
以上是向导创建命令按钮所需的全部信息。注意: 此向导创建的是嵌入式宏，不能在 Access 2003 或更早版本中运行或编辑。
取消
< 上一步(B)
下一步(N) >
完成(F)
命令按钮向导

图 4-117

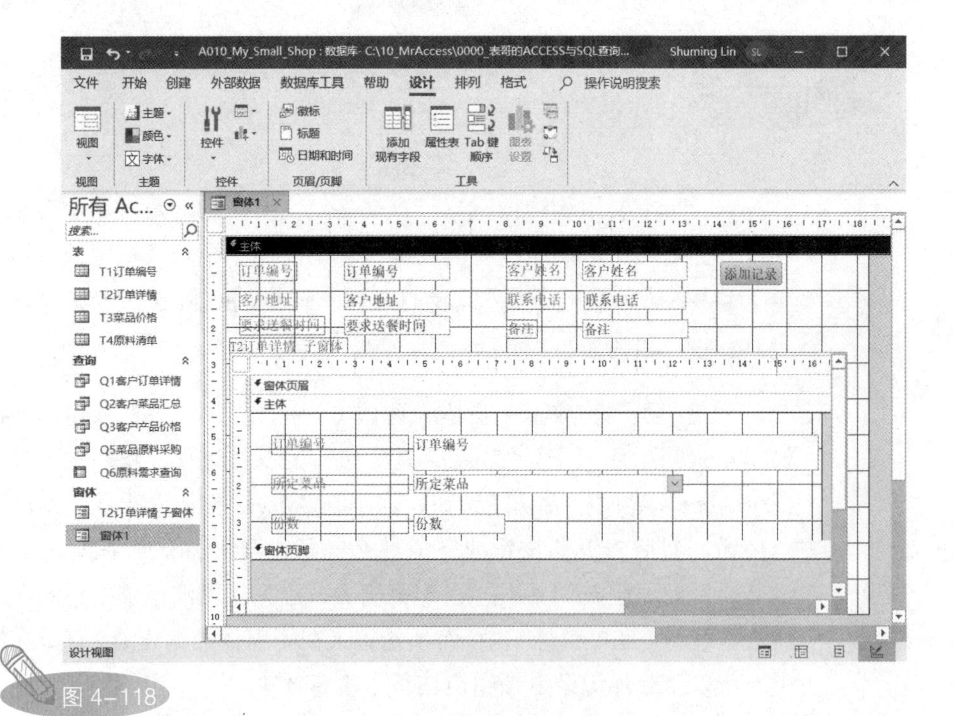
A010_My_Small_Shop : 数据库- C:\10_MrAccess\0000_表哥的ACCESS与SQL查询...
Shuming Lin
订单编号
客户姓名
添加记录
客户地址
联系电话
要求送餐时间
备注
T2订单详情 子窗体
所定菜品
份数
设计视图

图 4-118

使用类似的方法，分别制作“删除记录”按钮和“保存记录”按钮。制作过程基本一致，都是在 Access 窗体设计视图中创建一个按钮，然后告诉该按钮需要完成什么任务。在 3 个按钮制作完成后，主窗体“窗体 1”的设计视图如图 4-119 所示。

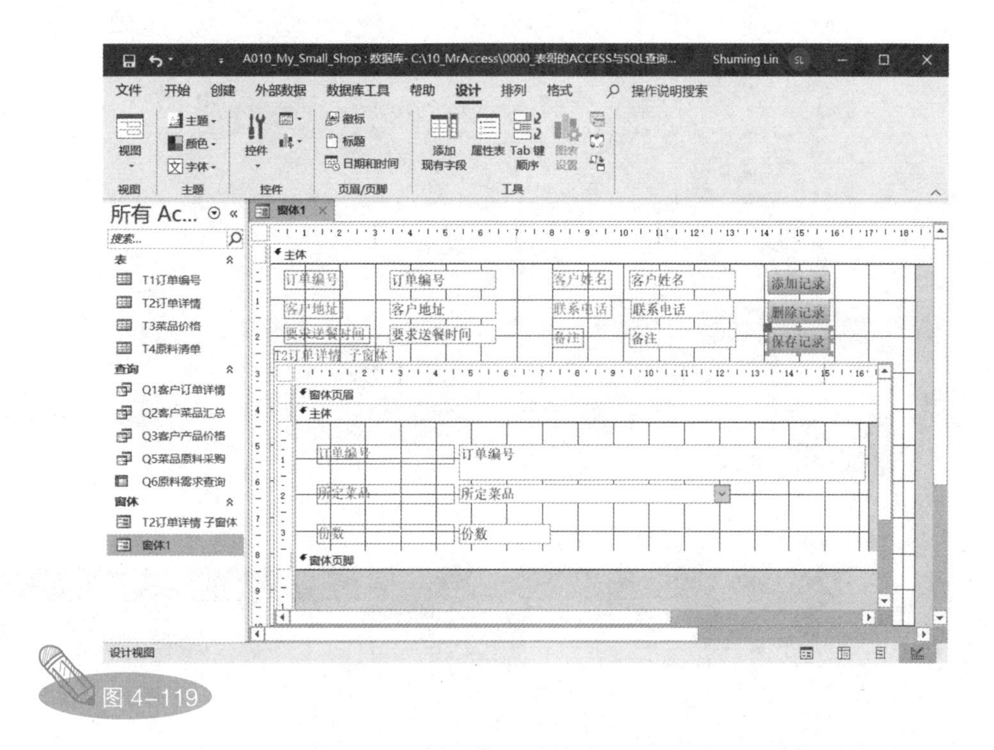

图 4-119

单击Access界面左上角的“保存”按钮，保存我们所做的窗体设计，然后在 Access 功能区中选择“开始”选项卡，单击“视图”按钮下方的下拉按钮，在弹出的快捷菜单中选择“窗体视图”命令，切换到主窗体“窗体 1”的窗体视图，查看程序运行结果，如图 4-120 所示。将鼠标指针放置于主窗体控件上，按 Page Down 键可以浏览不同客户订单中的信息，这里我们选择订单编号为 DD-00014 的客户订单。

使订单编号为 DD-00014 的客户订单处于被选中状态，单击“删除记录”按钮，弹出一个提示框，用于确认是否要删除这条记录，单击“是”按钮确认删除，如图 4-121 所示。

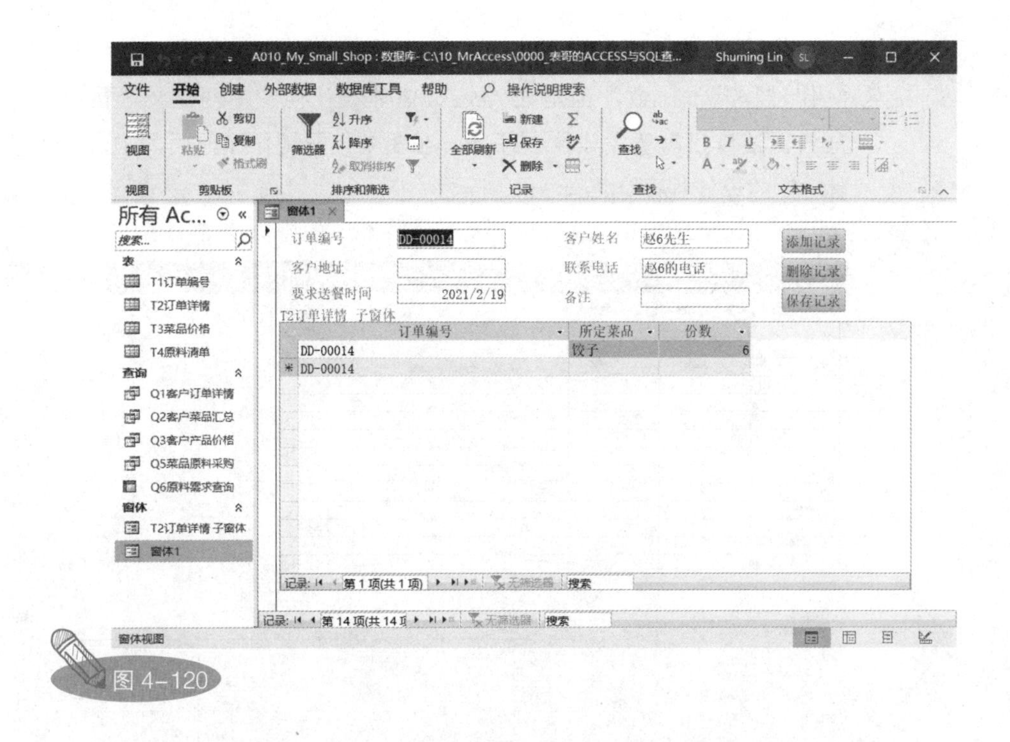
A010_My_Small_Shop : 数据库- C:\10_MrAccess\0000_表哥的ACCESS与SQL查...
Shuming Lin
文件
开始
创建
外部数据
数据库工具
帮助
操作说明搜索
所有 Ac...
窗体1
订单编号
DD-00014
客户姓名
赵6先生
客户地址
联系电话
赵6的电话
要求送餐时间
2021/2/19
备注
添加记录
删除记录
保存记录
T2订单详情 子窗体
所定菜品
份数
饺子
6
T1订单编号
T2订单详情
T3菜品价格
T4原料清单
Q1客户订单详情
Q2客户菜品汇总
Q3客户产品价格
Q5菜品原料采购
Q6原料需求查询
T2订单详情 子窗体
记录: 第 1 项(共 1 项)
记录: 第 14 项(共 14 项)
窗体视图

图 4-120

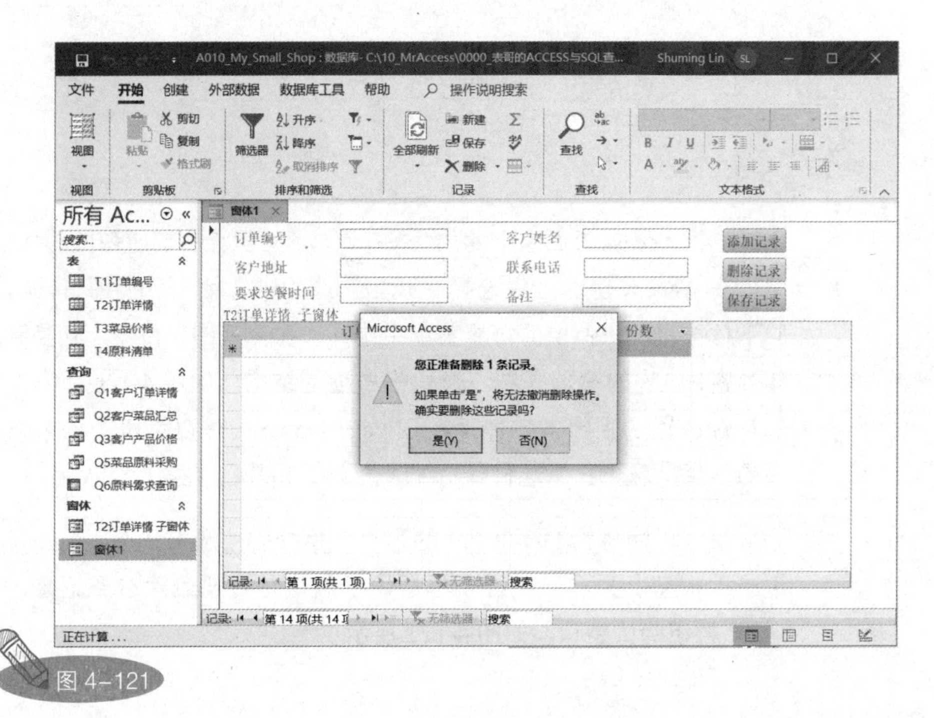
Microsoft Access
您正准备删除 1 条记录。
如果单击"是"，将无法撤消删除操作。
确实要删除这些记录吗？
是(Y)
否(N)
订单编号
客户姓名
客户地址
联系电话
要求送餐时间
备注
添加记录
删除记录
保存记录
T2订单详情 子窗体
份数
正在计算...

图 4-121

打开数据表“T1 订单编号”，可以发现订单编号为 DD-00014 的记录已经被删除了，如图 4-122 所示。

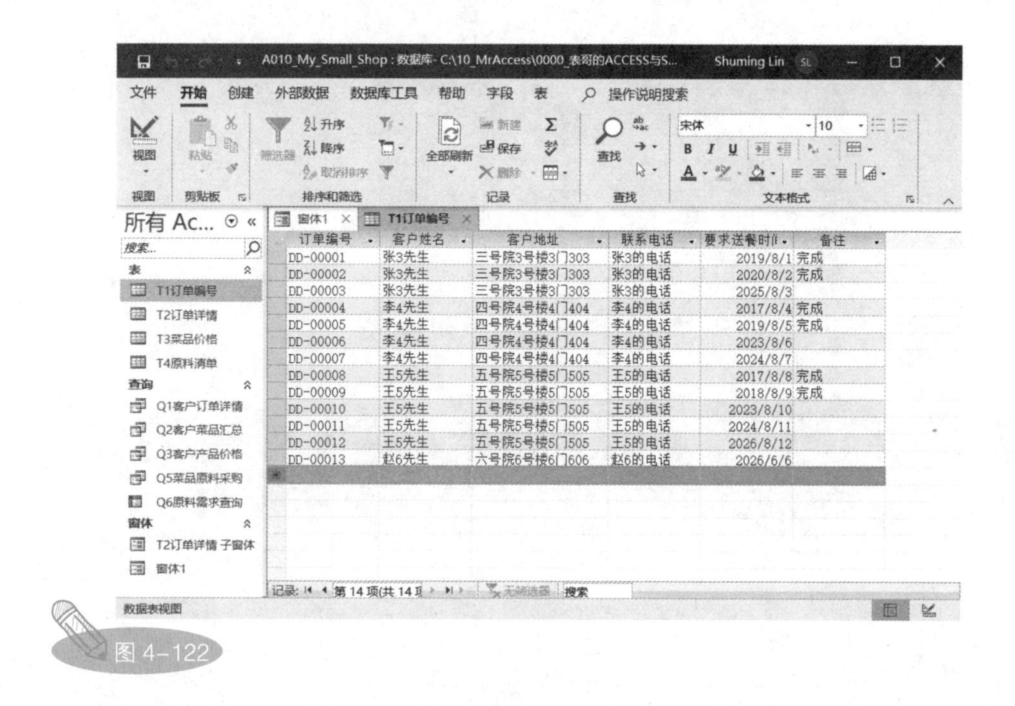

订单编号	客户姓名	客户地址	联系电话	要求送餐时间	备注
DD-00001	张3先生	三号院3号楼3门303	张3的电话	2019/8/1	完成
DD-00002	张3先生	三号院3号楼3门303	张3的电话	2020/8/2	完成
DD-00003	张3先生	三号院3号楼3门303	张3的电话	2025/8/3	
DD-00004	李4先生	四号院4号楼4门404	李4的电话	2017/8/4	完成
DD-00005	李4先生	四号院4号楼4门404	李4的电话	2019/8/5	完成
DD-00006	李4先生	四号院4号楼4门404	李4的电话	2023/8/6	
DD-00007	李4先生	四号院4号楼4门404	李4的电话	2024/8/7	
DD-00008	王5先生	五号院5号楼5门505	王5的电话	2017/8/8	完成
DD-00009	王5先生	五号院5号楼5门505	王5的电话	2018/8/9	完成
DD-00010	王5先生	五号院5号楼5门505	王5的电话	2023/8/10	
DD-00011	王5先生	五号院5号楼5门505	王5的电话	2024/8/11	
DD-00012	王5先生	五号院5号楼5门505	王5的电话	2026/8/12	
DD-00013	赵6先生	六号院6号楼6门606	赵6的电话	2026/6/6	

图 4-122

需要注意的是，由于“添加记录”按钮和“删除记录”按钮都位于主窗体中，因此只能影响主窗体数据表。虽然在主窗体中删除了数据表“T1 订单编号”中订单编号为 DD-00014 的记录，但在子窗体数据表“T2 订单详情”中，订单编号为DD-00014 的记录依然存在，如图4-123 所示。

解决两个数据表之间不能同步删除或更新的问题，是 Access 数据库中的重要内容，也是关系型数据库的核心之一。要让数据库自动解决这个问题，需要在 Access 数据库中建立 Access 底层实体数据表之间的原生关系。下一章介绍如何在 Access 中建立 Access 底层实体数据表之间的原生关系。

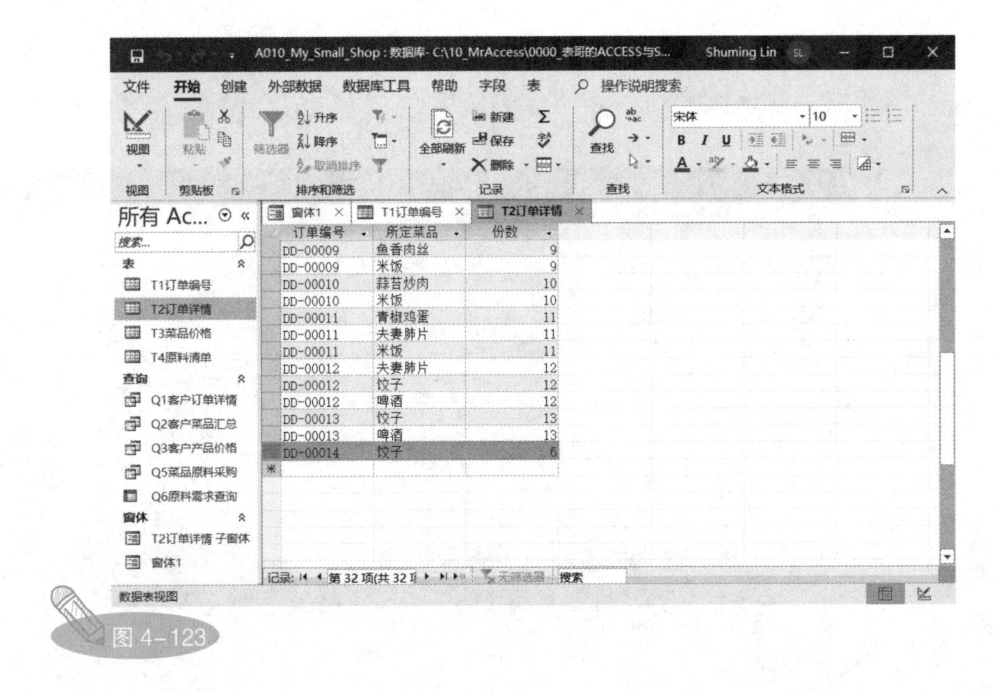
A010_My_Small_Shop : 数据库- C:\10_MrAccess\0000_表哥的ACCESS与S...
Shuming Lin
文件
开始
创建
外部数据
数据库工具
帮助
字段
表
操作说明搜索
视图
剪贴板
筛选器
升序
降序
取消排序
排序和筛选
全部刷新
新建
保存
删除
记录
查找
宋体
10
文本格式
所有 Ac...
搜索...
表
T1订单编号
T2订单详情
T3菜品价格
T4原料清单
查询
Q1客户订单详情
Q2客户菜品汇总
Q3客户产品价格
Q5菜品原料采购
Q6原料需求查询
窗体
T2订单详情 子窗体
窗体1
订单编号
所定菜品
份数
DD-00009 鱼香肉丝 9
DD-00009 米饭 9
DD-00010 蒜苔炒肉 10
DD-00010 米饭 10
DD-00011 青椒鸡蛋 11
DD-00011 夫妻肺片 11
DD-00011 米饭 11
DD-00012 夫妻肺片 12
DD-00012 饺子 12
DD-00012 啤酒 12
DD-00013 饺子 13
DD-00013 啤酒 13
DD-00014 饺子 6
记录: 第 32 项(共 32 项
无筛选器
搜索
数据表视图

图 4-123

第5章

关系型数据库

本章内容提要：Access属于关系型数据库管理系统。Access不仅具有数据存储、处理、分析功能，还提供数据管理能力。Access的数据管理能力主要体现在它能够实现数据表之间的“联动”。关系型数据库中的“关系”，是指在数据库中创建多个实体数据表时，可以同时建立数据表之间的原生关系。

5.1 数据表之间的原生关系

我们知道，在 Excel 中建立两个工作表之间的关系并不是一件容易的事。在 Excel 中，我们勉强可以以两个工作表中共同的关键字作为纽带，使用 VLOOKUP() 函数将一个工作表中的内容抓取到另一个工作表中。但这种方法不能实现两个工作表之间的“一对多”查询操作和级联操作。

在 Access 中，前面介绍的查询虽然可以很容易地实现两个数据表之间的“一对多”查询操作，但不能实现两个数据表之间的级联操作。也就是说，如果一个数据表中的某条记录被修改或删除，那么另一个数据表中与其关联的记录会同步地被修改和删除。

理论解说比较抽象，下面结合本书中的案例进行讲解。对于以下两个业务场景：

（1）假设我们在数据表“T1 订单编号”中删除了一条订单编号为 DD-00001 的记录，那么，我们希望在数据表“T2 订单详情”中，订单编号 DD-00001 下的所有菜品记录会自动被同步删除（Access 中称为级联删除）。

（2）如果订单编号为 DD-00001 的客户希望将订单编号 DD-00001 修改成 DD-88888，那么，我们希望在数据表“T1 订单编号”中修改该订单编号，数据表“T2 订单详情”中对应的订单编号也能自动被同步修改（Access 中称为级联更新）。

以上功能是关系型数据库管理系统的基本功能。在 Access 中，只需几个简单步骤，就可以实现两个数据表之间级联删除和级联更新的功能。下面我们介绍这两个功能在 Access 中的实现方法。

在 Access 功能区中选择“数据库工具”选项卡，单击“关系”功能组中的“关系”按钮，如图 5-1 所示，进入建立数据表之间原生关系

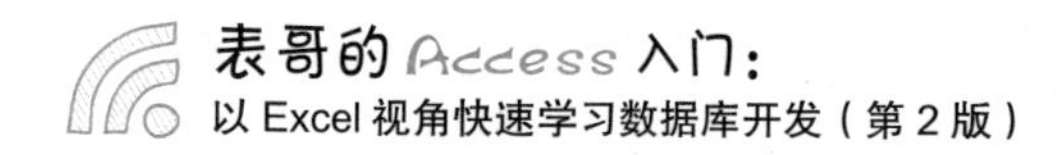

的关系设计视图。

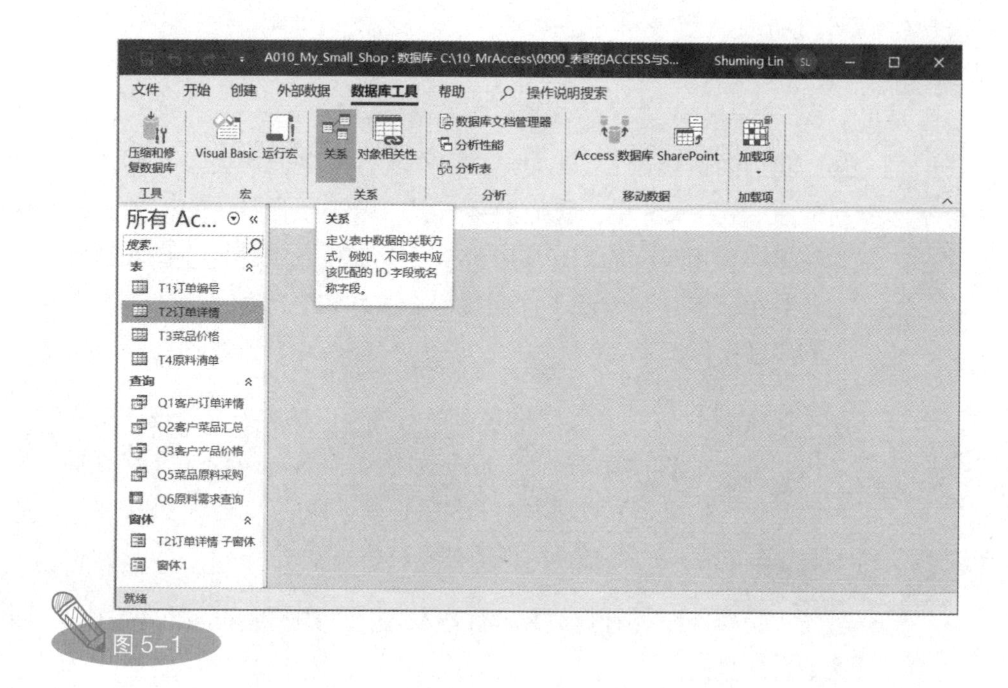

图 5-1

此时，在 Access 界面右侧出现“添加表”窗格（如果没有出现，则在 Access 功能区中依次单击“设计”>>“关系”>>“添加表”按钮，即可打开该窗格），如图 5-2 所示，双击要建立原生关系的两个数据表，本案例中是数据表“T1 订单编号”和数据表“T2 订单详情”，将其加入 Access 关系设计视图。

要建立两个数据表之间的原生关系，我们必须熟悉这两个数据表中的内容。我们知道数据表“T1 订单编号”中存储的是订单编号和相应的客户信息，数据表“T2 订单详情”中存储的是每个订单编号下的菜品信息。两个数据表之间可以通过共有的“订单编号”字段关联起来，这是小饭馆的业务逻辑决定的。但是，Access 并不了解我们的意图，因此我们需要建立两个数据表之间的原生关系，从而明确地告知它。

选中数据表“T1 订单编号”中的“订单编号”字段，按住鼠标左键，将其拖曳到数据表“T2 订单详情”中的“订单编号”字段上，释放鼠标左键，弹出“编辑关系”对话框，如图 5-3 所示。

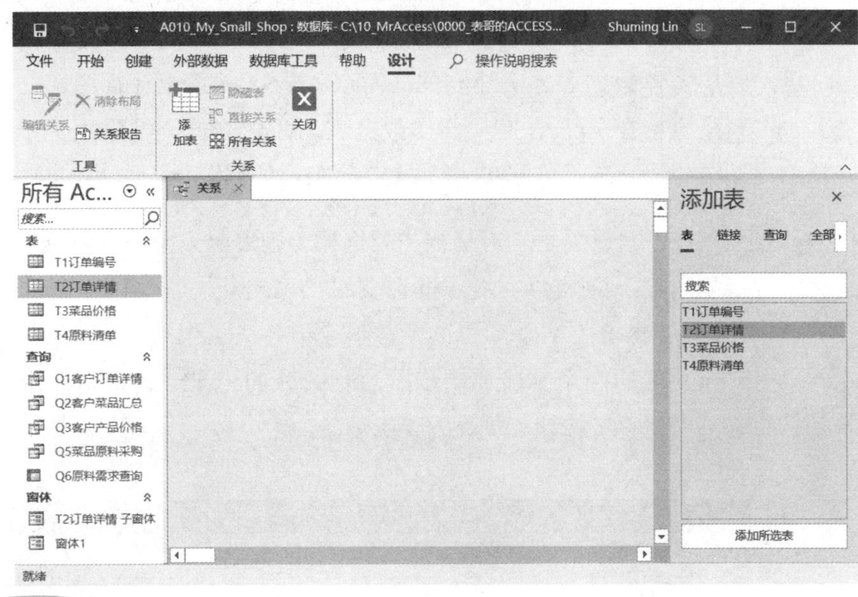

图 5-2

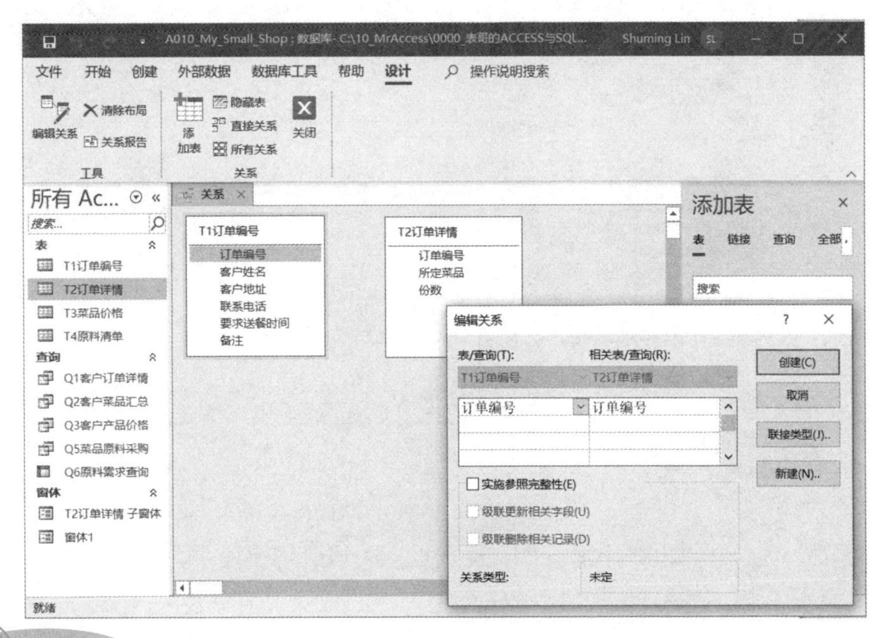

图 5-3

在建立主窗体数据表和子窗体数据表之间的关联关系时也出现了类似的对话框。不同的是，在主窗体数据表和子窗体数据表之间的关联关系，只有在窗体启动和使用过程中才存在，因为它不是直接在 Access 底层实体数据表之间建立的；而在 Access 关系设计视图建立的关联关系是直接在 Access 底层实体数据表之间建立的，是原生关系，这种关系会传递给基于这些实体数据表所创建的查询和窗体。

在“编辑关系”对话框中勾选“实施参照完整性”复选框，然后，该复选框下面的两个复选框也变成了可选状态。这两个复选框分别是“级联更新相关字段”和“级联删除相关记录”，其功能分别是同步更新相关联的两个字段和同步删除相关联的记录。勾选这两个复选框，单击“创建”按钮，如图 5-4 所示。

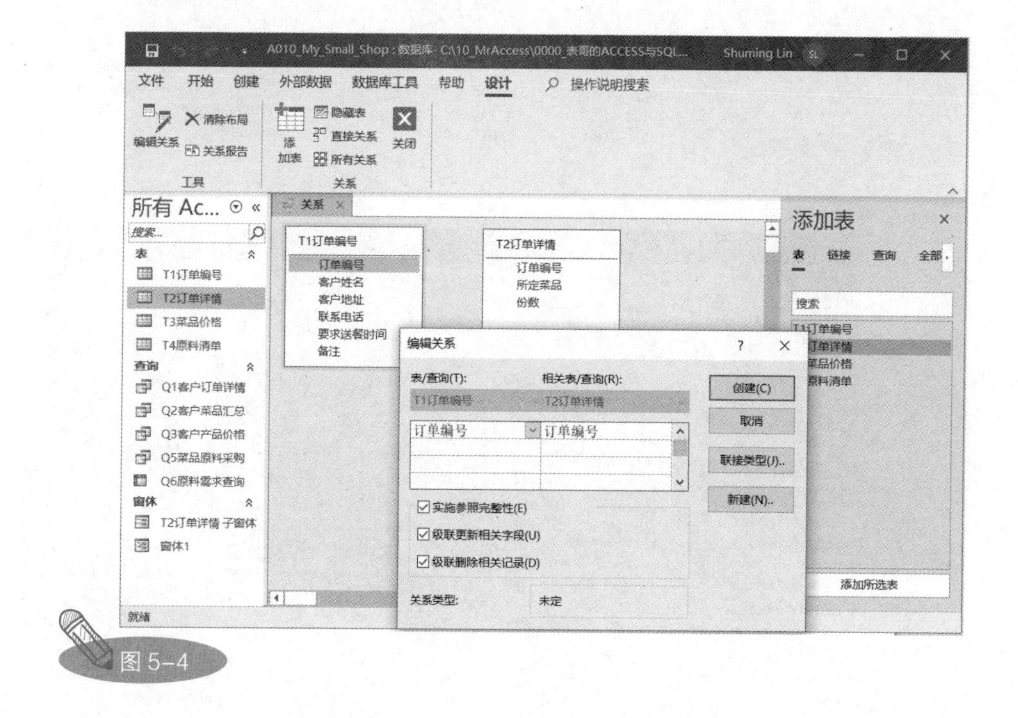

图 5-4

弹出一个提示框，提示“主表的引用字段中，找不到唯一的索引”，如图 5-5 所示。这是什么意思呢？原来，在 Access 中，如果要创建两个实体数据表之间的原生关系，那么主表（一般是指具有“一对多”关系的两个数据表中的“一”端数据表）的关联字段中不能有重复内容。虽然我们知道数据表“T1 订单编号”（主表）中的“订单编号”字段中没有重复内容，但 Access 是不知道的，需要通过某种方式让 Access 也知道。

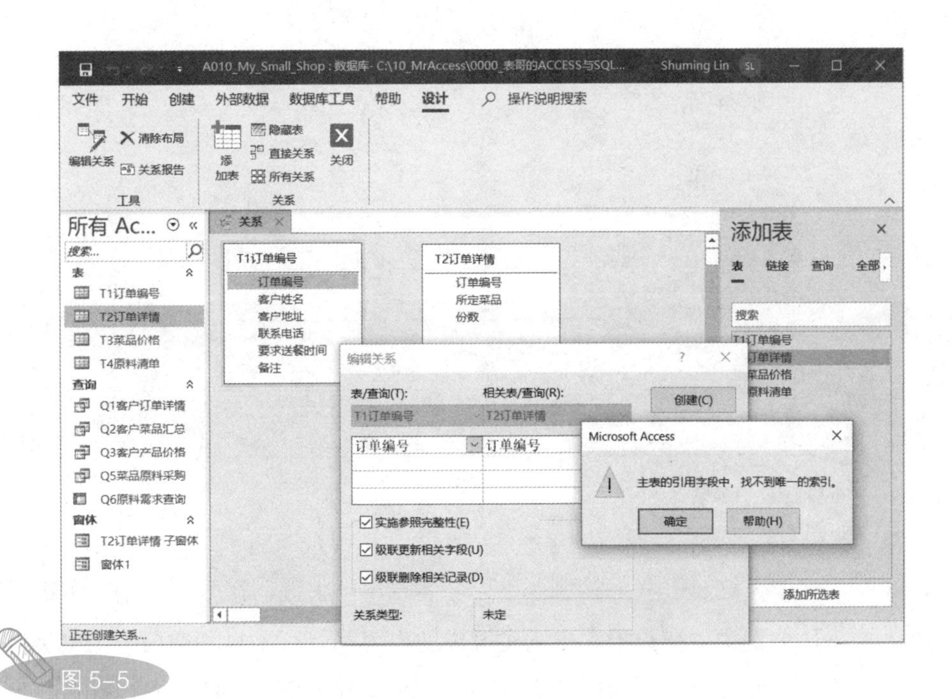

图 5-5

怎么才能让 Access 知道数据表“T1 订单编号”（主表）中的“订单编号”字段中没有重复内容呢？在 Access 界面左面的“所有 Access 对象”面板中右击数据表“T1 订单编号”，在弹出的快捷菜单中选择“设计视图”命令，进入数据表“T1 订单编号”的设计视图。

在数据表“T1 订单编号”的设计视图中选中“订单编号”字段并右击，在弹出的快捷菜单中选择“主键”命令，将“订单编号”字段设置为主键，如图 5-6 所示，然后保存并退出数据表“T1 订单编号”的设计视图。这样，我们就告诉了 Access，在数据表“T1 订单编号”中的“订单编号”字段上已经建立了唯一索引，也就是说，该字段中没有重复内容，Access 也不允许在该字段中输入重复内容。

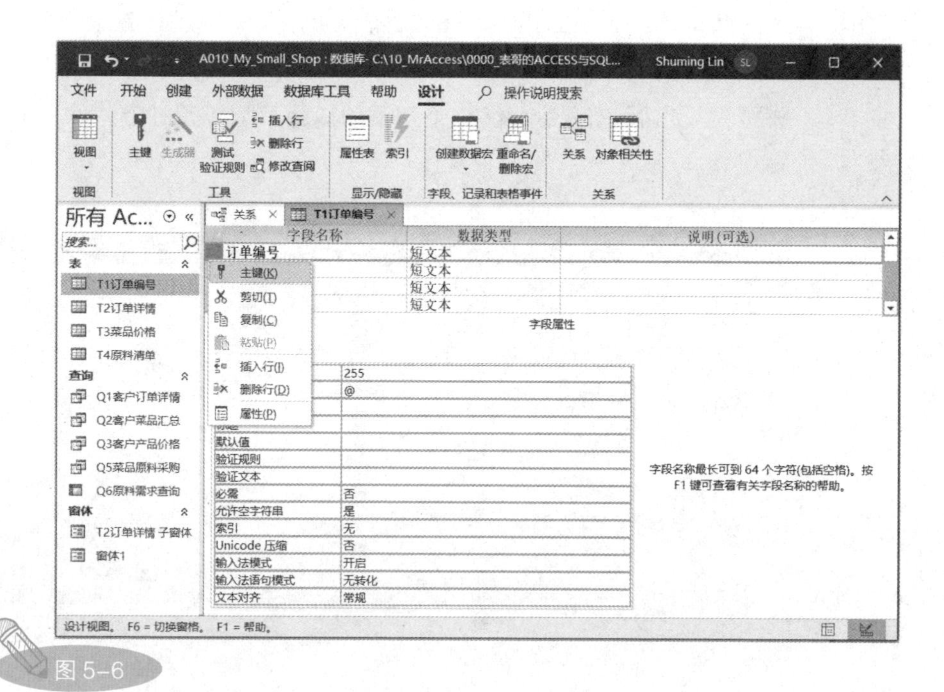

图 5-6

这里，我们接触到一个新术语——主键。在数据库中，主键又称为关键字。在数据表中，主键中的内容不能有重复和空白。主键类似于汽车的牌照号或我们的身份证号，是数据表中记录的唯一性标记。如果要查找数据表中的某条记录，那么根据所查记录主键中的内容即可找到该记录，就像根据汽车牌照号可以找到具体的汽车一样。

在将数据表中的某个字段设置为主键后，我们发现，在数据表设计视图中，该字段前面出现了一个小钥匙按钮，表示该字段为该数据表的主键。

操作至此，似乎万事大吉，在 Access 功能区中依次单击“数据库工具”>>“关系”>>“关系”按钮，进入 Access 关系设计视图。按照前面描述的方法建立两个数据表之间的原生关系，在“编辑关系”对话框中单击“创建”按钮后，弹出一个新的提示框，如图 5-7 所示。

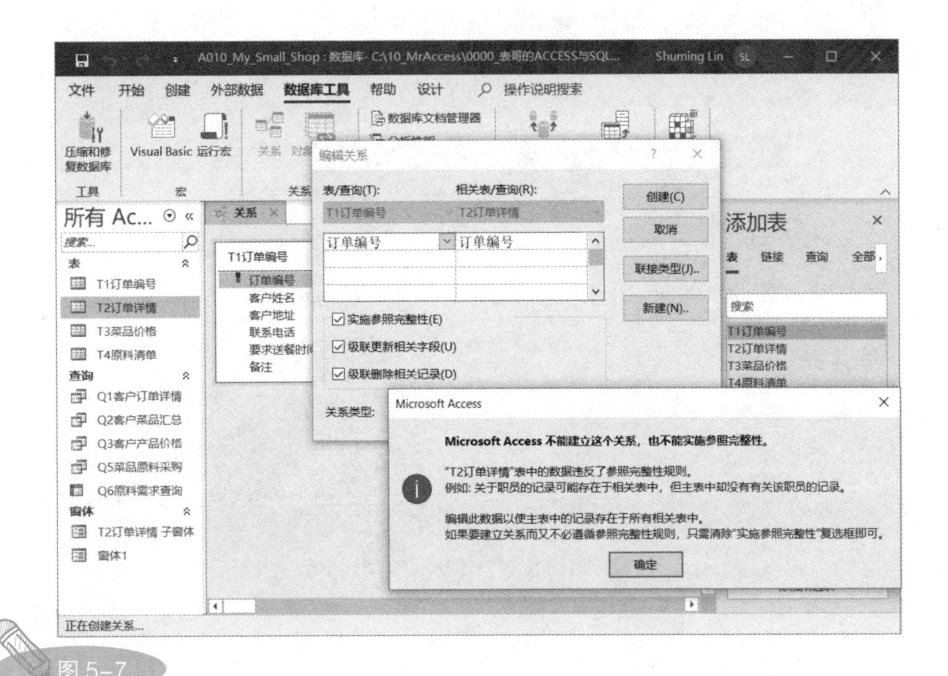

图 5-7

这条提示信息的意思是，如果要在数据表“T1 订单编号”与“T2 订单详情”之间实施参照完整性，那么，按照参照完整性规则，在数据表“T2 订单详情”中不应该存在这样的数据：对于关联字段（订单编号）中的某项内容，数据表“T2 订单详情”中有，而数据表“T1 订单编号”中没有，针对本案例，说明在数据表“T2 订单详情”中存在某订单编号下的菜品信息，而数据表“T1 订单编号”中不存在这个订单编号下的客户信息。也就是说，数据表“T2 订单详情”中存在一些数据表“T1 订单编号”中没有对应数据的“孤儿”记录。

检查两个数据表，可以发现，在数据表“T2 订单详情”（子表）中存在一个在数据表“T1 订单编号”（主表）中没有相应订单编号的记录（订单编号为 DD-00014，所订菜品为饺子，份数为 6 份），如图 5-8 所示。这是因为，在上一章介绍“删除记录”按钮的制作过程时，尚未在 Access 数据库中的实体数据表之间建立参照完整性的原生关系，因此我们在主窗体中的删除操作只删除了主表中的记录，而没有删除子表中的相关记录。因为这条记录是我们的测试记录，不再需要了，所以手动将这条记录删除。

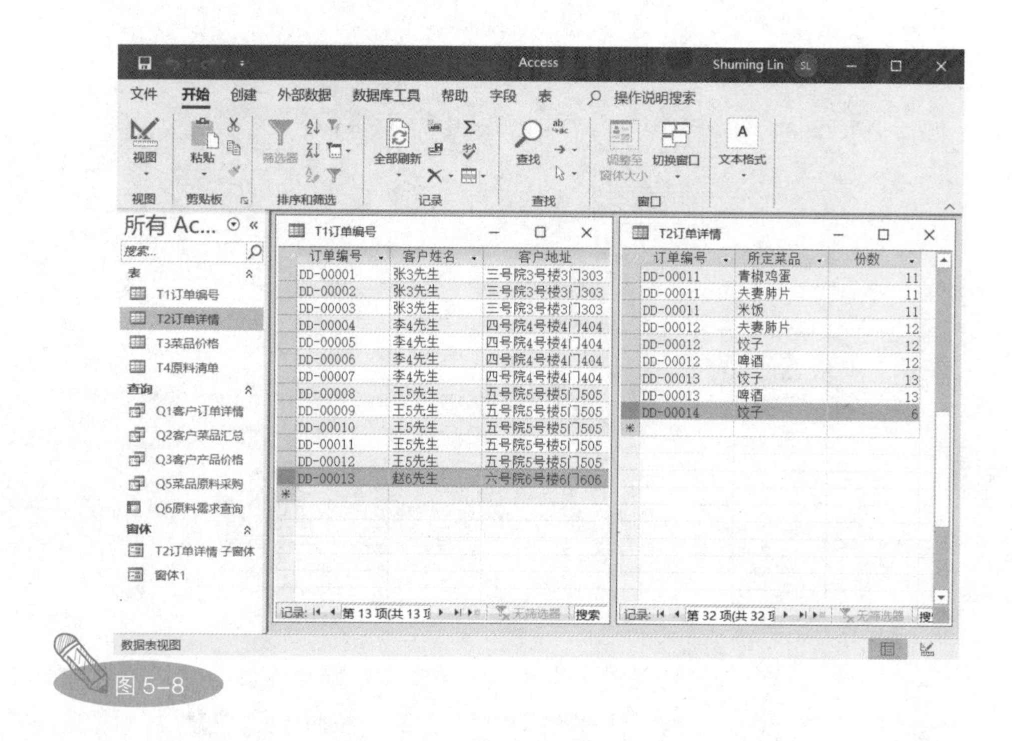

图 5-8

此时，我们再次建立两个数据表之间的原生关系，在“编辑关系”对话框中单击“创建”按钮时，不再弹出提示框，并且在 Access 关系设计视图中的两个数据表之间出现了一条联接线，联接线左侧有个“1”，联接线右侧有一个“∞”符号，表示两个数据表之间是“一对多”关系。即主表（数据表“T1 订单编号”）中的每条记录在子表（数据表“T2 订单详情”）中可能对应着多条记录，如图 5-9 所示。

单击Access界面左上角的“保存”按钮，保存数据表“T1 订单编号”和“T2 订单信息”之间的原生关系。双击打开数据表“T1 订单编号”（主表），我们发现，数据表“T1 订单编号”中的每条记录前都出现了一个可展开的“加号”，单击“加号”可以看到与其关联的数据表“T2 订单详情”（子表）中的相关记录，如图 5-10 所示。

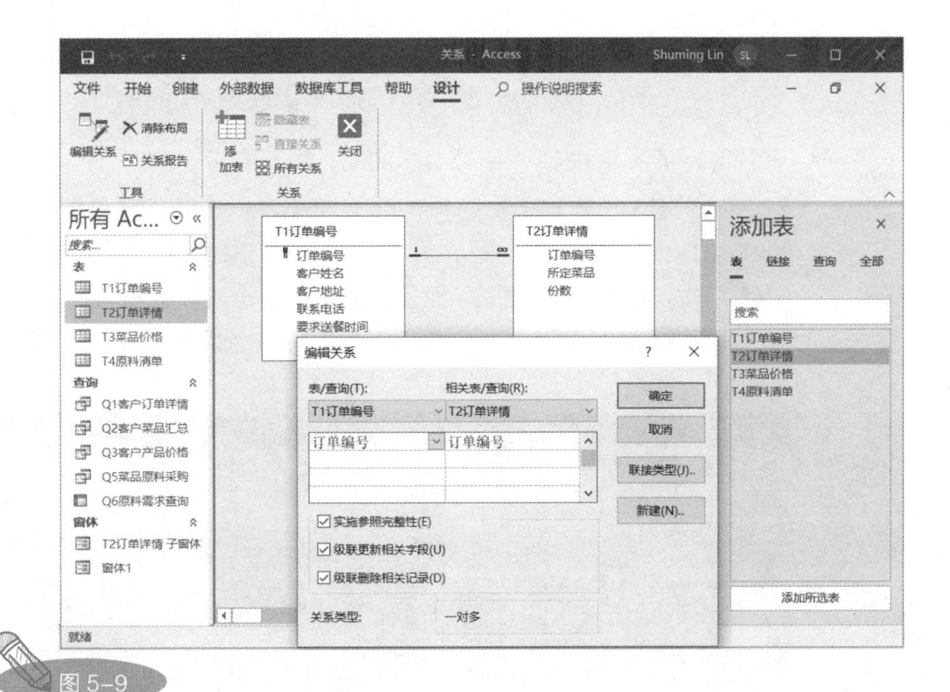

图 5-9

T1订单编号 - Access

订单编号	客户姓名	客户地址	联系电话	要求送餐时间	备注
DD-00001	张3先生	三号院3号楼3门303	张3的电话	2019/8/1	完成
DD-00002	张3先生	三号院3号楼3门303	张3的电话	2020/8/2	完成
DD-00003	张3先生	三号院3号楼3门303	张3的电话	2025/8/3	
DD-00004	李4先生	四号院4号楼4门404	李4的电话	2017/8/4	完成
DD-00005	李4先生	四号院4号楼4门404	李4的电话	2019/8/5	完成
DD-00006	李4先生	四号院4号楼4门404	李4的电话	2023/8/6	
DD-00007	李4先生	四号院4号楼4门404	李4的电话	2024/8/7	
DD-00008	王5先生	五号院5号楼5门505	王5的电话	2017/8/8	完成
DD-00009	王5先生	五号院5号楼5门505	王5的电话	2018/8/9	完成
DD-00010	王5先生	五号院5号楼5门505	王5的电话	2023/8/10	
DD-00011	王5先生	五号院5号楼5门505	王5的电话	2024/8/11	
DD-00012	王5先生	五号院5号楼5门505	王5的电话	2026/8/12	
DD-00013	赵6先生	六号院6号楼6门606	赵6的电话	2026/6/6	

所定菜品	份数
青椒鸡蛋	1
米饭	1

记录: 第 1 项(共 2 项)　无筛选器　搜索

数据表视图

图 5-10

现在，两个数据表之间级联删除和级联更新的原生关系已经建立，下面验证一下是否真的实现了级联删除和级联更新功能。

我们再次单击订单编号DD-00001前面的折叠符号，使其恢复原来的显示方式，然后在数据表“T1订单编号”中删除订单编号为DD-00001的记录，弹出一个提示框，提示这个删除操作不但会删除当前选中记录，还会删除与其建立了原生关系的另一个实体数据表（数据表“T2订单详情”）中的相关记录，单击“是”按钮确认，如图5-11所示。

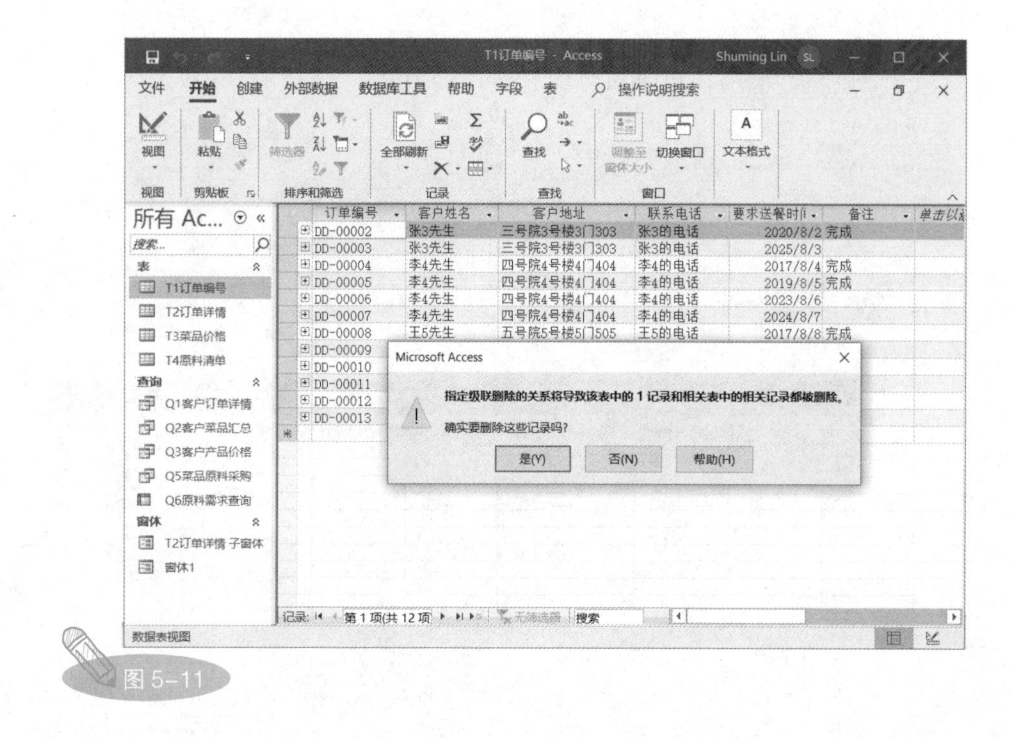

图5-11

打开数据表“T2订单详情”，可以发现，数据表“T2订单详情”中订单编号为DD-00001的记录被同步删除了，如图5-12所示。也就是说，在Access中，两个数据表之间的级联删除功能实现了。

打开数据表“T1订单编号”，将订单编号DD-00002修改为DD-88888，然后保存；打开数据表“T2订单详情”，可以看到数据表“T2订单详情”中的订单编号DD-00002被同步更新成了DD-88888，如图5-13所示。也就是说，在Access中，两个数据表之间的级联更新功能实现了。

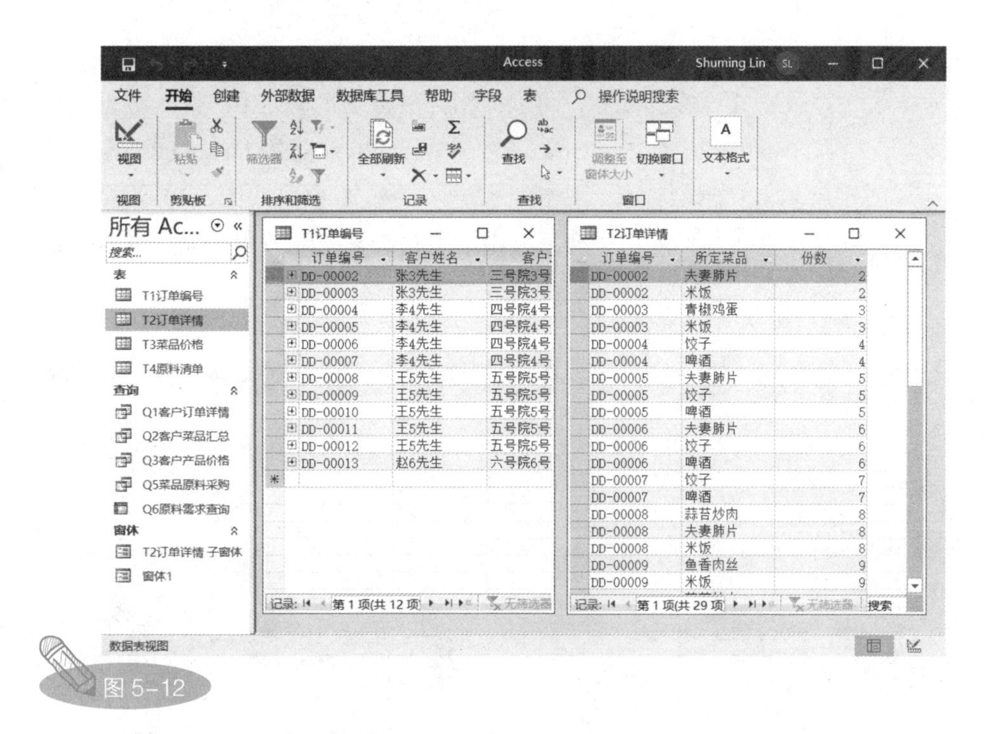
Access
Shuming Lin
文件 开始 创建 外部数据 数据库工具 帮助 字段 表 操作说明搜索
视图 粘贴 筛选器 全部刷新 查找 调整至窗体大小 切换窗口 文本格式
视图 剪贴板 排序和筛选 记录 查找 窗口
所有 Ac...
搜索...
表
T1订单编号
T2订单详情
T3菜品价格
T4原料清单
查询
Q1客户订单详情
Q2客户菜品汇总
Q3客户产品价格
Q5菜品原料采购
Q6原料需求查询
窗体
T2订单详情 子窗体
窗体1
T1订单编号
订单编号 客户姓名 客户
DD-00002 张3先生 三号院3号
DD-00003 张3先生 三号院3号
DD-00004 李4先生 四号院4号
DD-00005 李4先生 四号院4号
DD-00006 李4先生 四号院4号
DD-00007 李4先生 四号院4号
DD-00008 王5先生 五号院5号
DD-00009 王5先生 五号院5号
DD-00010 王5先生 五号院5号
DD-00011 王5先生 五号院5号
DD-00012 王5先生 五号院5号
DD-00013 赵6先生 六号院6号
记录: 第 1 项(共 12 项) 无筛选器
T2订单详情
订单编号 所定菜品 份数
DD-00002 夫妻肺片 2
DD-00002 米饭 2
DD-00003 青椒鸡蛋 3
DD-00003 米饭 3
DD-00004 饺子 4
DD-00004 啤酒 4
DD-00005 夫妻肺片 5
DD-00005 饺子 5
DD-00005 啤酒 5
DD-00006 夫妻肺片 6
DD-00006 饺子 6
DD-00006 啤酒 6
DD-00007 饺子 7
DD-00007 啤酒 7
DD-00008 蒜苔炒肉 8
DD-00008 夫妻肺片 8
DD-00008 米饭 8
DD-00009 鱼香肉丝 9
DD-00009 米饭 9
记录: 第 1 项(共 29 项) 无筛选器 搜索
数据表视图

图 5-12

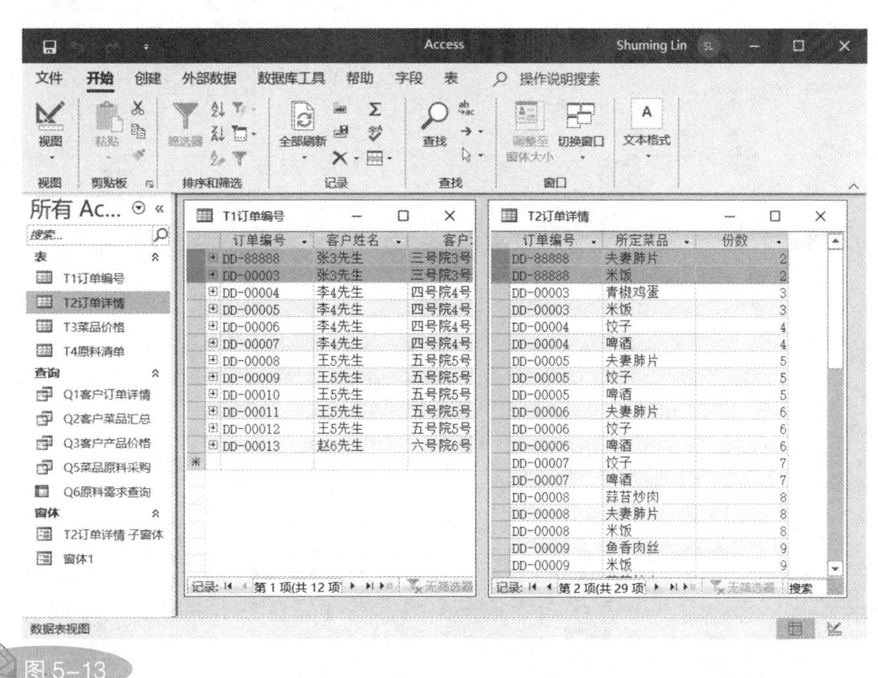
Access
Shuming Lin
文件 开始 创建 外部数据 数据库工具 帮助 字段 表 操作说明搜索
视图 粘贴 筛选器 全部刷新 查找 调整至窗体大小 切换窗口 文本格式
视图 剪贴板 排序和筛选 记录 查找 窗口
所有 Ac...
搜索...
表
T1订单编号
T2订单详情
T3菜品价格
T4原料清单
查询
Q1客户订单详情
Q2客户菜品汇总
Q3客户产品价格
Q5菜品原料采购
Q6原料需求查询
窗体
T2订单详情 子窗体
窗体1
T1订单编号
订单编号 客户姓名 客户
DD-88888 张3先生 三号院3号
DD-00003 张3先生 三号院3号
DD-00004 李4先生 四号院4号
DD-00005 李4先生 四号院4号
DD-00006 李4先生 四号院4号
DD-00007 李4先生 四号院4号
DD-00008 王5先生 五号院5号
DD-00009 王5先生 五号院5号
DD-00010 王5先生 五号院5号
DD-00011 王5先生 五号院5号
DD-00012 王5先生 五号院5号
DD-00013 赵6先生 六号院6号
记录: 第 1 项(共 12 项) 无筛选器
T2订单详情
订单编号 所定菜品 份数
DD-88888 夫妻肺片 2
DD-88888 米饭 2
DD-00003 青椒鸡蛋 3
DD-00003 米饭 3
DD-00004 饺子 4
DD-00004 啤酒 4
DD-00005 夫妻肺片 5
DD-00005 饺子 5
DD-00005 啤酒 5
DD-00006 夫妻肺片 6
DD-00006 饺子 6
DD-00006 啤酒 6
DD-00007 饺子 7
DD-00007 啤酒 7
DD-00008 蒜苔炒肉 8
DD-00008 夫妻肺片 8
DD-00008 米饭 8
DD-00009 鱼香肉丝 9
DD-00009 米饭 9
记录: 第 2 项(共 29 项) 无筛选器 搜索
数据表视图

图 5-13

在 Access 底层实体数据表之间的原生关系设置完成后，返回 Access 窗体设计视图，将鼠标指针放置于主窗体中的任意字段上，通过按 PageUp 键或 PageDown 键，选中订单编号为 DD-00005 的记录，然后单击“删除记录”按钮，弹出一个提示框，如图 5-14 所示，提示信息的意思是，不但该数据表中的数据会被删除，相关数据表中的数据也会被删除。这意味着，我们成功了！

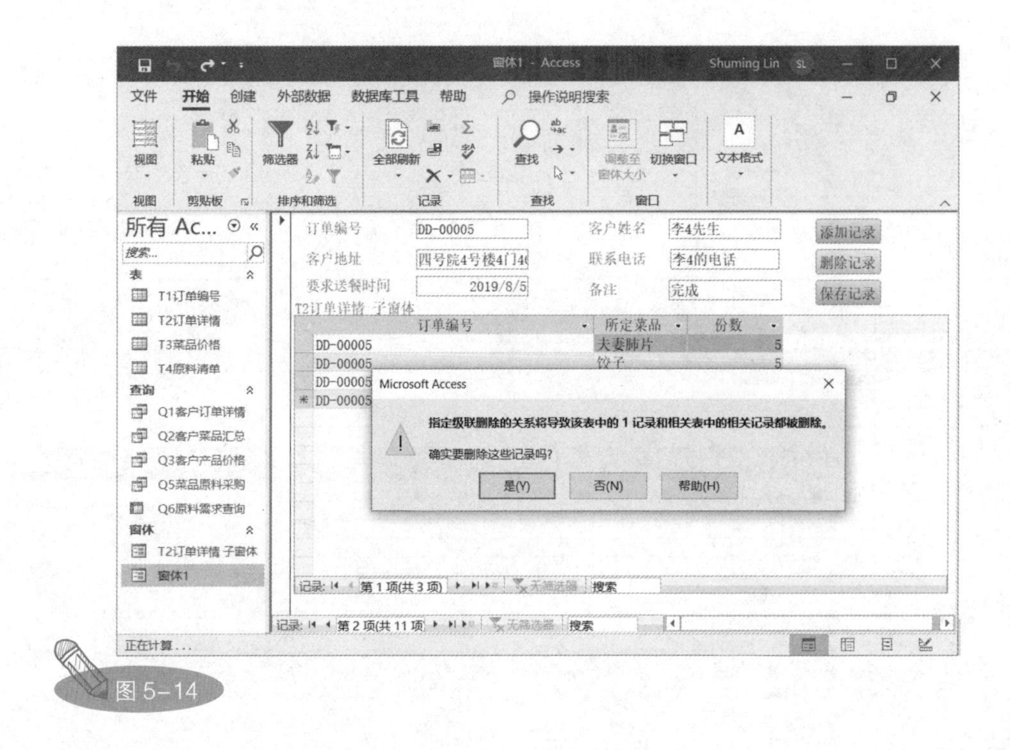

图 5-14

5.2 Access 的核心

本节，我们做一个阶段性的总结：Access 作为一个关系型数据库管理系统，存在如下三大关系。在理解这三大关系后，基本上就理解了 Access 数据库的精髓。

- 通过 Access 的“关系”功能建立起来的实体数据表之间的、能够将两个实体数据表自动同步起来的原生关系。Access 底层实体数据表之间的原生关系可以传递给基于这些实体数据表所创建的查询或窗体，实现原生关系的继承。
- 通过 Access 的“查询”功能建立起来的实体数据表与实体数据表、实体数据表与查询、查询与查询之间的次生关系。该关系可以将不同实体数据表或查询中的数据关联起来，重新组合成我们需要的数据。
- 通过 Access 的“窗体”功能建立起来的主窗体与子窗体之间的次生关系。该关系也可以将不同实体数据表或查询中的数据关联起来，实现主窗体和子窗体之间的数据互动。

Access 之所以不同于 Excel，就是因为在 Access 中，我们能够建立实体数据表与实体数据表、实体数据表与查询、查询与查询之间的原生和次生关系，从而让 Access 在数据管理方面超越 Excel，能 Excel 所不能。

目前，我们已经用 Access 开发了一个最基本的数据库管理软件，讲解了 Excel 数据的迁移、数据表的规范化、Access 查询的设计、Access 窗体的设计、Access 底层实体数据表原生关系的建立等，带领大家用最短的时间熟悉了 Access 数据库管理软件的规划和设计。相信大家已经对 Access 有了一个基本的理解，并且具备了进一步学习 Access 知识的能力。

第6章

设计报表

本章内容提要：到目前为止，我们已经知道，Access 使用实体数据表存储数据，使用查询处理数据，使用窗体与用户互动……那 Access 使用什么动态展示数据呢？本章，我们将介绍如何用 Access 打印自定义格式的送货（送餐）单。在 Access 中，生成各种格式单据的功能称为报表功能。

6.1 创建报表

任何商业活动都需要单据凭证，小饭馆也不例外！当小饭馆接收到客户订单后，需要打印出一张送货单，以便厨房备餐，然后将其随商品交给客户作为核对凭证，如图 6-1 所示。

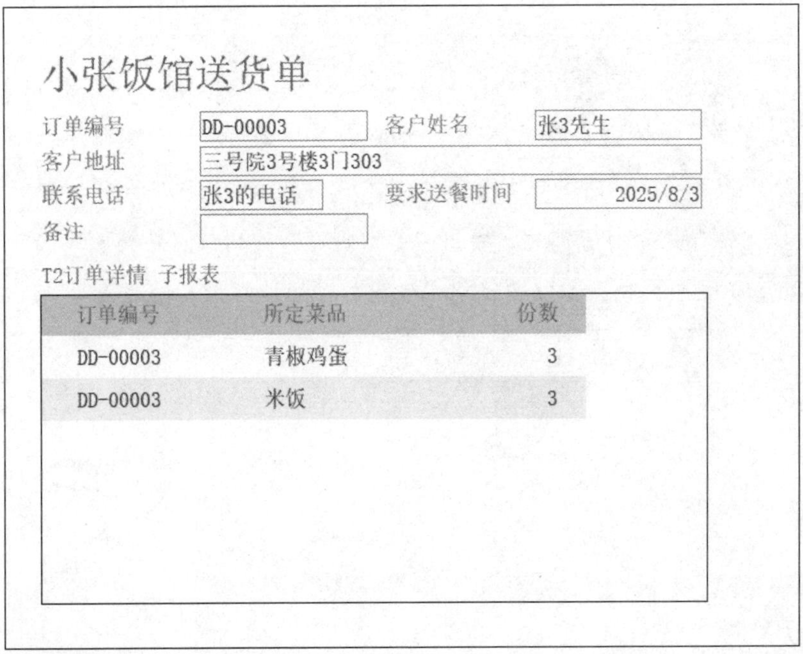

小张饭馆送货单

订单编号 DD-00003　客户姓名 张3先生
客户地址 三号院3号楼3门303
联系电话 张3的电话　要求送餐时间 2025/8/3
备注

T2订单详情 子报表

订单编号	所定菜品	份数
DD-00003	青椒鸡蛋	3
DD-00003	米饭	3

图 6-1

Access 报表的制作过程和 Access 窗体的制作过程类似，Access 报表和 Access 窗体的区别是，Access 报表主要用于以特定格式动态展示或打印数据，不像 Access 窗体那样，需要添加按钮、下拉列表等与用户互动的控件。

在 Access 功能区中选择“创建”选项卡，单击“报表”功能组中的“报表设计”按钮，如图 6-2 所示，进入报表设计视图，如图 6-3 所示。

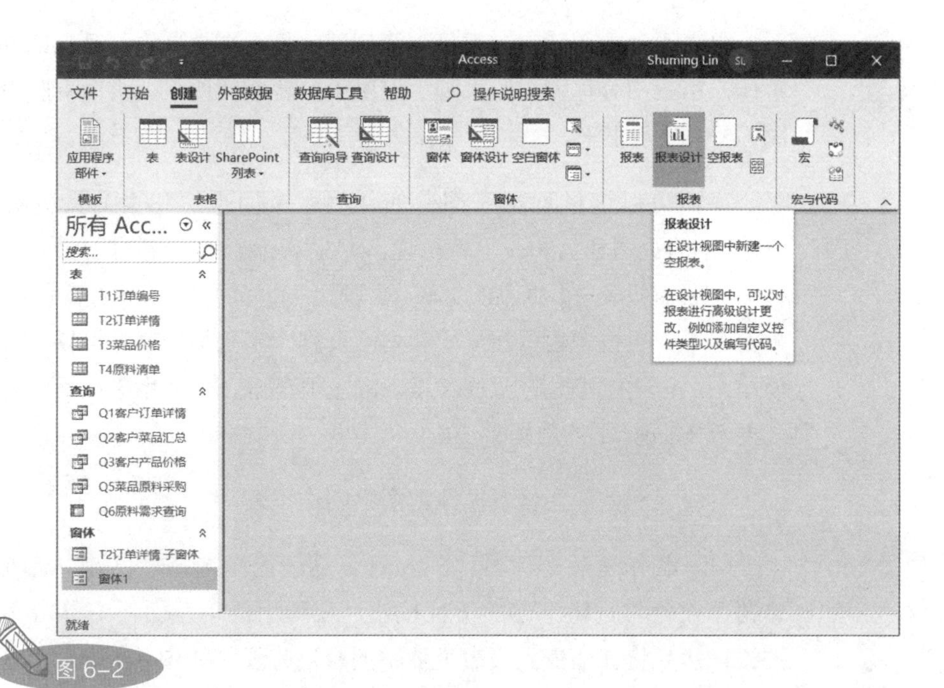
Access
Shuming Lin
文件 开始 创建 外部数据 数据库工具 帮助 操作说明搜索
应用程序部件
表 表设计 SharePoint 列表
查询向导 查询设计
窗体 窗体设计 空白窗体
报表 报表设计 空报表
宏
模板 表格 查询 窗体 报表 宏与代码
所有 Acc...
搜索...
表
T1订单编号
T2订单详情
T3菜品价格
T4原料清单
查询
Q1客户订单详情
Q2客户菜品汇总
Q3客户产品价格
Q5菜品原料采购
Q6原料需求查询
窗体
T2订单详情 子窗体
窗体1
报表设计
在设计视图中新建一个空报表。
在设计视图中，可以对报表进行高级设计更改，例如添加自定义控件类型以及编写代码。
就绪

图 6-2

报表1 - Access
Shuming Lin
文件 开始 创建 外部数据 数据库工具 帮助 设计 排列 格式 页面设置 告诉我
视图
主题 颜色 字体
分组和排序
合计
隐藏详细信息
控件
页码
徽标
标题
日期和时间
添加现有字段 属性表 Tab 键顺序 图表设置
视图 主题 分组和汇总 控件 页眉/页脚 工具
所有 Acc...
搜索...
表
T1订单编号
T2订单详情
T3菜品价格
T4原料清单
查询
Q1客户订单详情
Q2客户菜品汇总
Q3客户产品价格
Q5菜品原料采购
Q6原料需求查询
窗体
T2订单详情 子窗体
窗体1
页面页眉
主体
设计视图

图 6-3

报表设计视图分为三部分，第一部分称为页面页眉，第二部分称为主体，第三部分称为页面页脚，但由于屏幕空间所限，页面页脚没有在图 6-3 中显示出来。

我们可以这样理解三部分的作用：页面页眉和页面页脚类似于 Excel 中的页眉和页脚。也就是说，如果 Access 报表超过一页，那么在打印 Access 报表时，报表的页眉、页脚会在每页的顶部和底部重复出现。本案例不使用报表的页面页眉和页面页脚（感兴趣的读者可以自行尝试使用）。报表的主体是 Access 报表的主要部分，主要用于以设计好的格式展示 Access 中的数据。

下面介绍如何在报表设计视图中制作报表。

（1）制作送货单标题。在 Access 功能区中选择“设计”选项卡，单击“控件”按钮下方的下拉按钮，在弹出的下拉面板中单击“Aa”按钮，然后将其拖曳到报表主体中的合适位置，如图 6-4 所示。这个控件称为“标签”控件，主要用于在报表中书写文字。

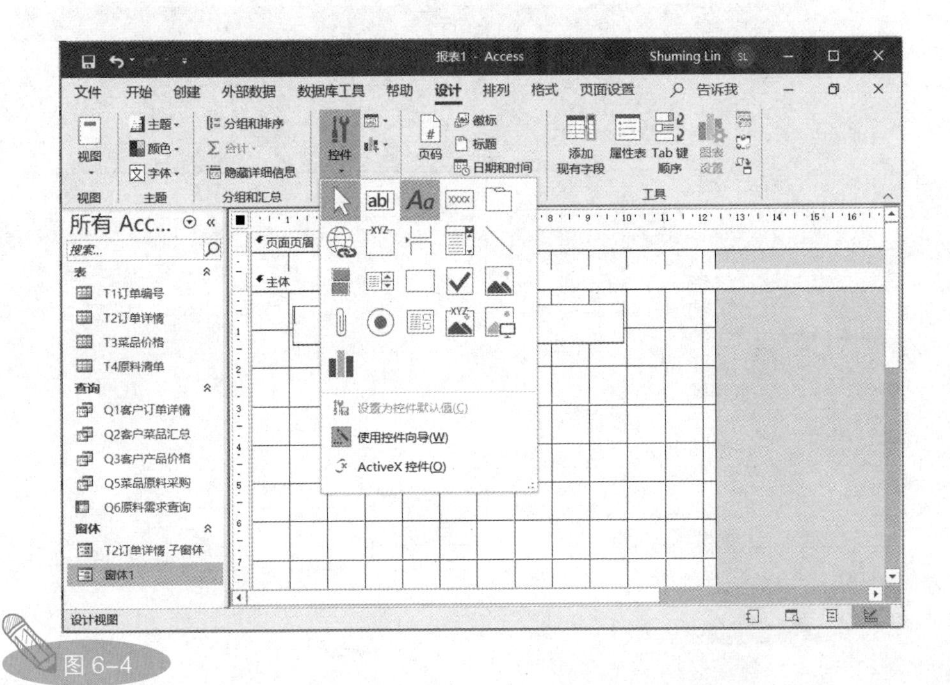

图 6-4

在“标签”控件中输入文字“小张饭馆送货单”，然后选中该控件并右击，在弹出的快捷菜单中选择“属性”命令，或者在 Access 功能区中依次单击“设计”>>“工具”>>“属性表”按钮，打开“属性表”窗格，如图 6-5 所示，在该窗格中设置“标签”控件的属性。

图 6-5

（2）设置报表中要显示的数据。像 Access 窗体设计过程一样，我们正在操作的报表也包含一个子报表，主报表（正在操作的报表）主要用于显示客户信息，子报表主要用于显示客户所定菜品清单。主报表中的数据来自数据表“T1 订单编号”，子报表中的数据来自数据表“T2 订单详情”，这两个数据表通过“订单编号”字段关联并同步起来。

首先，设置主报表中的数据。在 Access 功能区中依次单击“设计”>>“工具”>>“添加现有字段”按钮，在 Access 界面右侧打开“字段列表”窗格，单击数据表“T1 订单编号”，在展开的字段列表中将相应字段拖曳到主报表中，并且调整其位置和大小，如图 6-6 所示。

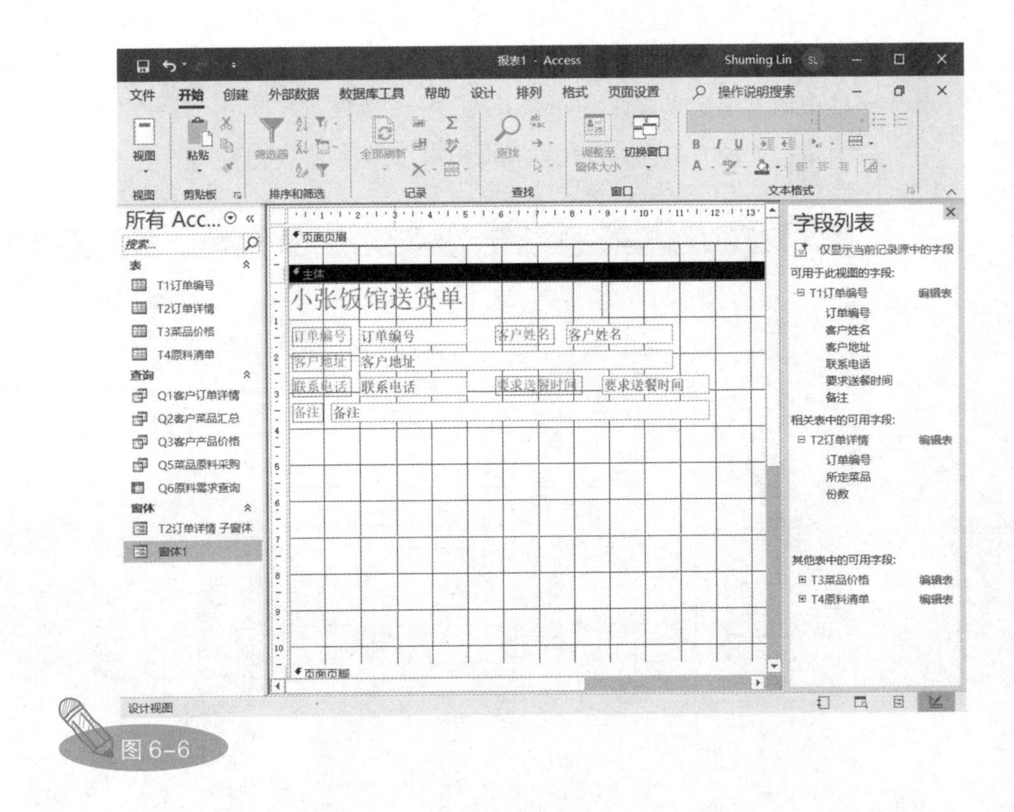

图 6-6

在设置好主报表中显示的字段后，这些字段中的内容就呈现在主报表中。在预览或打印报表时，主报表所使用的底层数据表“T1 订单编号”中的每条记录都会生成一份指定格式的报表。

接下来，在报表的下方呈现主报表中每条记录（客户订单）所包含的具体菜品的清单（子报表）。

我们知道，客户订单的菜品详情存储于数据表“T2 订单详情”中，并且数据表“T2 订单详情”与主报表所使用的底层数据表“T1 订单编号”通过“订单编号”字段相关联，此外，我们已经在 Access 数据库中建立了两个数据表之间的原生关系（级联更新和级联删除）。要知道，这种底层数据表之间的原生关系是可以继承的。

基于上述事实，我们开始创建子报表。创建子报表的方法有以下两种。

- 在报表设计视图中，在 Access 功能区中选择“设计”选项卡，单击“控件”按钮下方的下拉按钮，在弹出的下拉面板中单击“子窗体 / 子报表”按钮，从而在主报表中添加子报表（与创建子窗体的方法类似）。
- 直接将子报表需要显示的数据表拖曳到主报表中，从而在主报表中添加子报表。

下面我们详细介绍第二种方法。

在 Access 界面左侧的“所有 Access 对象”面板中，选中数据表“T2 订单详情”，按住鼠标左键，将其拖曳到主报表中，释放鼠标左键，打开“子报表向导”面板（如果没打开“子报表向导”面板，那么在 Access功能区中选择“设计”选项卡，单击“控件”按钮下方的下拉按钮，在弹出的下拉面板中激活“使用控件向导”按钮，启用“控件向导”工具），如图 6-7 所示。

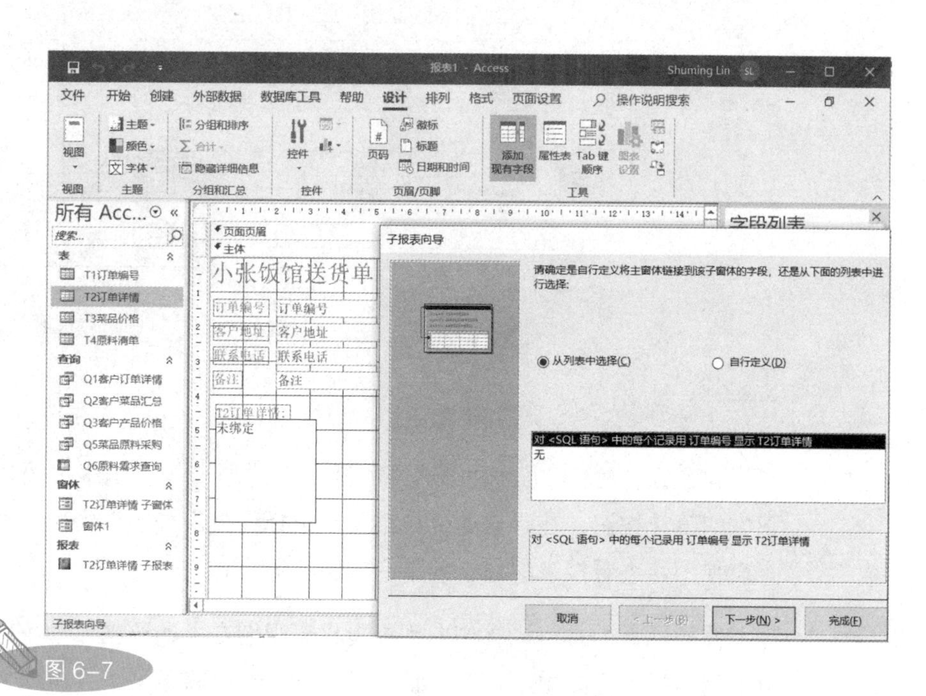

图 6-7

可以看到，“子报表向导”面板已经为我们建立了主报表所使用的底层数据表和子报表所使用的底层数据表之间的关联关系。由于我们已经在 Access 数据库中建立了两个数据表之间的原生关系，因此不用怀疑该面板自动建立的关系的正确性，直接单击“完成”按钮。

（3）单击Access界面左上角的“保存”按钮，保存我们设计的报表，并且使用 Access 为我们提供的默认名称“报表 1”，此处通常需要调整报表中各个控件的大小，以适应主报表中的空间，如图 6-8 所示。

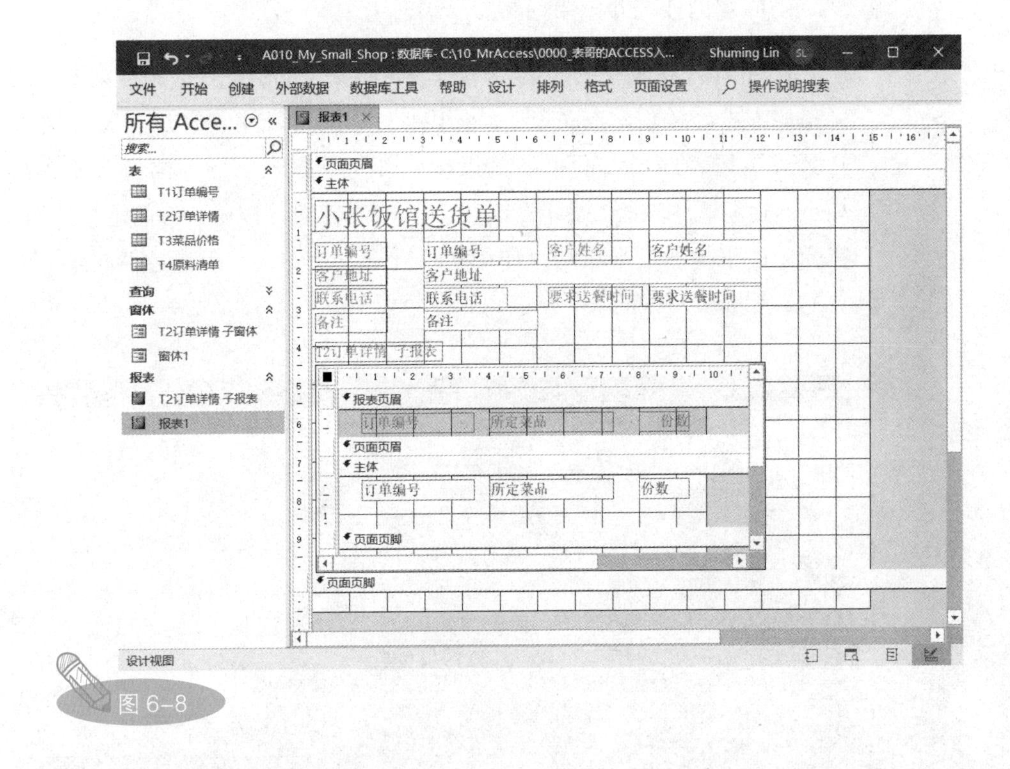

图 6-8

（4）在 Access 功能区中选择“开始”选项卡，单击“视图”按钮下方的下拉按钮，在弹出的下拉菜单中选择“报表视图”命令，切换到报表视图，查看报表的显示效果，如图 6-9 所示。

需要注意的是，当我们向下拖曳报表视图右侧的纵向滚动条时，可以看到，报表视图中不止有一张送货单，Access 将每一个订单编号都生成了一张送货单。

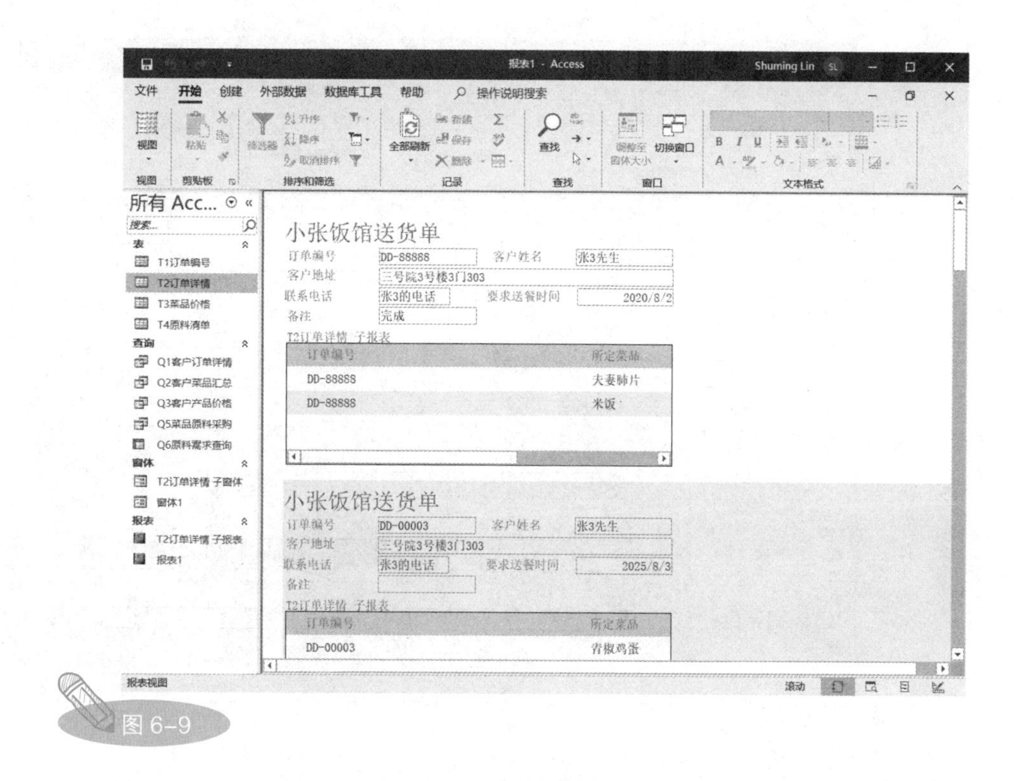

图 6-9

（5）事实上，我们不需要一次打印所有的送货单，可以只打印指定的送货单，如打印前面设计的窗体“窗体 1”中正在显示的订单，具体如何实现？

如果只打印一张送货单，那么报表底层只包含一份客户订单数据即可。如果要让报表只显示当前窗体中的客户订单，那么需要为报表所依赖的数据设计一个查询，将查询条件限制为当前窗体中的订单编号即可。逻辑方向有了，下面介绍如何实现。

首先修改主报表底层的数据源，将鼠标指针放置于报表左上角的横向标尺和纵向标尺的交叉点处并右击，在弹出的快捷菜单中选择“属性”命令（或者在Access功能区中依次单击“设计”>>“工具”>>“属性表”按钮），如图 6-10 所示。

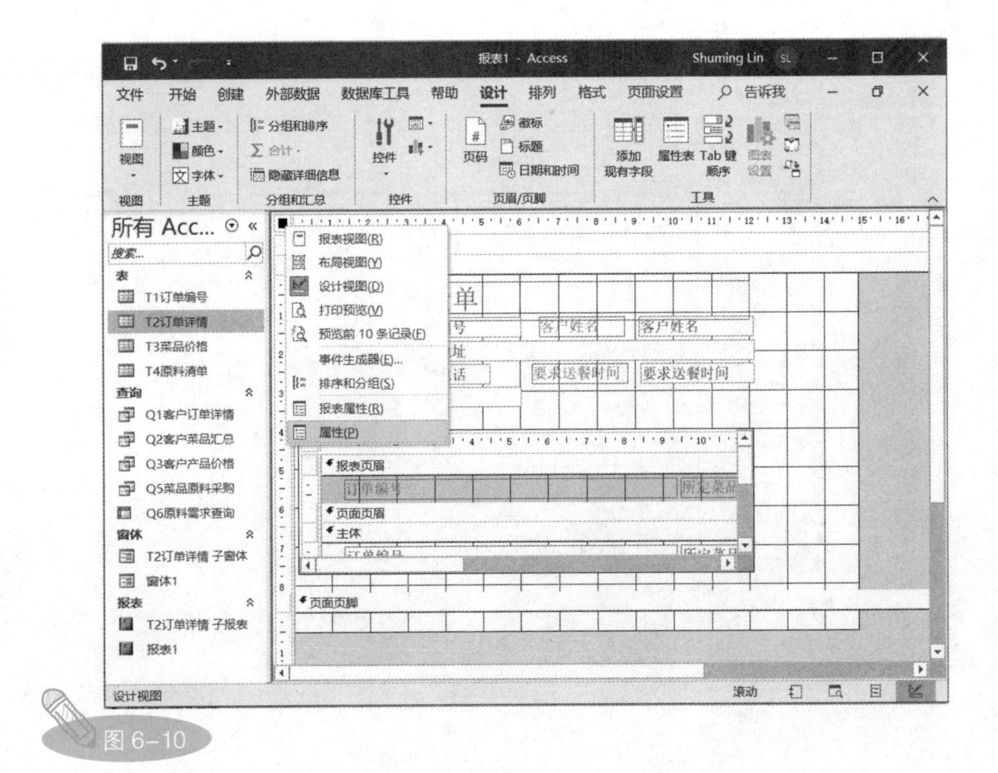

图 6-10

在 Access 界面右侧打开“属性表”窗格，选择“数据”选项卡，在该选项卡中可以修改报表底层数据的来源，如图 6-11 所示。我们看到，该报表的“记录源”属性并非空白，这是因为，我们在设计主报表时，已经为主报表设置了数据源。

单击“记录源”属性右侧带有 3 个小圆点的按钮，可以打开主报表的数据源，这个数据源是一个基于数据表“T1 订单编号”的 Access 查询，这是在设置主报表数据源时 Access 自动生成的，这个查询包含数据表“T1 订单编号”中的所有数据，如图 6-12 所示。

由于我们想让该报表只显示当前窗体中的客户订单，因此需要修改这个查询的条件，将查询结果限定在窗体（窗体 1）中正在显示的客户订单。可以使用以前介绍过的“表达式生成器”工具完成这个任务。

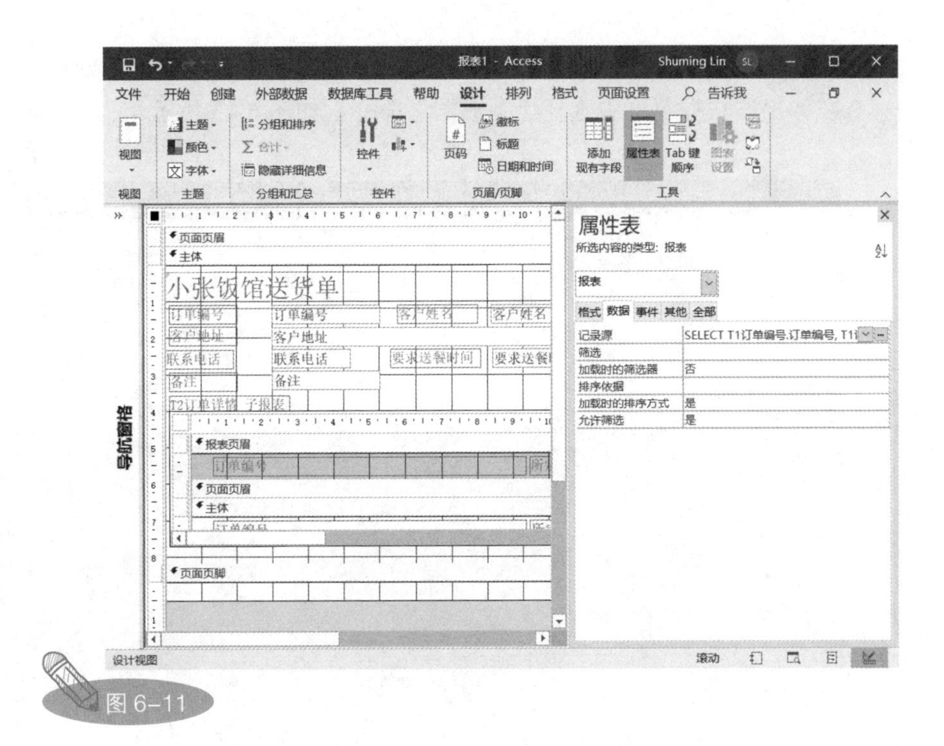
报表1 - Access
Shuming Lin
文件
开始
创建
外部数据
数据库工具
帮助
设计
排列
格式
页面设置
告诉我
视图
主题
颜色
字体
分组和排序
合计
隐藏详细信息
分组和汇总
控件
页码
徽标
标题
日期和时间
页眉/页脚
添加现有字段
属性表
Tab 键顺序
图表设置
工具
导航窗格
页面页眉
主体
小张饭馆送货单
订单编号
客户姓名
客户地址
联系电话
要求送餐时间
备注
T2订单详情 子报表
报表页眉
页面页脚
属性表
所选内容的类型: 报表
报表
格式
数据
事件
其他
全部
记录源
SELECT T1订单编号.订单编号, T1
筛选
加载时的筛选器
否
排序依据
加载时的排序方式
是
允许筛选
是
设计视图
滚动
图 6-11

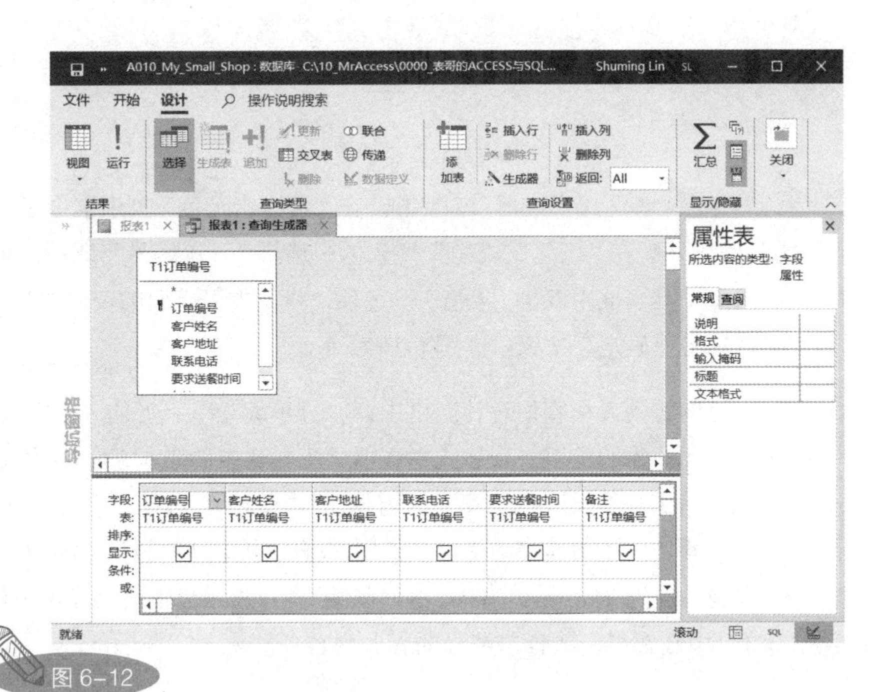
A010_My_Small_Shop : 数据库- C:\10_MrAccess\0000_表哥的ACCESS与SQL...
Shuming Lin
文件
开始
设计
操作说明搜索
视图
运行
结果
选择
生成表
追加
更新
交叉表
删除
联合
传递
数据定义
查询类型
添加表
插入行
删除行
生成器
插入列
删除列
返回:
All
查询设置
汇总
显示/隐藏
关闭
报表1
报表1 : 查询生成器
T1订单编号
订单编号
客户姓名
客户地址
联系电话
要求送餐时间
导航窗格
字段:
表:
排序:
显示:
条件:
或:
备注
属性表
所选内容的类型: 字段属性
常规
查阅
说明
格式
输入掩码
标题
文本格式
就绪
滚动
图 6-12

在查询设计网格中，右击“订单编号”字段中的“条件”单元格，在弹出的快捷菜单中选择“生成器”命令，如图6-13所示。

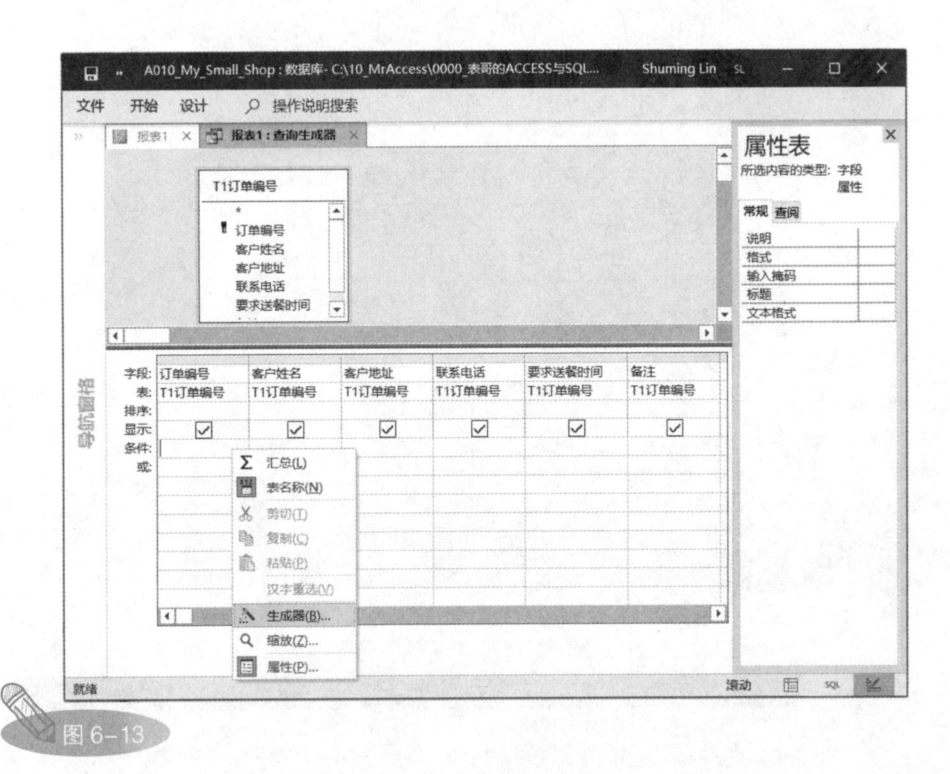

图 6-13

弹出“表达式生成器”对话框，在“表达式元素”列表框中选择“窗体1”选项，在“表达式类别”列表框中选择“订单编号”选项，在“表达式值”列表框中双击“< 值 >”选项，将其加入上面的表达式文本域，然后单击“确定”按钮，如图6-14所示。

可以看到，在查询设计网格中，“订单编号”下方的“条件”单元格中出现了我们使用“表达式生成器”工具建立的限制条件表达式，表示该查询执行结果限定于窗体“窗体1”中的“订单编号”控件所决定的订单编号，如图6-15所示。此时，报表“报表1”的数据源的订单编号限制条件为“[Forms]![窗体1]![订单编号]”，表示该报表只显示窗体“窗体1”中正在显示的订单编号的相关内容。

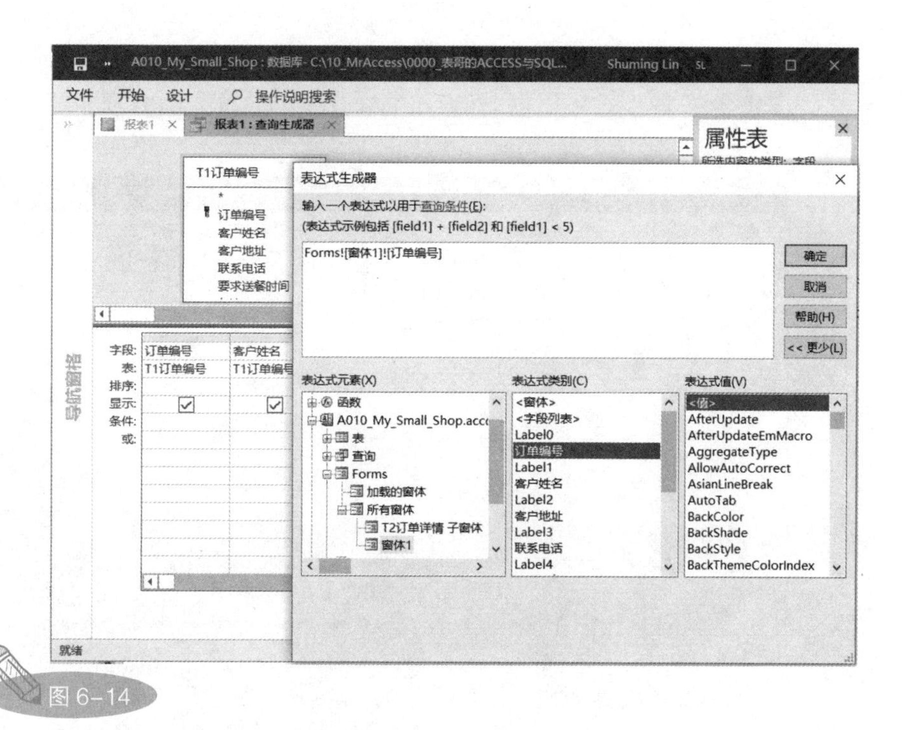
A010_My_Small_Shop : 数据库- C:\10_MrAccess\0000_表哥的ACCESS与SQL...
Shuming Lin
文件
开始
设计
操作说明搜索
报表1
报表1 : 查询生成器
属性表
T1订单编号
订单编号
客户姓名
客户地址
联系电话
要求送餐时间
表达式生成器
输入一个表达式以用于查询条件(E):
(表达式示例包括 [field1] + [field2] 和 [field1] < 5)
Forms![窗体1]![订单编号]
确定
取消
帮助(H)
<< 更少(L)
表达式元素(X)
表达式类别(C)
表达式值(V)
函数
A010_My_Small_Shop.accc
表
查询
Forms
加载的窗体
所有窗体
T2订单详情 子窗体
窗体1
<窗体>
<字段列表>
Label0
订单编号
Label1
客户姓名
Label2
客户地址
Label3
联系电话
Label4
<值>
AfterUpdate
AfterUpdateEmMacro
AggregateType
AllowAutoCorrect
AsianLineBreak
AutoTab
BackColor
BackShade
BackStyle
BackThemeColorIndex
字段:
表:
排序:
显示:
条件:
或:
T1订单编号
导航窗格
就绪
图 6-14

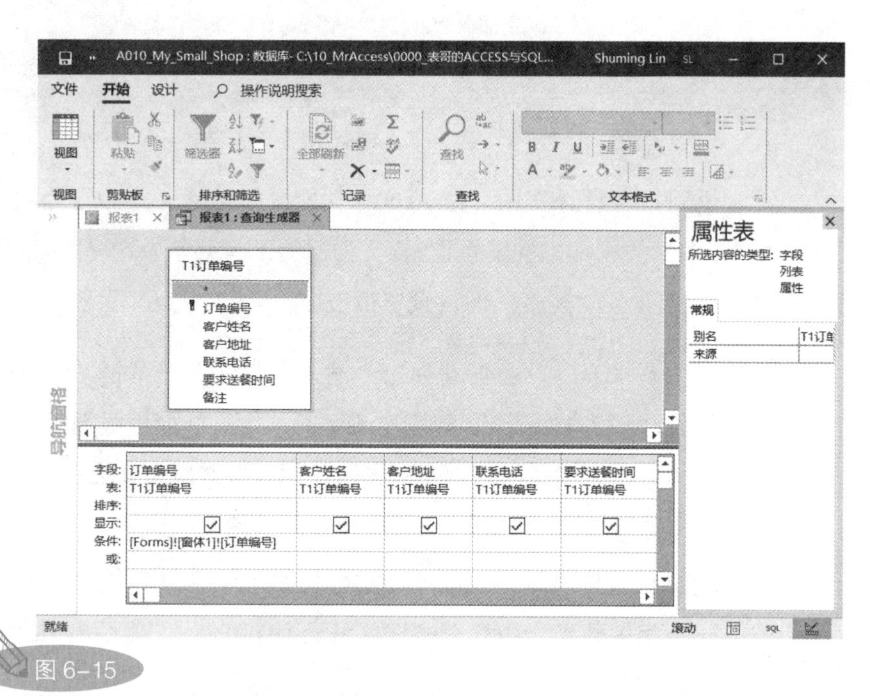
A010_My_Small_Shop : 数据库- C:\10_MrAccess\0000_表哥的ACCESS与SQL...
Shuming Lin
文件
开始
设计
操作说明搜索
视图
粘贴
筛选器
全部刷新
查找
视图
剪贴板
排序和筛选
记录
查找
文本格式
报表1
报表1 : 查询生成器
T1订单编号
订单编号
客户姓名
客户地址
联系电话
要求送餐时间
备注
属性表
所选内容的类型: 字段列表属性
常规
别名
来源
导航窗格
字段: 订单编号 客户姓名 客户地址 联系电话 要求送餐时间
表: T1订单编号 T1订单编号 T1订单编号 T1订单编号 T1订单编号
排序:
显示:
条件: [Forms]![窗体1]![订单编号]
或:
就绪
滚动
图 6-15

最后，关闭查询“报表 1：查询生成器”的设计视图，在弹出的提示框中单击“是”按钮，保存相关修改内容，如图 6-16 所示。

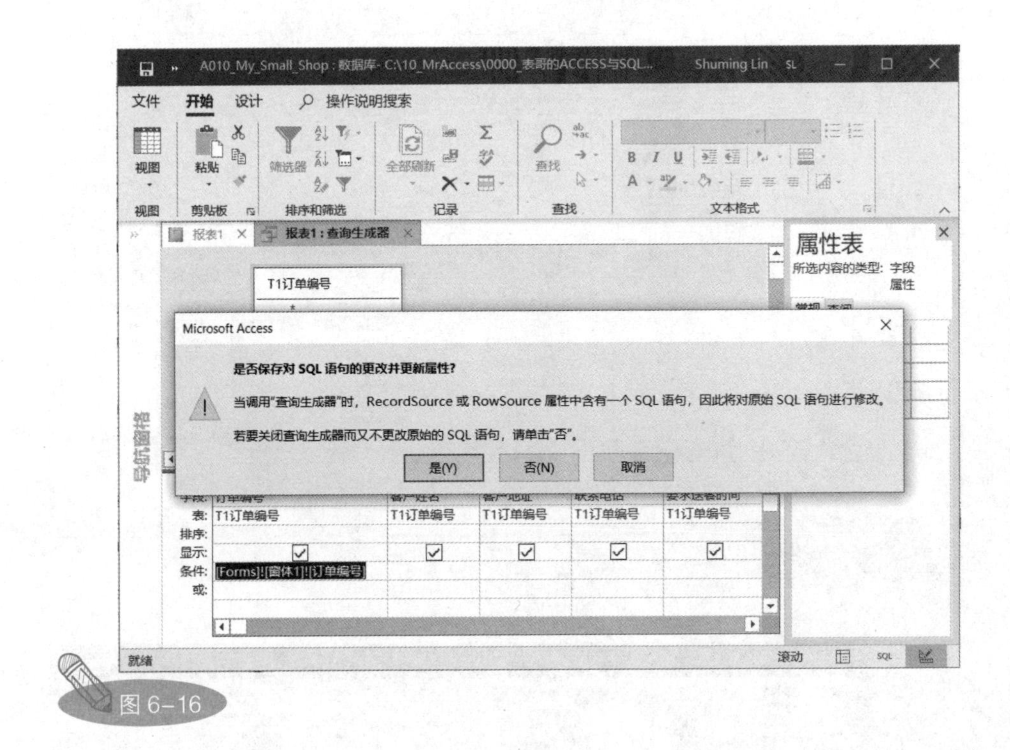

图 6-16

返回报表设计视图，在 Access 功能区中选择“开始”选项卡，单击“视图”按钮下方的下拉按钮，在弹出的下拉菜单中选择“报表视图”命令，如图 6-17 所示，即可预览报表。

在预览报表时，会自动弹出“输入参数值”对话框，要求输入订单编号，如图 6-18 所示。根据查询“报表 1：查询生成器”中“订单编号”字段的限制条件，这个报表的订单编号本应由窗体“窗体 1”中的“订单编号”控件获取。但由于窗体“窗体 1”现在没有处于打开状态，无法获取订单编号，因此要求我们手动输入订单编号。我们这里输入一个相关数据表中存在的订单编号 DD-88888，然后单击“确定”按钮。

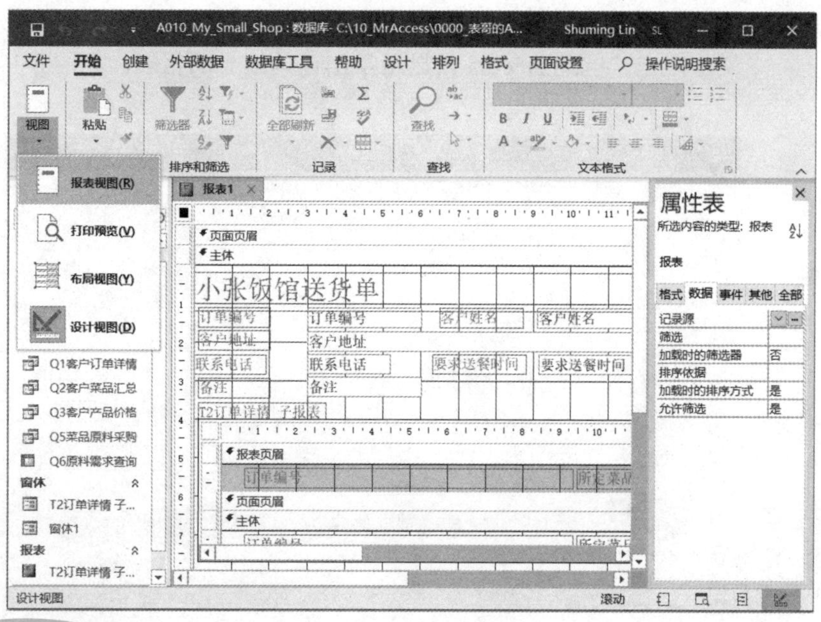
A010_My_Small_Shop : 数据库- C:\10_MrAccess\0000_表哥的A...
Shuming Lin
文件
开始
创建
外部数据
数据库工具
帮助
设计
排列
格式
页面设置
操作说明搜索
视图
粘贴
筛选器
全部刷新
查找
排序和筛选
记录
文本格式
报表视图(R)
打印预览(V)
布局视图(Y)
设计视图(D)
报表1
页面页眉
主体
小张饭馆送货单
订单编号
客户姓名
客户地址
联系电话
要求送餐时间
备注
T2订单详情 子报表
报表页眉
Q1客户订单详情
Q2客户菜品汇总
Q3客户产品价格
Q5菜品原料采购
Q6原料需求查询
窗体
T2订单详情 子...
窗体1
报表
属性表
所选内容的类型: 报表
格式
数据
事件
其他
全部
记录源
筛选
加载时的筛选器
否
排序依据
加载时的排序方式
是
允许筛选
设计视图
滚动

图 6-17

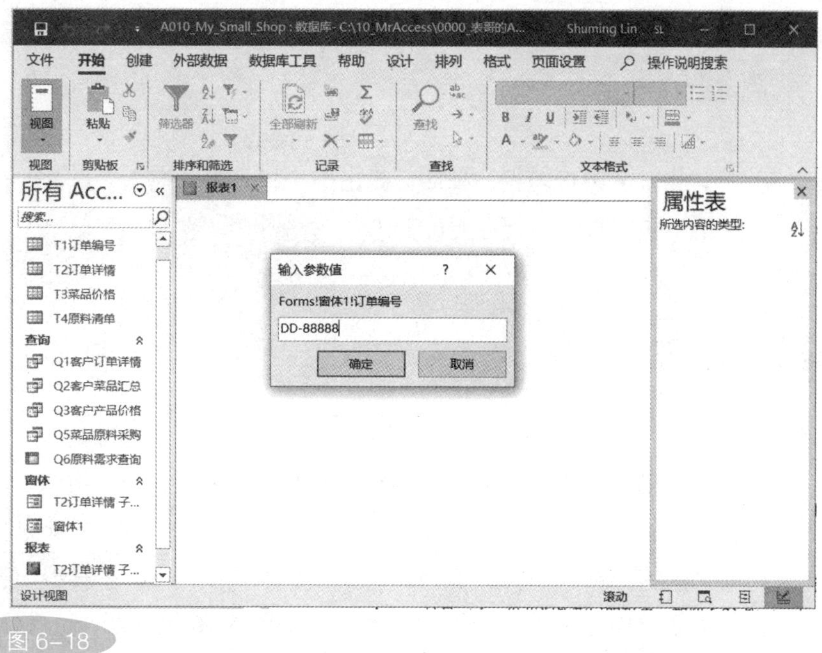
A010_My_Small_Shop : 数据库- C:\10_MrAccess\0000_表哥的A...
Shuming Lin
文件
开始
创建
外部数据
数据库工具
帮助
设计
排列
格式
页面设置
操作说明搜索
视图
粘贴
剪贴板
筛选器
全部刷新
查找
排序和筛选
记录
文本格式
所有 Acc...
搜索...
T1订单编号
T2订单详情
T3菜品价格
T4原料清单
查询
Q1客户订单详情
Q2客户菜品汇总
Q3客户产品价格
Q5菜品原料采购
Q6原料需求查询
窗体
T2订单详情 子...
窗体1
报表
T2订单详情 子...
报表1
输入参数值
Forms!窗体1!订单编号
DD-88888
确定
取消
属性表
所选内容的类型:
设计视图
滚动

图 6-18

现在，由于我们输入了报表所需要的查询参数，对报表底层的数据做了限定，因此Access只显示指定订单编号的报表，如图6-19所示。

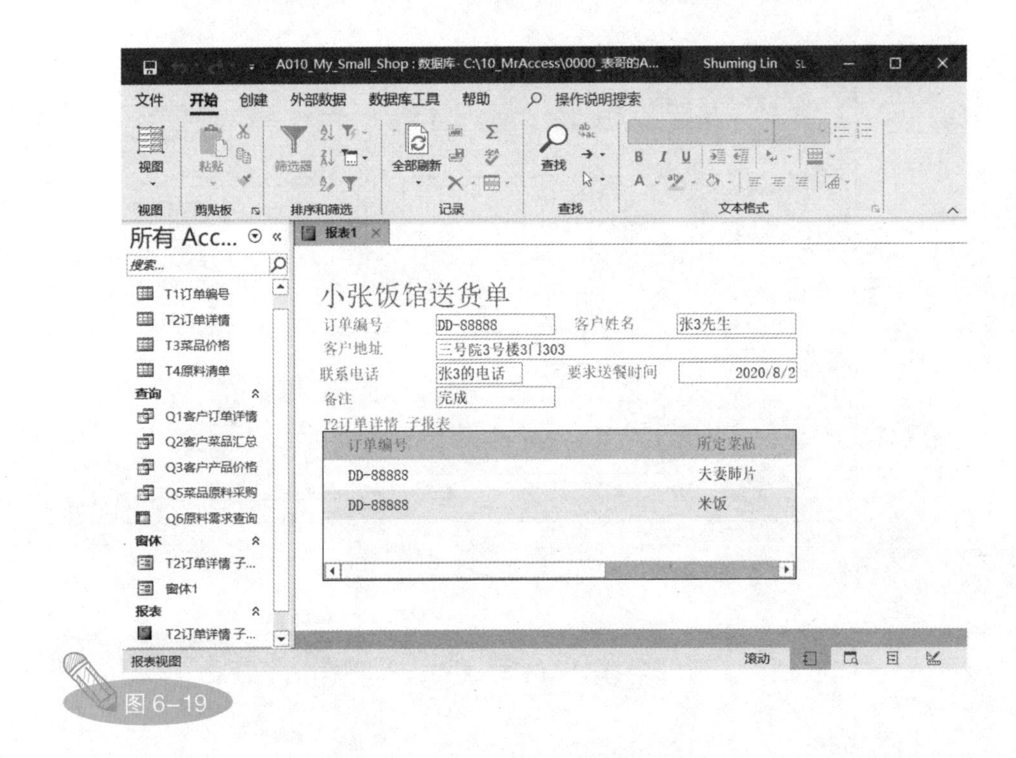

图6-19

（6）关闭报表设计视图，弹出一个提示框，提示“是否保存更改”，单击“是”按钮，保存更改。

6.2 制作打印按钮

下面我们在前面设计的窗体“窗体1”中添加一个按钮，用于打印窗体“窗体1”中当前显示的客户订单的送货单。在Access界面左侧的“所有Access对象”面板中选中窗体“窗体1”并右击，在弹出的快捷菜单中选择“设计视图”命令，如图6-20所示。

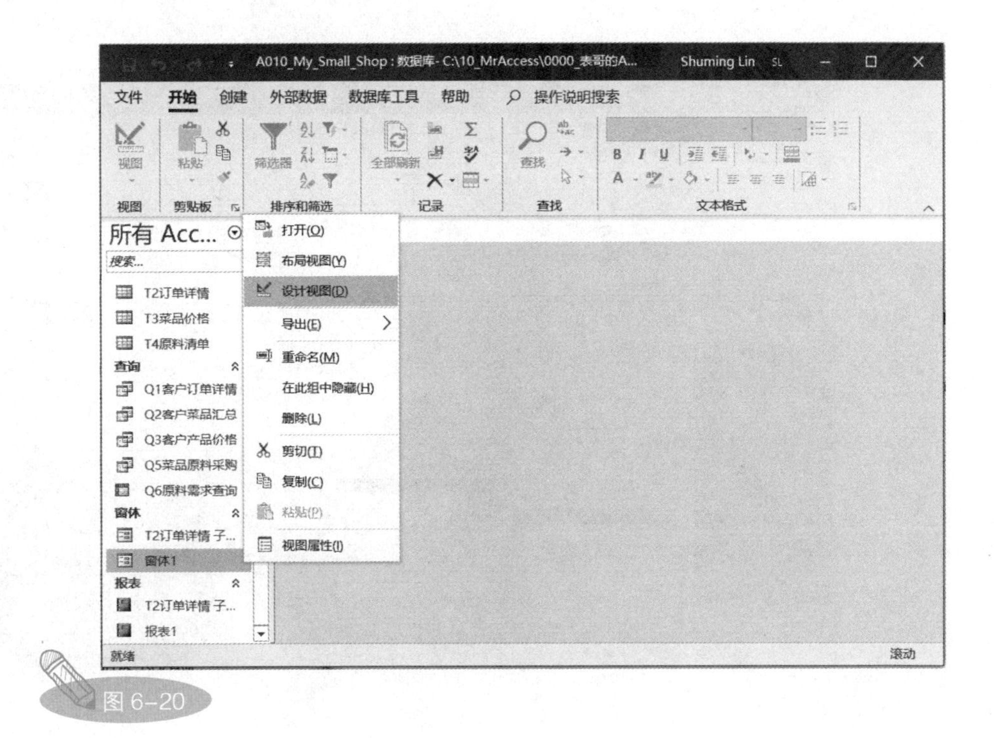

图 6–20

在 Access 功能区中选择“设计”选项卡，单击“控件”按钮下方的下拉按钮，在弹出的下拉面板中单击“按钮”按钮，并且激活“使用控件向导”按钮。在窗体“窗体 1”中的合适位置，按住鼠标左键并拖动鼠标，绘制一个按钮，在释放鼠标左键后，会打开“命令按钮向导”面板，在“类别”列表框中选择“报表操作”选项，在“操作”列表框中选择“打开报表”选项，然后单击“下一步”按钮，如图 6-21 所示。

这一步，在“请确定命令按钮打印的报表”列表框中，选择刚刚设计的报表“报表 1”，然后单击“下一步”按钮，如图 6-22 所示。

这一步，在“文本”文本框中输入“打印送货单”，将按钮上显示的文字设置为“打印送货单”，然后单击“下一步”按钮，如图 6-23 所示。

这一步，我们将该按钮命名为“btnPrint”，然后单击“完成”按钮，如图 6-24 所示。注意，“btnPrint”是该按钮的名称，不是在按钮上显示的文字，用于在以后需要编写代码时引用该按钮（本书不涉及编写代码）。

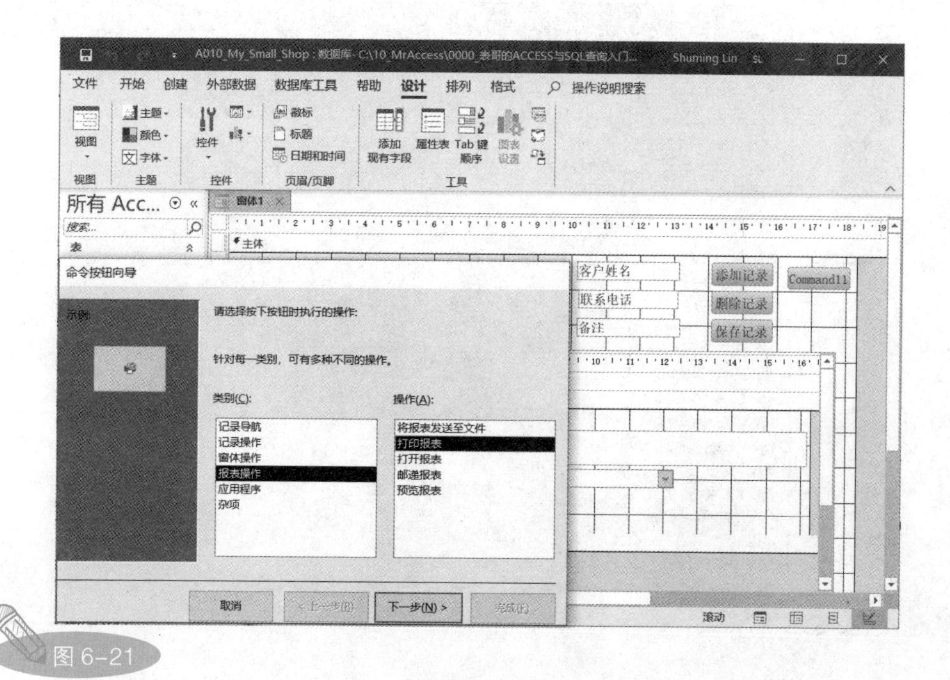

A010_My_Small_Shop : 数据库- C:\10_MrAccess\0000_表哥的ACCESS与SQL查询入门...
Shuming Lin
文件 开始 创建 外部数据 数据库工具 帮助 设计 排列 格式 操作说明搜索
视图 主题 颜色 字体 控件 徽标 标题 日期和时间 添加现有字段 属性表 Tab 键顺序 图表设置
视图 主题 控件 页眉/页脚 工具
所有 Acc...
搜索...
表
窗体1
主体
客户姓名
联系电话
备注
添加记录
删除记录
保存记录
Command11
命令按钮向导
示例:
请选择按下按钮时执行的操作:
针对每一类别，可有多种不同的操作。
类别(C):
记录导航
记录操作
窗体操作
报表操作
应用程序
杂项
操作(A):
将报表发送至文件
打印报表
打开报表
邮递报表
预览报表
取消
< 上一步(B)
下一步(N) >
完成(F)
滚动

图 6-21

A010_My_Small_Shop : 数据库- C:\10_MrAccess\0000_表哥的ACCESS与SQL查询入门...
Shuming Lin
文件 开始 创建 外部数据 数据库工具 帮助 设计 排列 格式 操作说明搜索
视图 主题 颜色 字体 控件 徽标 标题 日期和时间 添加现有字段 属性表 Tab 键顺序 图表设置
视图 主题 控件 页眉/页脚 工具
所有 Acc...
搜索...
表
窗体1
主体
客户姓名
联系电话
备注
添加记录
删除记录
保存记录
Command11
命令按钮向导
示例:
请确定命令按钮打印的报表:
T2订单详情 子报表
报表1
取消
< 上一步(B)
下一步(N) >
完成(F)
滚动

图 6-22

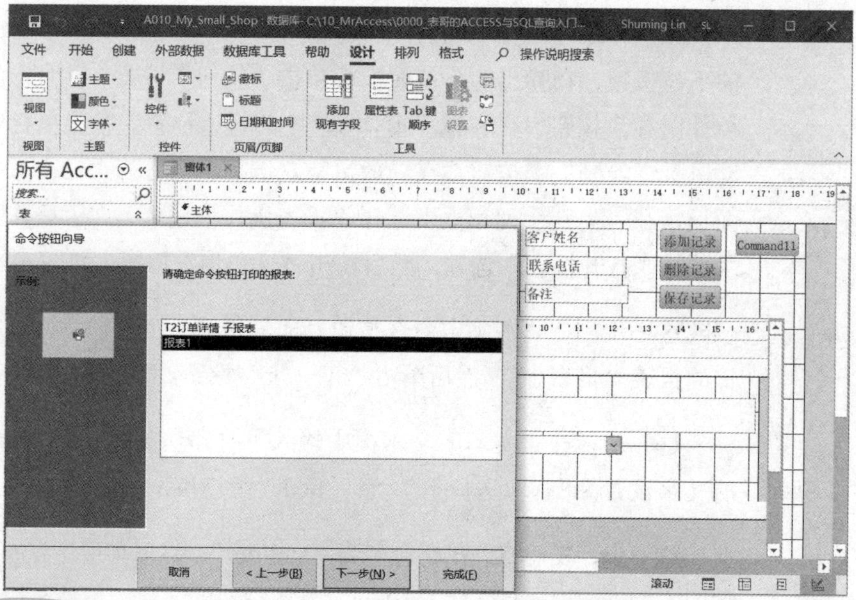

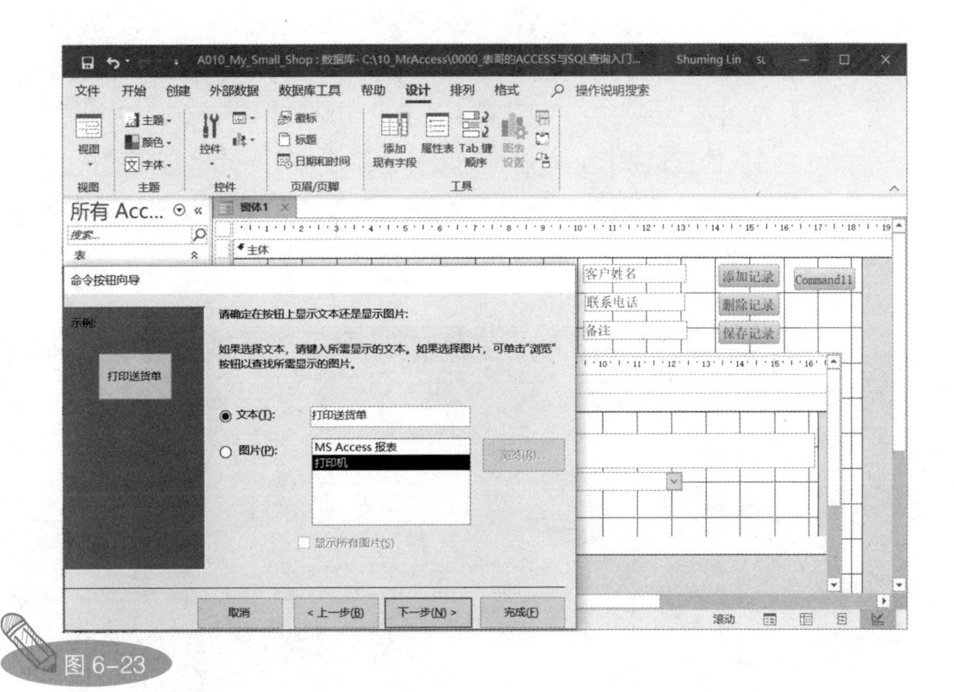
命令按钮向导
示例:
打印送货单
请确定在按钮上显示文本还是显示图片:
如果选择文本，请键入所需显示的文本。如果选择图片，可单击"浏览"按钮以查找所需显示的图片。
文本(T):
打印送货单
图片(P):
MS Access 报表
打印机
浏览(R)...
显示所有图片(S)
取消
< 上一步(B)
下一步(N) >
完成(F)
客户姓名
联系电话
备注
添加记录
删除记录
保存记录
Command11
图 6-23

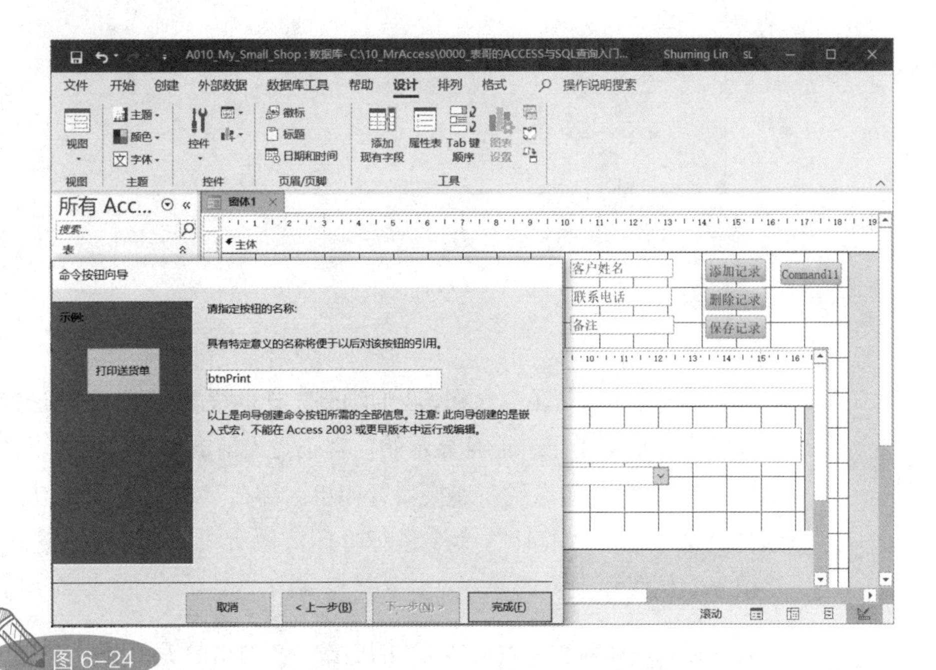
命令按钮向导
示例:
打印送货单
请指定按钮的名称:
具有特定意义的名称将便于以后对该按钮的引用。
btnPrint
以上是向导创建命令按钮所需的全部信息。注意: 此向导创建的是嵌入式宏，不能在 Access 2003 或更早版本中运行或编辑。
取消
< 上一步(B)
下一步(N) >
完成(F)
客户姓名
联系电话
备注
添加记录
删除记录
保存记录
Command11
图 6-24

至此，“打印送货单”按钮添加完毕，下面试一下该按钮的效果。在Access功能区中选择“开始”选项卡，单击“视图”按钮下方的下拉按钮，在弹出的下拉菜单中选择“窗体视图”命令，切换到窗口“窗口1”的窗口视图，可以看到窗体视图中多了一个“打印送货单”按钮，当前显示的订单编号是DD-00003，如图6-25所示。当然，你也可以通过按PageUp键或PageDown键切换到其他客户订单。

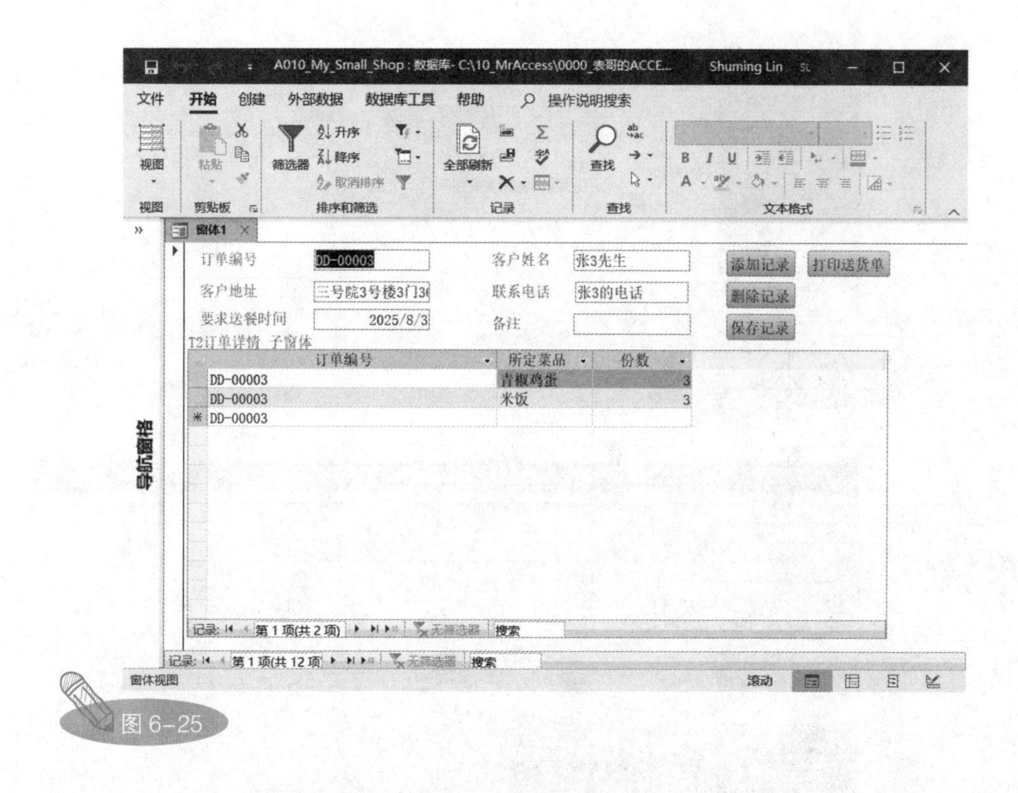

图6-25

单击“打印送货单”按钮，我们刚刚设计的报表“小张饭馆送货单”已经显示在屏幕上了，而且显示的内容正是当前窗体显示的客户订单，如图6-26所示。如果现在连接着打印机，那么可以在Access功能区中选择“文件”>>“打印”命令进行打印，然后根据纸张要求进一步调整报表的位置和大小。

最后，保存对窗体“窗体1”的更改，在弹出的提示框中单击“是”按钮，如图6-27所示。

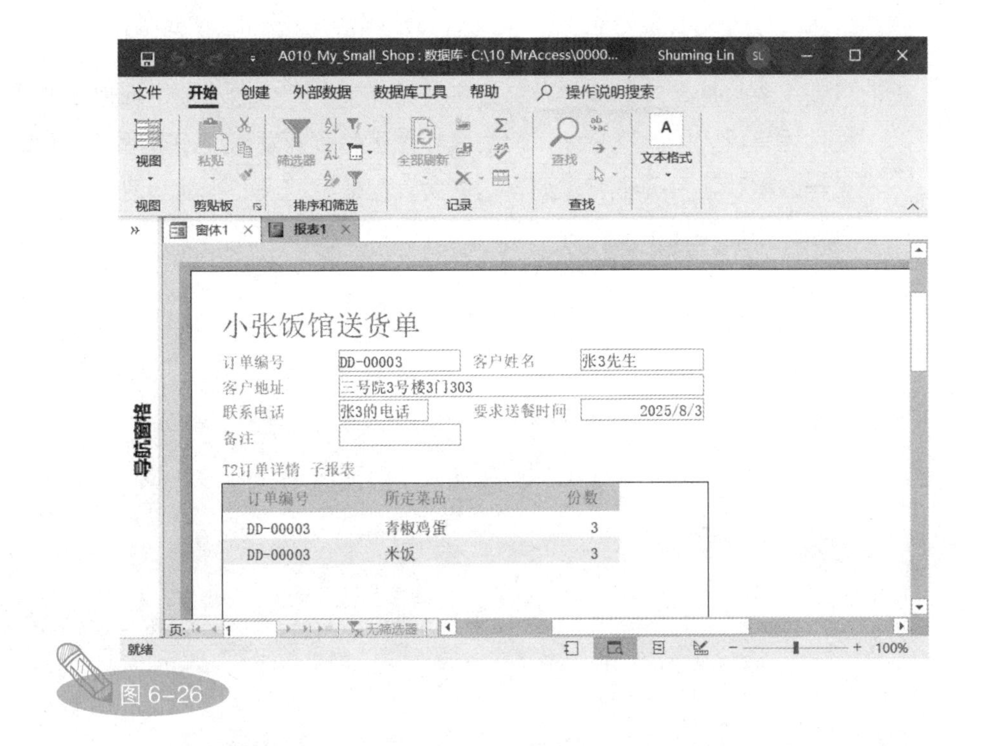
A010_My_Small_Shop : 数据库- C:\10_MrAccess\0000...
Shuming Lin
文件
开始
创建
外部数据
数据库工具
帮助
操作说明搜索
视图
粘贴
筛选器
全部刷新
查找
文本格式
剪贴板
排序和筛选
记录
窗体1
报表1
导航窗格
小张饭馆送货单
订单编号
DD-00003
客户姓名
张3先生
客户地址
三号院3号楼3门303
联系电话
张3的电话
要求送餐时间
2025/8/3
备注
T2订单详情 子报表
订单编号
所定菜品
份数
DD-00003
青椒鸡蛋
3
DD-00003
米饭
3
页:
1
无筛选器
就绪
100%

图 6-26

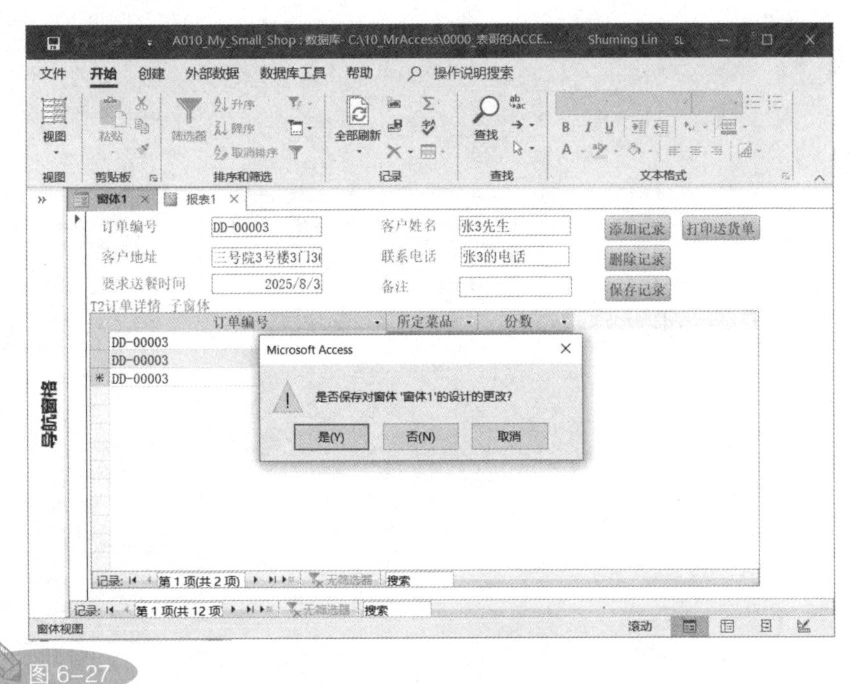
A010_My_Small_Shop : 数据库- C:\10_MrAccess\0000_表哥的ACCE...
Shuming Lin
文件
开始
创建
外部数据
数据库工具
帮助
操作说明搜索
视图
粘贴
筛选器
升序
降序
取消排序
全部刷新
查找
剪贴板
排序和筛选
记录
文本格式
窗体1
报表1
导航窗格
订单编号
DD-00003
客户姓名
张3先生
添加记录
打印送货单
客户地址
三号院3号楼3门3(
联系电话
张3的电话
删除记录
要求送餐时间
2025/8/3
备注
保存记录
T2订单详情 子窗体
订单编号
所定菜品
份数
DD-00003
DD-00003
DD-00003
Microsoft Access
是否保存对窗体 '窗体1'的设计的更改?
是(Y)
否(N)
取消
记录: 第 1 项(共 2 项)
无筛选器
搜索
记录: 第 1 项(共 12 项)
无筛选器
搜索
窗体视图
滚动

图 6-27

至此，我们已经完成了小饭馆数据库管理软件的基本设计。小张可以使用该数据库管理软件，开始每天的经营了。虽然小饭馆数据库管理软件还有极大的改进余地，但小张参与了整个开发流程，理解了数据库思维的精髓，具备了一定的自学能力，相信经过进一步的学习，小张可以将这个软件优化得更好。

第7章

按钮背后的故事

本章内容提要：Access是一款神奇的软件，它的神奇之处在于，Access将大多数常用的“数据库操作”转化成了普通用户可轻松掌握的“界面设置”。前面在设计小饭馆数据库管理软件的界面时，我们在窗体中添加了几个按钮，并且给每个按钮添加了各自的功能。在界面设计过程中，我们没有编写任何代码。本章，我们主要介绍按钮背后的故事，也就是Access宏（Macro）。

7.1 不写代码也能编程

宏（Macro）是指由用户定义，能够在 Excel 或 Access 中重复执行的一组操作。Access 中的宏与 Excel 中的宏有很大差别，我们可以这样理解：Excel 中的宏是自动“录制”的，而 Access 中的宏是我们手动“组装”的。

在介绍 Access 中的宏之前，我们先回过头来看一看前面设计的按钮。在 Access 界面左侧的“所有 Access 对象”面板中选中窗体“窗体 1”，在 Access 功能区中选择“开始”选项卡，单击“视图”按钮下方的下拉按钮，在弹出的下拉菜单中选择“设计视图”命令，进入窗体“窗体 1”的设计视图，如图 7-1 所示。

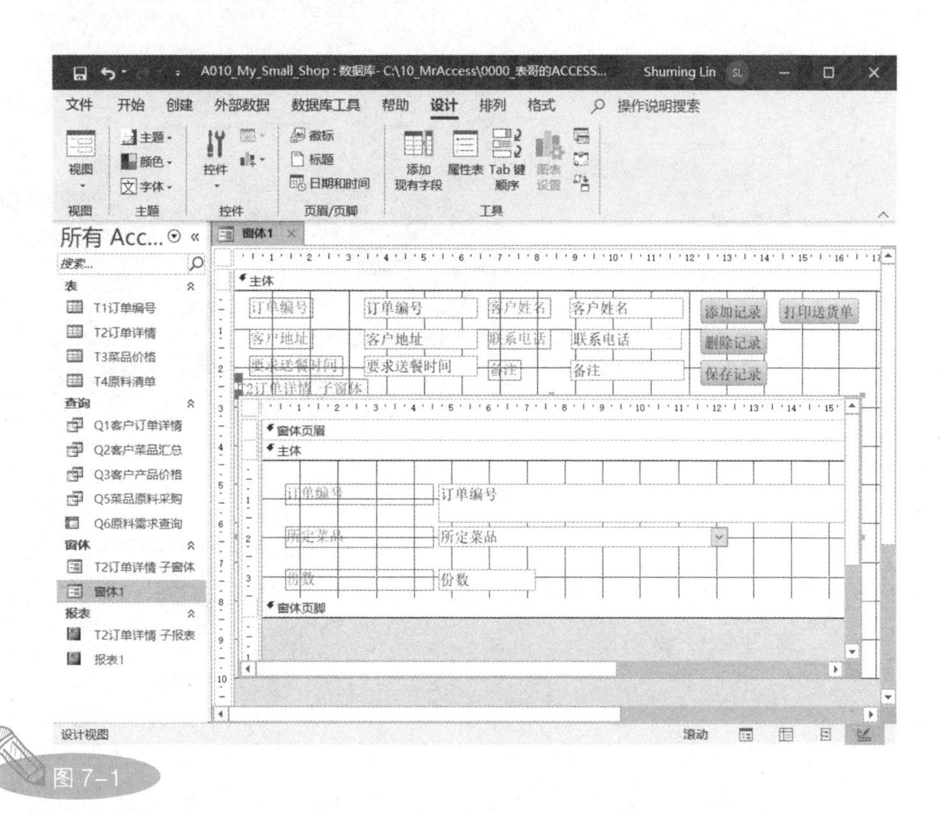

图 7-1

可以看到，窗体“窗体 1”中已经存在 4 个按钮（“添加记录”按钮、“删除记录”按钮、“保存记录”按钮、“打印送货单”按钮）。回想一下这 4 个按钮的设计过程：首先在 Access 窗体设计视图中绘制一个按钮，然后根据“命令按钮向导”面板中的引导，告诉 Access 我们想让该按钮做什么事情，最后单击“完成”按钮，如图 7-2 所示。但是，你知道在制作按钮的过程中 Access 是如何运行的吗？

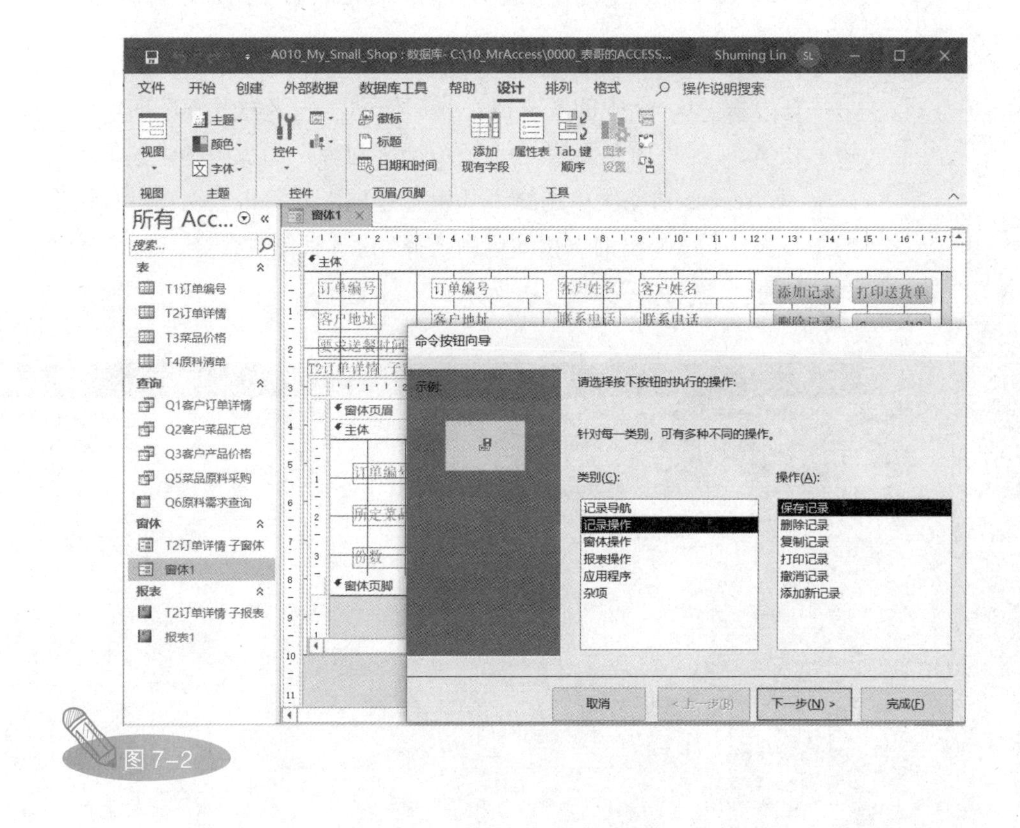

图 7-2

其实，当我们使用“控件向导”工具制作一个按钮时，Access 会根据我们在“命令按钮向导”面板中的设置，自动生成一套 Access 能够理解的操作指令。正是这套 Access 操作指令帮助我们实现了按钮的功能。

下面我们以窗体“窗体 1”中的“保存记录”按钮为例来证明这一点。在窗体“窗体 1”的设计视图中选中“保存记录”按钮，在

Access 功能区中依次单击“设计” >> “工具” >> “属性表”按钮，打开“属性表”窗格，即可看到“保存记录”按钮的相关属性。

在“属性表”窗格中选择“事件”选项卡，即可看到很多事件选项，如图 7-3 所示。事件是指控件（按钮、组合框、列表框等）能够感知到的用户对它的各种外界刺激。按钮的事件包括常见的对按钮的“单击”“双击”等操作。

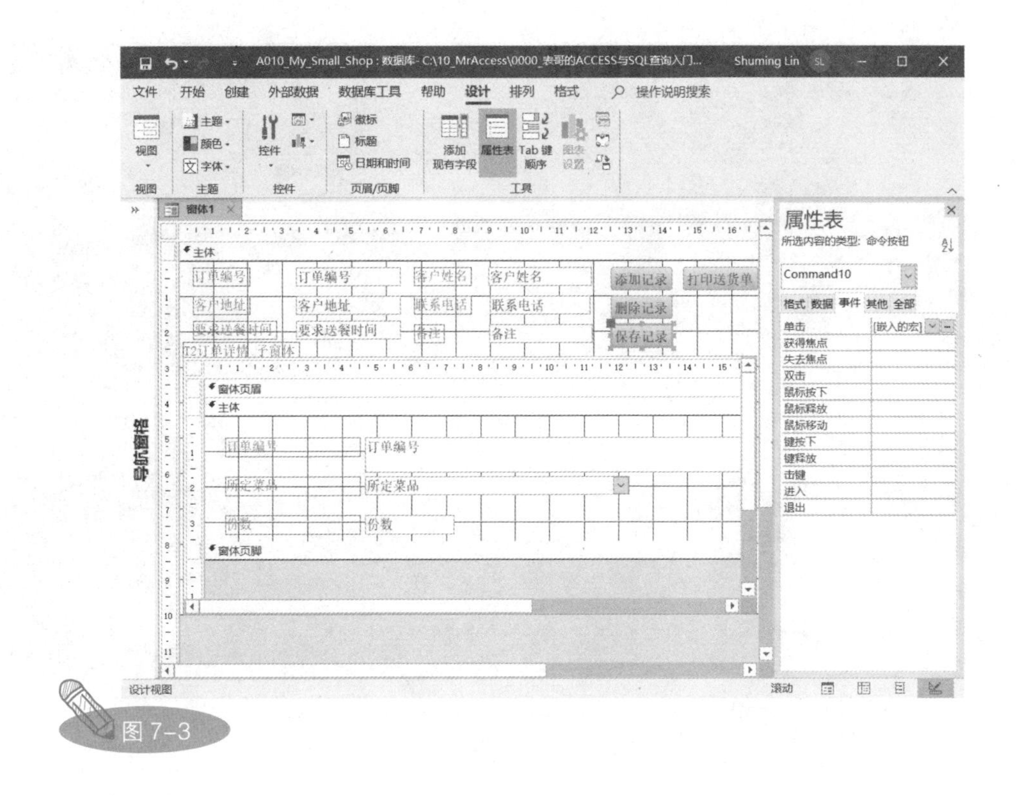

图 7-3

Access中的控件就像小动物，能够感知到用户对它的不同“刺激”，并且对所感知到的“刺激”产生我们希望它做的反应（执行我们给它定义的操作）。关于“我们希望它做的反应”，我们可以在“属性表”窗格的“事件”选项卡中定义。

观察“属性表”窗格的“事件”选项卡中的事件选项，可以发现，在“单击”事件后面有“[嵌入的宏]”字样，表示我们已经给该按钮的“单击”事件定义了某种操作，即在设计该按钮时通过“控件向导”工具给其指定了任务。

单击“单击”事件后面“[嵌入的宏]”字样右侧带有3个小圆点的按钮，进入“[嵌入的宏]”设计窗口，可以看到，我们在“命令按钮向导”面板中所做的设置已经被Access翻译成了它能理解的“宏”语言了，如图7-4所示。

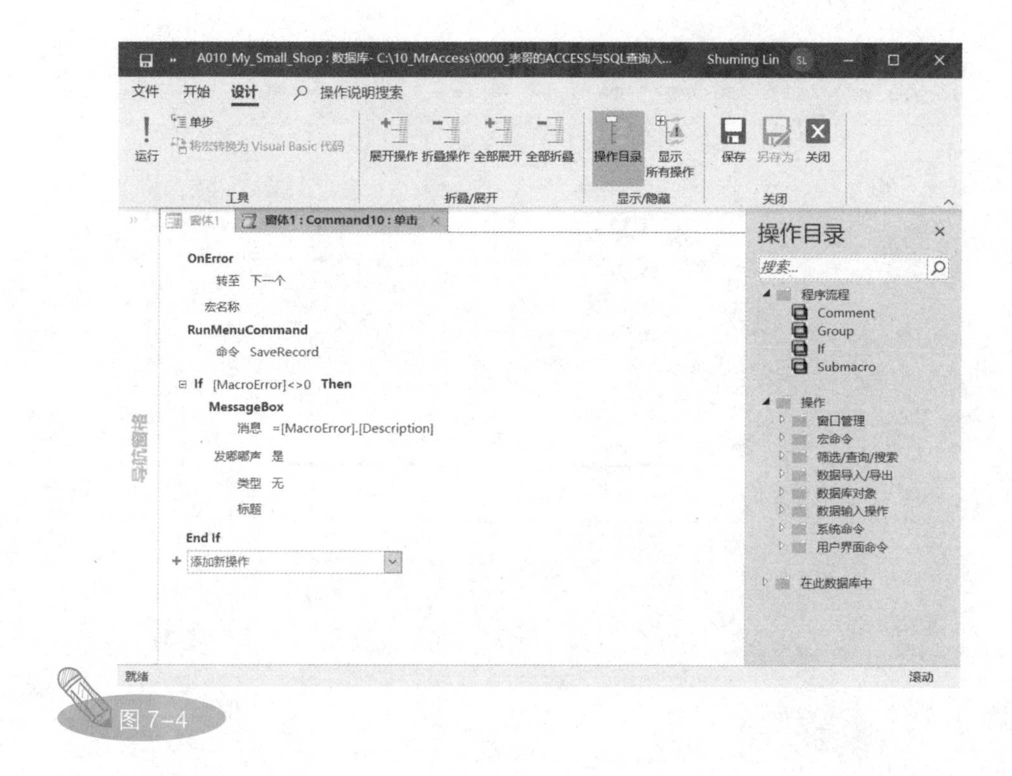

图 7-4

与Excel中的宏不同，Access中的宏不能自动“录制”Access界面中的连续操作，它会将大部分常用操作变成一个个宏部件，就像具有不同功能的一块块积木，使我们能够根据程序功能的需要，从Access的宏部件库中挑选相应的宏部件，并且按一定的顺序重新组合出具有特定功能的宏。

图7-4中的宏就是一个Access自动“组装”、用于进行保存记录操

作的 Access 宏。正是 Access 的这种能力，让 Access 用户不用编写代码也能完成数据库应用程序的设计。下面，我们通过一个简单的案例介绍 Access 中宏的功能。

7.2 导出 Excel 格式的报告

Excel 擅长数据分析，Access 擅长数据处理，这是不争的事实。作为“表哥”“表姐”的我们，已经掌握了 Excel，现在又学习了 Access，如果将二者的优势结合起来，则可以大幅提升我们的个人工作效率！

小饭馆的生意越来越兴隆，业务数据量也越来越大，定期对业务数据进行分析成为常态，对于一些复杂的报告和图表，小张还是希望能够在 Excel 中完成，虽然 Access 也有制作图表的能力，但是和 Excel 相比，仍然有一定的差距。

我们可以将 Access 中的数据表或查询中的数据直接复制粘贴到 Excel 中，但操作起来有些烦琐。小张希望，在程序界面中再添加一个按钮，用于将 Access 数据库后台的指定数据导出到 Excel 中。

这一次，我们要创建一个能够将 Access 中的数据表或查询导出到 Excel 中的宏，然后将这个宏指定给小饭馆数据库管理软件界面中新增加的按钮。

首先，在 Access 功能区中选择“创建”选项卡，单击“宏与代码”按钮下方的下拉按钮，在弹出的下拉面板中单击“宏”按钮，如图 7-5 所示，进入 Access 宏设计视图。

在 Access 宏设计视图的功能区中选择“设计”选项卡，单击“显示 / 隐藏”功能组中的“操作目录”按钮，即可打开“操作目录”窗格。在“操作目录”窗格中，Access 将实现不同功能的宏部件放在了不同的类别下（如果有时间，则可以分别展开浏览一下），如图 7-6 所示。

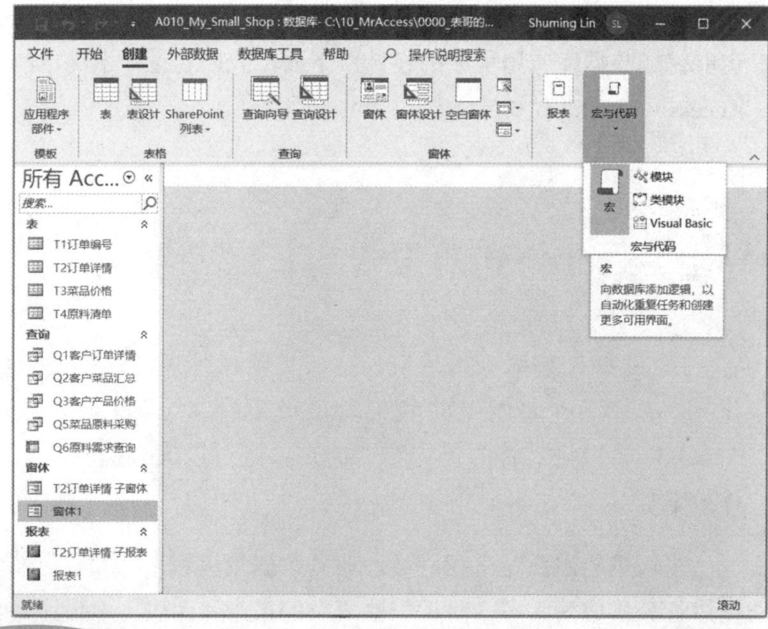

A010_My_Small_Shop : 数据库- C:\10_MrAccess\0000_表哥的...
Shuming Lin
文件 开始 创建 外部数据 数据库工具 帮助 操作说明搜索
应用程序部件
表 表设计 SharePoint 列表
查询向导 查询设计
窗体 窗体设计 空白窗体
报表
宏与代码
模板 表格 查询 窗体
宏
模块
类模块
Visual Basic
宏与代码
宏
向数据库添加逻辑，以自动化重复任务和创建更多可用界面。
所有 Acc...
搜索...
表
T1订单编号
T2订单详情
T3菜品价格
T4原料清单
查询
Q1客户订单详情
Q2客户菜品汇总
Q3客户产品价格
Q5菜品原料采购
Q6原料需求查询
窗体
T2订单详情 子窗体
窗体1
报表
T2订单详情 子报表
报表1
就绪
滚动

图 7-5

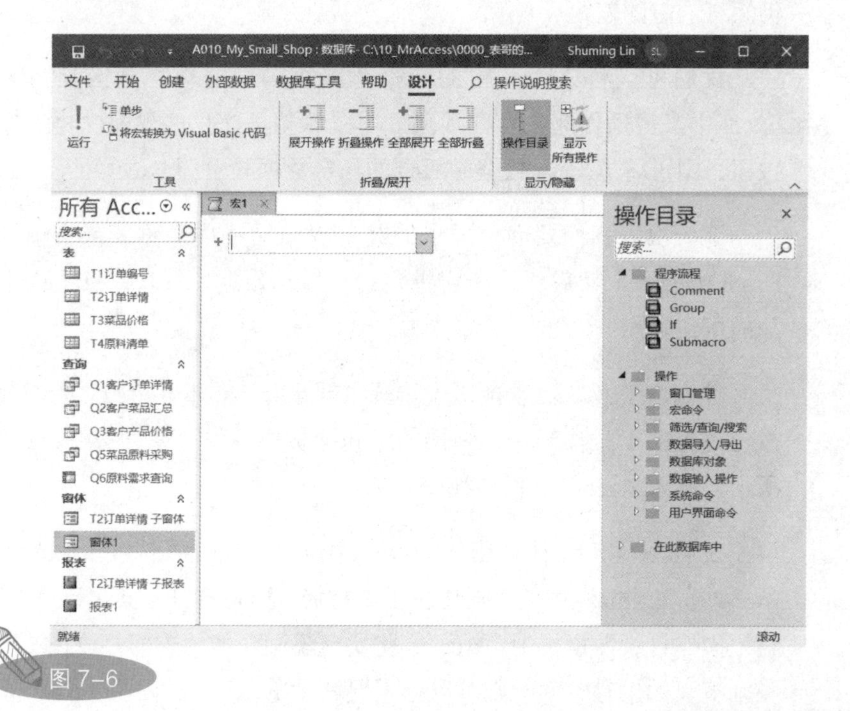

A010_My_Small_Shop : 数据库- C:\10_MrAccess\0000_表哥的...
Shuming Lin
文件 开始 创建 外部数据 数据库工具 帮助 设计 操作说明搜索
运行
单步
将宏转换为 Visual Basic 代码
展开操作 折叠操作 全部展开 全部折叠
操作目录
显示所有操作
工具 折叠/展开 显示/隐藏
所有 Acc...
搜索...
宏1
表
T1订单编号
T2订单详情
T3菜品价格
T4原料清单
查询
Q1客户订单详情
Q2客户菜品汇总
Q3客户产品价格
Q5菜品原料采购
Q6原料需求查询
窗体
T2订单详情 子窗体
窗体1
报表
T2订单详情 子报表
报表1
操作目录
搜索...
程序流程
Comment
Group
If
Submacro
操作
窗口管理
宏命令
筛选/查询/搜索
数据导入/导出
数据库对象
数据输入操作
系统命令
用户界面命令
在此数据库中
就绪
滚动

图 7-6

在 Access 宏设计视图的左上方，有一个“添加新操作”组合框，展开该组合框，可以看到，Access 的所有基本操作都在这里了（没有经过分类），如图 7-7 所示。设计 Access 宏的任务就是如何选择、组合、设计这些基本操作，让 Access 按照流程完成我们交代给它的任务。

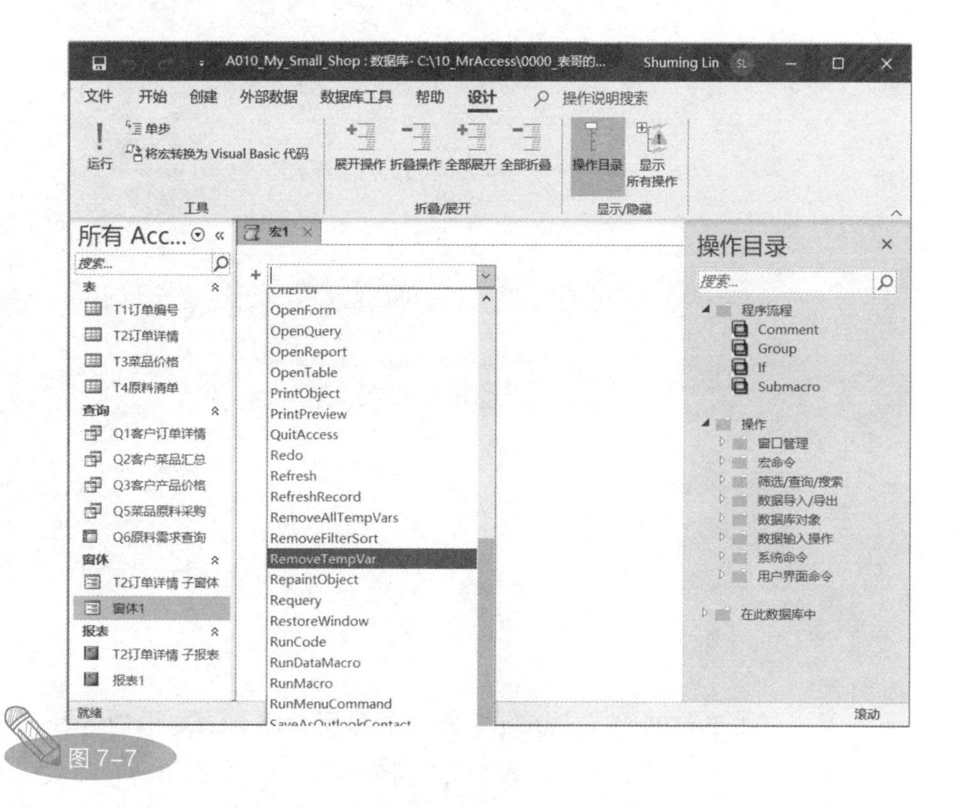

图 7-7

需要提示的是，对于 Access 的入门读者，一开始可能看不懂这个组合框中的大部分操作，随着以后对 Access 学习的深入，这些不懂的操作会逐渐变得熟悉。

下面进行 Access 宏的设计！我们要完成的任务是将 Access 中指定的数据表或查询导出到 Excel 中。因此，尽管我们对 Access 宏还不太熟悉，但可以猜想这个宏操作应该在“数据导入 / 导出”操作目录下。在“操作目录”窗格中展开“数据导入 / 导出”选项栏，双击

ExportWithFormatting选项，将其添加到宏设计视图中，如图7-8所示。可以看到，该宏操作需要多个参数，但大部分参数不需要我们手动输入，只需在相应的下拉列表中进行选择，设置起来非常快捷。

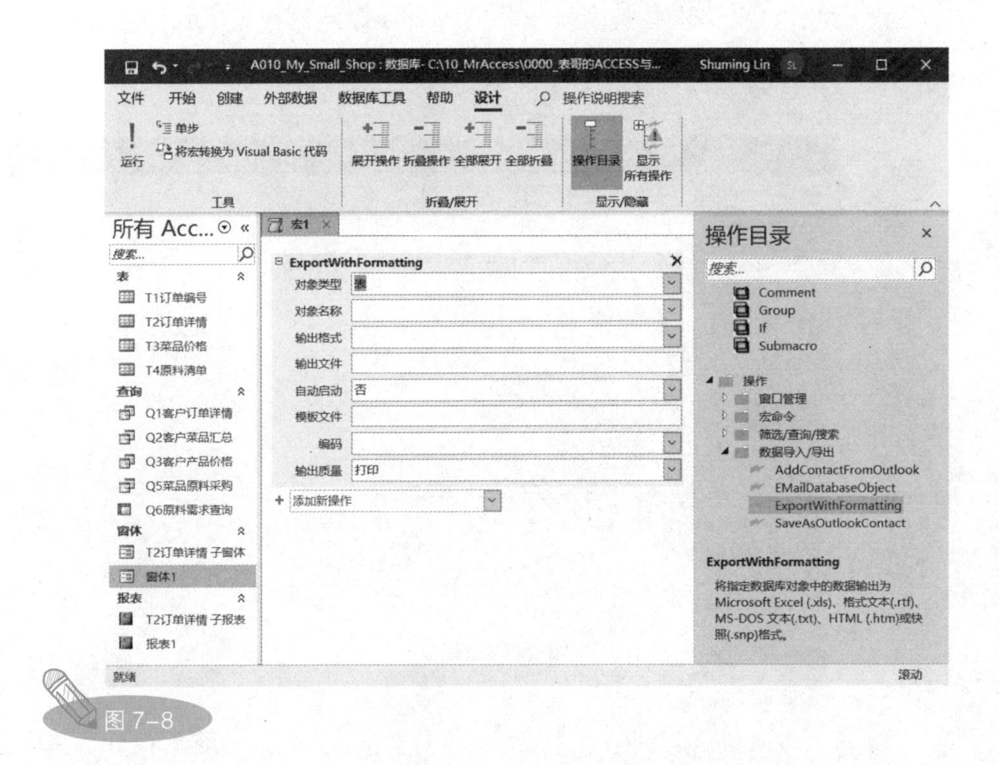

图7-8

ExportWithFormatting宏操作的作用是将Access中的各种可输出对象（数据表、查询、报表等）带格式输出。它的第一个参数用于设置要输出的对象类型，这里我们选择“查询”选项。查询可以对多个Access数据表进行组合，从而完成Excel中不能完成的一些数据操作。

在将“对象类型”设置为“查询”后，“对象名称”下拉列表中便会列出当前Access数据库中所有查询的名称。我们选择查询“Q1客户订单详情”，当然你可以根据需要选择任意一个查询（如果Access中没有我们需要的查询，则可以随时在Access中设计一个查询）。

在“输出格式”下拉列表中选择“Excel 工作簿”选项。在“输出文件”文本框中，如果填写了输出文件的路径，那么在每次执行宏时都会将数据输出到这个路径下；如果留空，那么在每次执行宏时都会让你临时选择输出路径，我们这里留空。

在“自动启动”下拉列表中选择“是”选项，表示在数据输出完毕后，会自动打开相应的 Excel 工作簿。

ExportWithFormatting 宏操作的具体参数设置如图 7-9 所示。

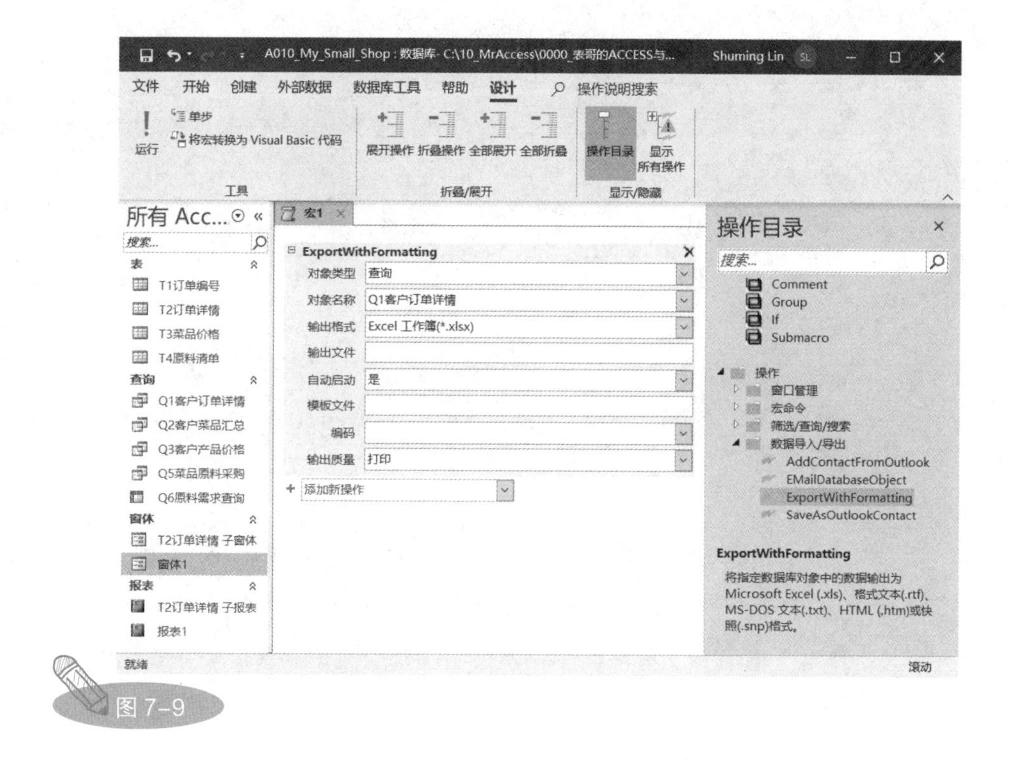

图 7-9

在设置好 ExportWithFormatting 宏操作的参数后，保存该宏，在弹出的“另存为”对话框中，我们将该宏命名为“M1 导出数据到 Excel”，M 是 Macro 的首字母，单击“确定”按钮，关闭该对话框。可以看到，在 Access 界面左侧的“所有 Access 对象”面板的“宏”选

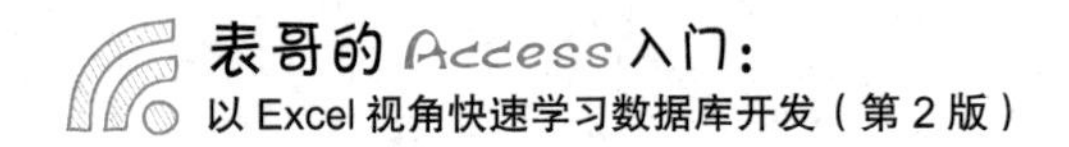

项栏中出现了我们刚刚设计的“M1 导出数据到 Excel”宏，如图 7-10 所示。下面我们测试一下该宏的运行情况。

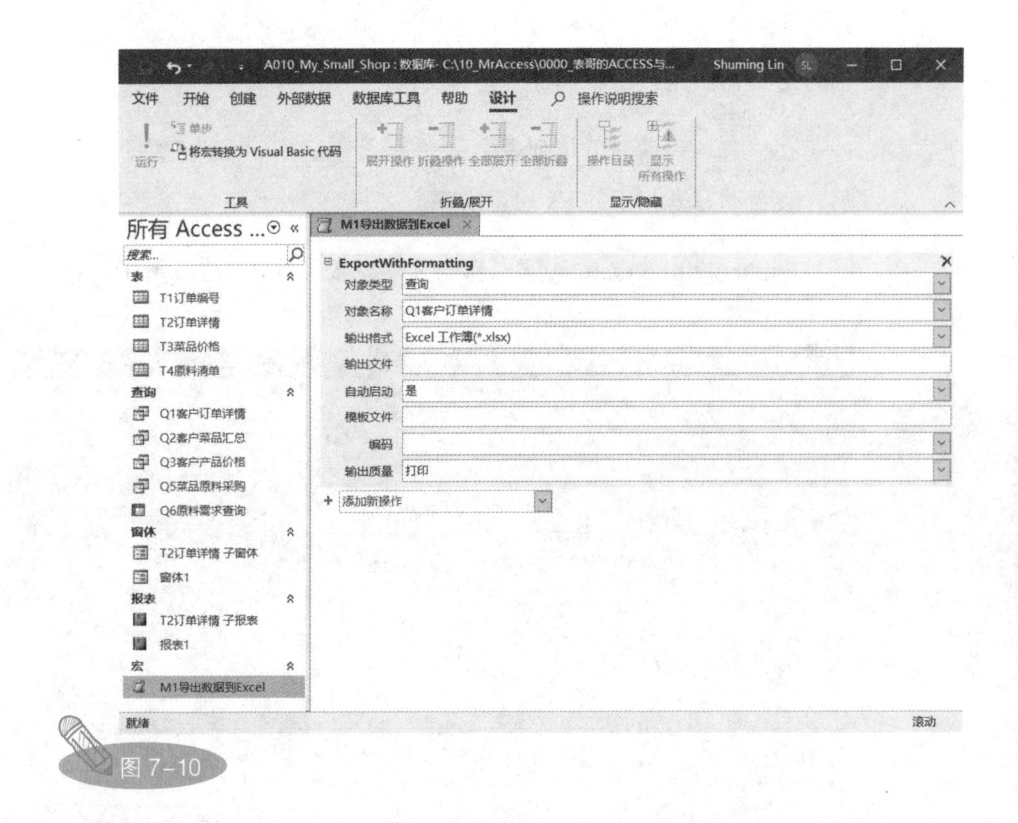

图 7-10

双击“M1 导出数据到 Excel”宏（或者选中“M1 导出数据到 Excel”宏并右击，在弹出的快捷菜单中选择“运行”命令）运行该宏，弹出“输出到”对话框，因为我们没有提前指定导出文件的输出路径，因此需要临时设置导出文件的输出路径，在设置好输出路径后，单击“确定”按钮，如图 7-11 所示。

宏很快运行完毕，并且自动打开了导出的 Excel 工作簿，如图 7-12 所示。这样我们就可以利用 Excel 的强项继续进行各种数据分析了。

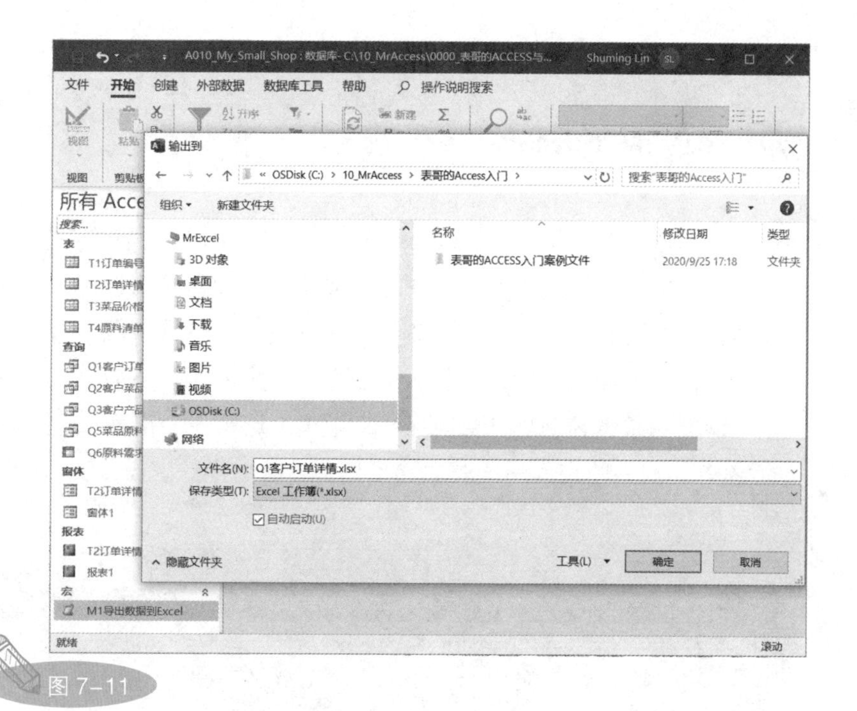
A010_My_Small_Shop : 数据库- C:\10_MrAccess\0000_表哥的ACCESS与...
Shuming Lin
文件 开始 创建 外部数据 数据库工具 帮助 操作说明搜索
输出到
OSDisk (C:) > 10_MrAccess > 表哥的Access入门 >
搜索"表哥的Access入门"
组织 新建文件夹
MrExcel
3D 对象
桌面
文档
下载
音乐
图片
视频
OSDisk (C:)
网络
名称
修改日期
类型
表哥的ACCESS入门案例文件
2020/9/25 17:18
文件夹
文件名(N): Q1客户订单详情.xlsx
保存类型(T): Excel 工作簿(*.xlsx)
自动启动(U)
隐藏文件夹
工具(L)
确定
取消
所有 Acce
表
T1订单编号
T2订单详情
T3菜品价格
T4原料清单
查询
Q1客户订单
Q2客户菜品
Q3客户产品
Q5菜品原料
Q6原料需求
窗体
T2订单详情
窗体1
报表
T2订单详情
报表1
宏
M1导出数据到Excel
就绪
滚动

图 7-11

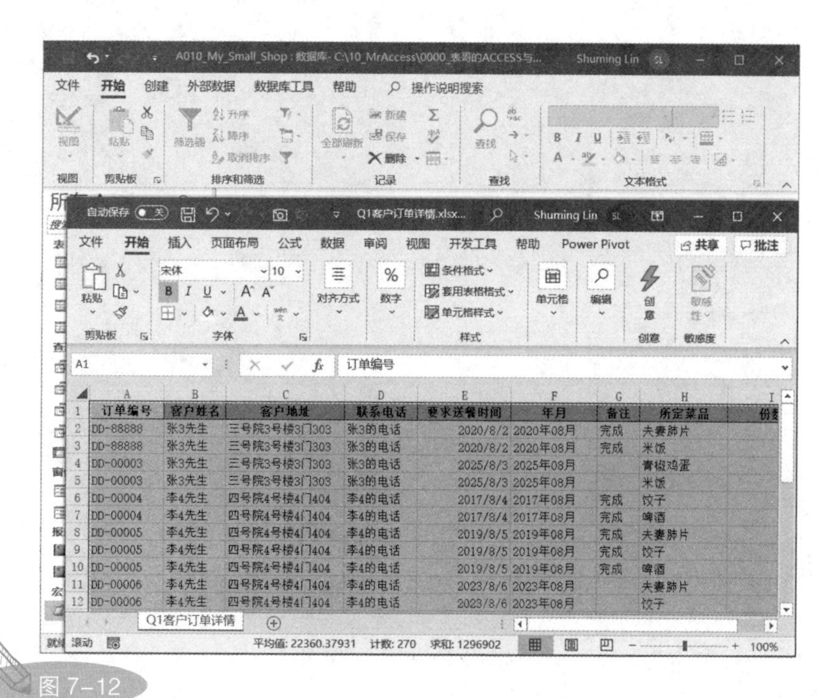
A010_My_Small_Shop : 数据库- C:\10_MrAccess\0000_表哥的ACCESS与...
自动保存
Q1客户订单详情.xlsx...
Shuming Lin
文件 开始 插入 页面布局 公式 数据 审阅 视图 开发工具 帮助 Power Pivot
共享
批注
A1
订单编号
订单编号 客户姓名 客户地址 联系电话 要求送餐时间 年月 备注 所定菜品
DD-88888 张3先生 三号院3号楼3门303 张3的电话 2020/8/2 2020年08月 完成 夫妻肺片
DD-88888 张3先生 三号院3号楼3门303 张3的电话 2020/8/2 2020年08月 完成 米饭
DD-00003 张3先生 三号院3号楼3门303 张3的电话 2025/8/3 2025年08月 青椒鸡蛋
DD-00003 张3先生 三号院3号楼3门303 张3的电话 2025/8/3 2025年08月 米饭
DD-00004 李4先生 四号院4号楼4门404 李4的电话 2017/8/4 2017年08月 完成 饺子
DD-00004 李4先生 四号院4号楼4门404 李4的电话 2017/8/4 2017年08月 完成 啤酒
DD-00005 李4先生 四号院4号楼4门404 李4的电话 2019/8/5 2019年08月 完成 夫妻肺片
DD-00005 李4先生 四号院4号楼4门404 李4的电话 2019/8/5 2019年08月 完成 饺子
DD-00005 李4先生 四号院4号楼4门404 李4的电话 2019/8/5 2019年08月 完成 啤酒
DD-00006 李4先生 四号院4号楼4门404 李4的电话 2023/8/6 2023年08月 夫妻肺片
DD-00006 李4先生 四号院4号楼4门404 李4的电话 2023/8/6 2023年08月 饺子
Q1客户订单详情
平均值: 22360.37931 计数: 270 求和: 1296902
100%

图 7-12

7.3 那些隐藏的宏操作

不知你注意到没有，在Access宏设计视图功能区的右侧，紧挨着“操作目录”按钮的位置，有一个叫作“显示所有操作”的按钮。这个按钮是做什么的呢？原来，Access 为了安全起见，在默认情况下，隐藏了一些它认为有安全风险的宏操作。单击“显示所有操作”按钮，可以发现，在“操作目录”窗格的“数据导入 / 导出”选项栏中出现了一些前面带有感叹号（!）的宏操作（其他选项栏中也有这样的宏操作），如图 7-13 所示。

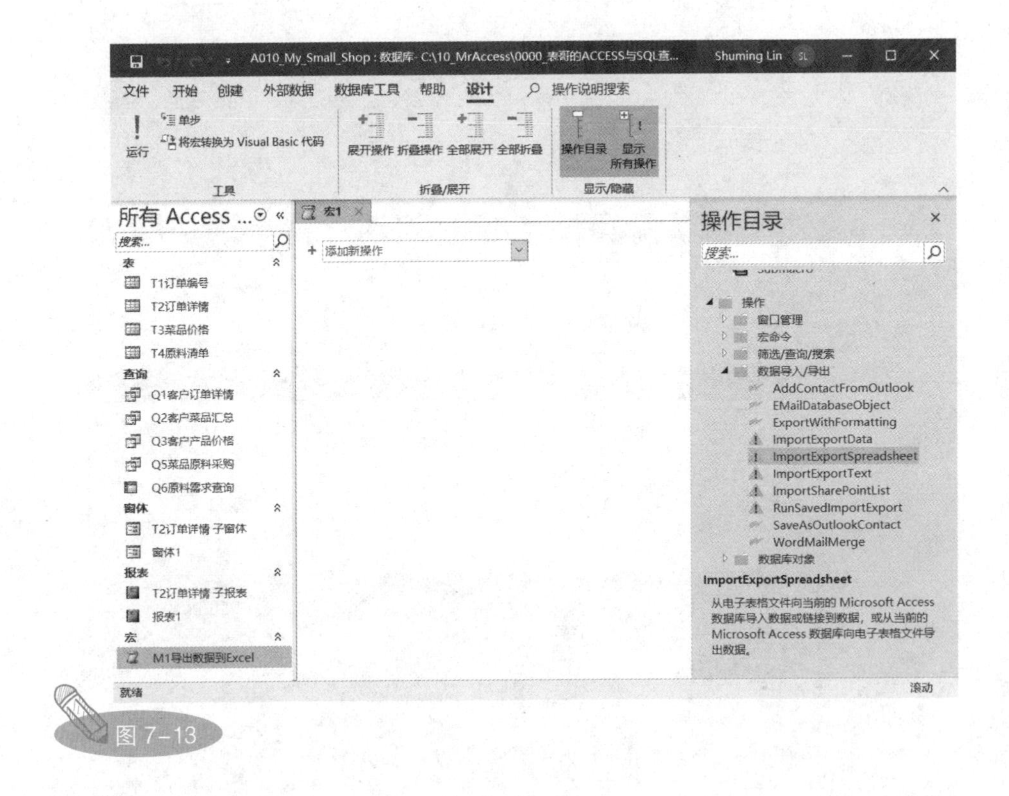

图 7-13

下面，我们来研究一下“数据导入 / 导出”选项栏中的 ImportExportSpreadsheet 宏操作。这个宏操作与上一节的 ExportWithFormatting

宏操作类似，但 ExportWithFormatting 宏操作不能将多个 Access 数据表导出到同一个 Excel 工作簿中，而 ImportExportSpreadsheet 宏操作的功能要强大许多。

在“操作目录”窗格中选中 ImportExportSpreadsheet 选项，将其拖曳到宏设计视图中，连续执行两次，添加两个 ImportExportSpreadsheet 宏操作，并且设置其相关参数，如图 7-14 所示。需要注意的是，两个宏操作虽然相同，但其参数设置略有差异。第一个宏操作导出的是查询“Q1 客户订单详情”，第二个宏操作导出的是查询“Q5 菜品原料采购”。ImportExportSpreadsheet 宏操作有一个小缺点，那就是必须在“表名称”文本框中手动输入 Access 数据表或查询的名称。

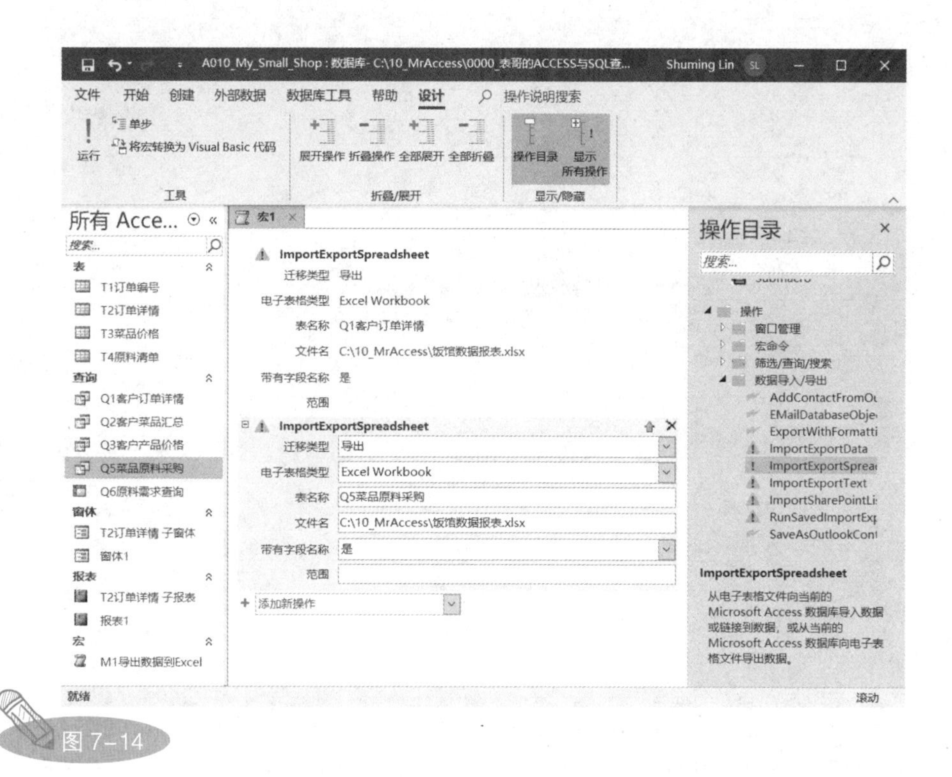

图 7-14

在“文件名”文本框中，我们填写的是同一个 Excel 工作簿名称，这样，在执行该宏时，就会将查询“Q1 客户订单详情”和查询“Q5 菜品原料采购”导出到同一个Excel工作簿中。

ImportExportSpreadsheet宏操作没有导出后自动打开的相关选项，为了让用户知道数据已经导出完毕，我们需要设置一个对话框，用于向用户提供反馈。这一步需要用到MessageBox宏操作。

在宏设计视图中展开“添加新操作”组合框，找到并选择MessageBox选项，如图7-15所示，将MessageBox宏操作加入宏设计视图。

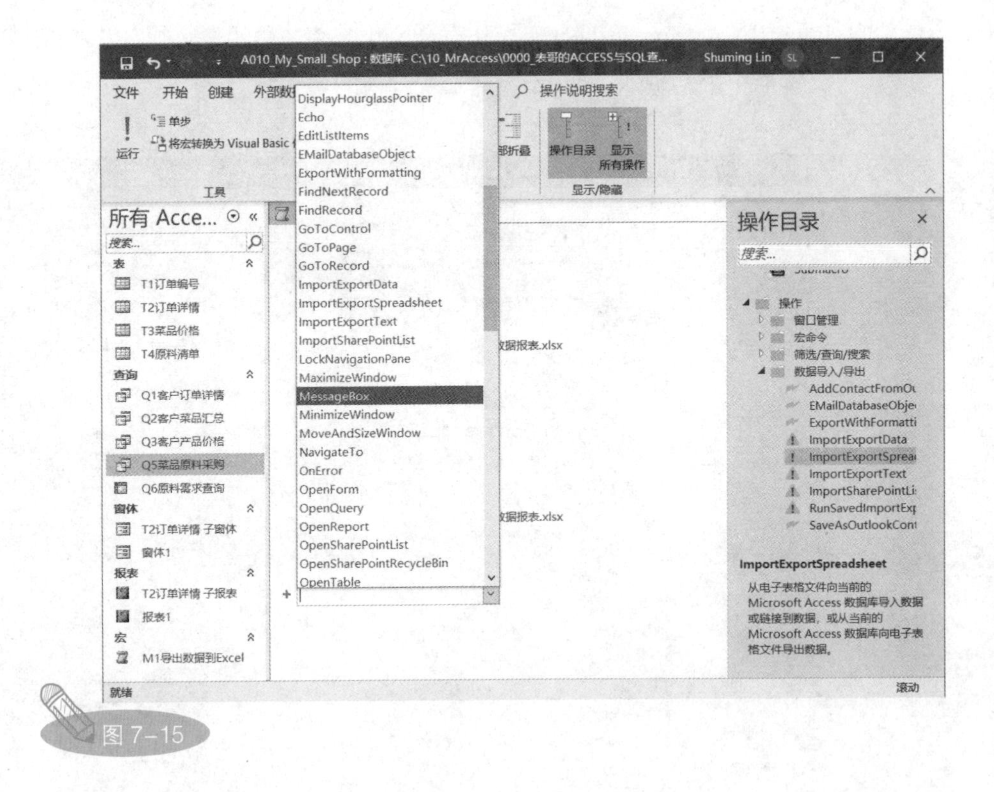

图7-15

对于MessageBox宏操作，在“消息”文本框中输入我们自定义的消息，其他参数根据需要自行设置，如图7-16所示。最后，保存该宏，并且将该宏命名为“M2多个表格到Excel”。

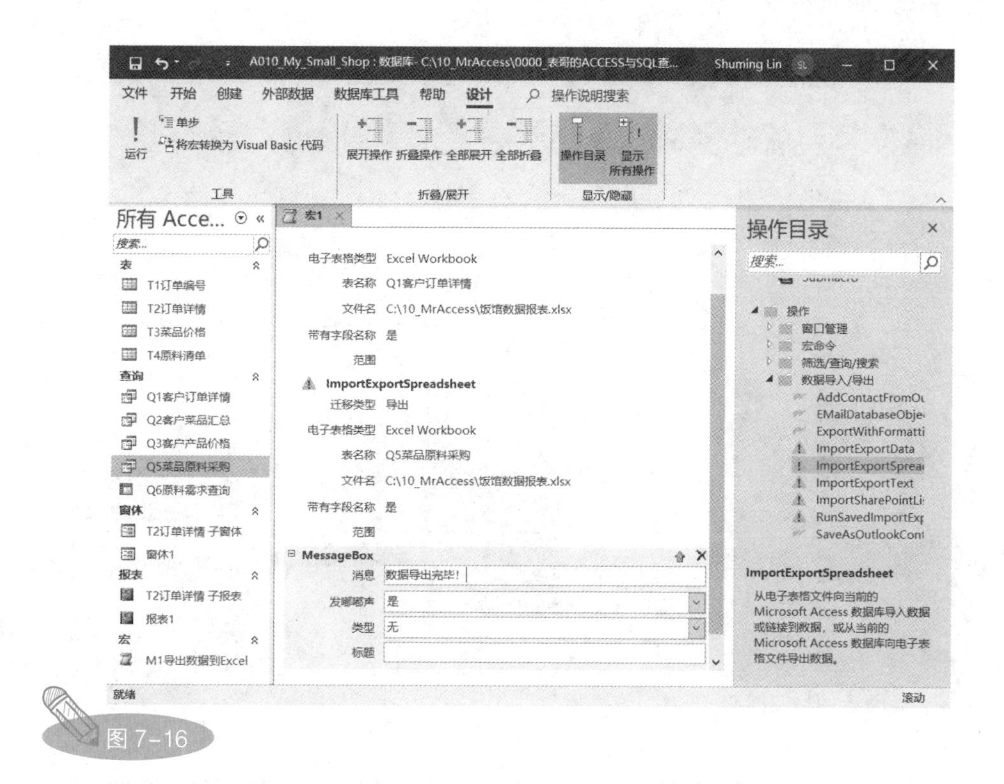

图 7-16

在“所有 Access 对象”面板的“窗体”选项栏中选中“窗体 1”选项并右击，在弹出的快捷菜单中选择“设计视图”命令，打开窗体“窗体 1”的设计视图，按照前面介绍的添加按钮的方法，在窗体“窗体 1”设计视图的合适位置，按住鼠标左键并拖动鼠标，绘制一个按钮，在释放鼠标左键时，打开“命令按钮向导”面板，在“类别”列表框中选择“杂项”选项，在“操作”列表框中选择“运行宏”选项，如图 7-17 所示。

单击“下一步”按钮，可以看到 Access 中已经存在的所有宏，我们选择“M2 多个表格到Excel”宏，如图 7-18 所示。然后单击“下一步”按钮，设置在该按钮上显示“导出到Excel”，再次单击“下一步”按钮，自行对该按钮命名，最后单击“完成”按钮。

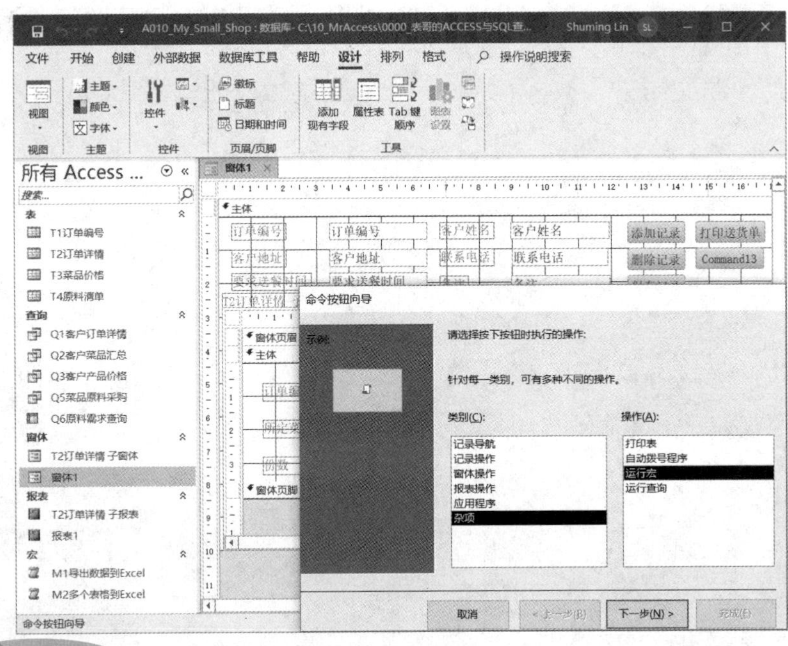
命令按钮向导
示例:
请选择按下按钮时执行的操作:
针对每一类别，可有多种不同的操作。
类别(C):
记录导航
记录操作
窗体操作
报表操作
应用程序
杂项
操作(A):
打印表
自动拨号程序
运行宏
运行查询
取消
< 上一步(B)
下一步(N) >
完成(F)

图 7-17

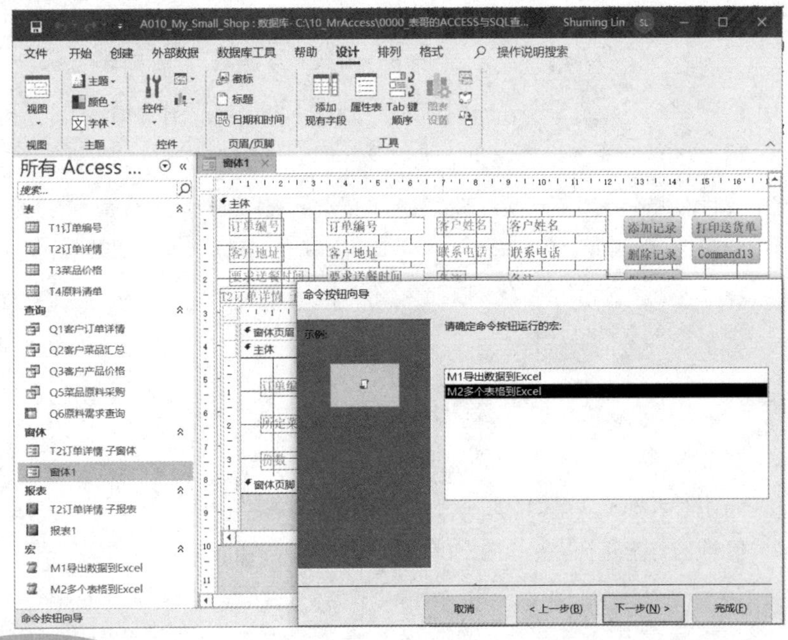
命令按钮向导
示例:
请确定命令按钮运行的宏:
M1导出数据到Excel
M2多个表格到Excel
取消
< 上一步(B)
下一步(N) >
完成(F)

图 7-18

在完成“导出到 Excel”按钮的参数设置后，将窗体“窗体 1”从设计视图切换到其窗体视图，单击“导出到 Excel”按钮查看该按钮的执行效果，在数据导出完毕后，会弹出一个提示框，用于提示“数据导出完毕！”，如图 7-19 所示。

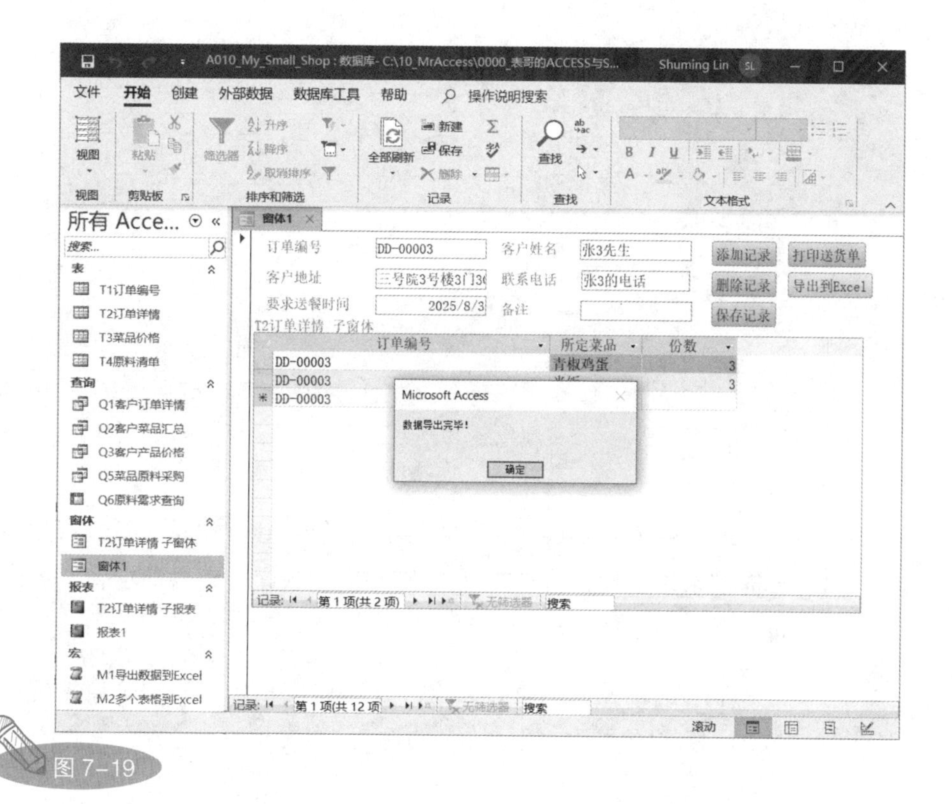

图 7-19

在指定的输出路径打开相应的 Excel 工作簿“饭馆数据报表”，可以发现，该 Excel 工作簿中包含两个工作表，分别为“Q1 客户订单详情”表和“Q5 菜品原料采购”表，如图 7-20 所示。这意味着，我们成功了！

Access 宏的学习难度介于 Access 界面操作和 Access 程序编写之间。要熟练操作 Access 宏，前提是熟悉 Access 中的各种功能。

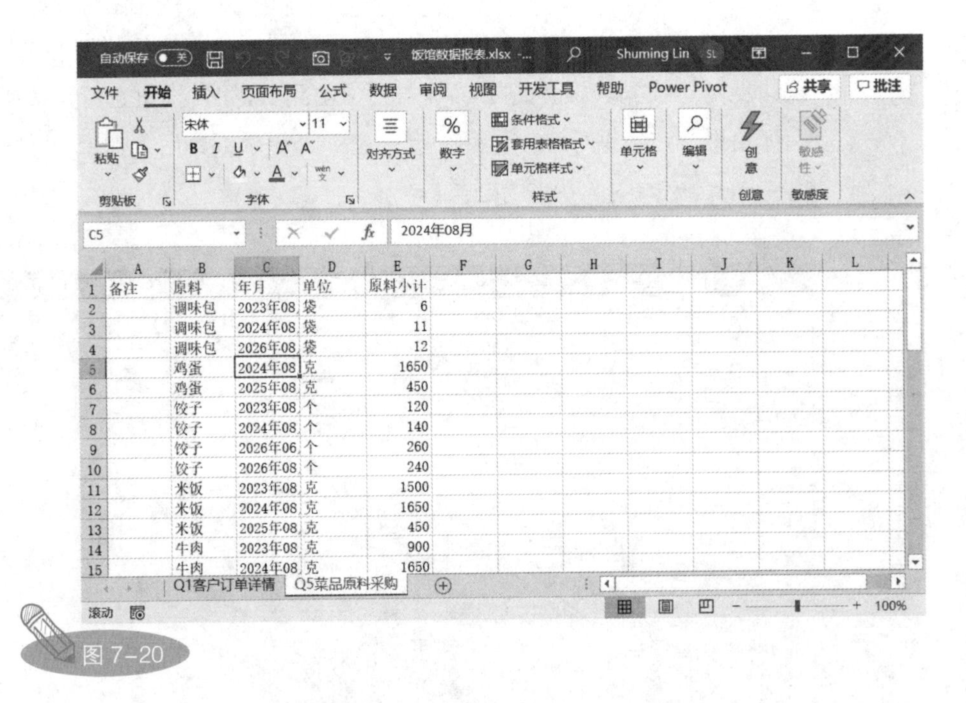

	A	B	C	D	E
1	备注	原料	年月	单位	原料小计
2		调味包	2023年08	袋	6
3		调味包	2024年08	袋	11
4		调味包	2026年08	袋	12
5		鸡蛋	2024年08	克	1650
6		鸡蛋	2025年08	克	450
7		饺子	2023年08	个	120
8		饺子	2024年08	个	140
9		饺子	2026年06	个	260
10		饺子	2026年08	个	240
11		米饭	2023年08	克	1500
12		米饭	2024年08	克	1650
13		米饭	2025年08	克	450
14		牛肉	2023年08	克	900
15		牛肉	2024年08	克	1650

图 7-20

Access 宏的功能很强大，它不仅能按顺序执行我们交给它的操作，还能按条件执行、循环执行。本书作为 Access 的入门读物，不再深入讲解。

本书的主要目的是让大家对 Access 大逻辑有一个整体理解，并且为 Access 进阶学习打下良好的基础。

虽然本书仅仅介绍了Access宏的一些简单内容，但Access非常灵巧，即使用户不深入了解 Access 宏，也能实现数据库操作中的大部分功能。

第8章

Access 与工作自动化

本章内容提要：Access的强大之处在于，它将很多需要编写代码才能完成的工作变成了界面操作，让普通Office用户经过短时间的学习就能进行Access数据库应用程序的开发，从而实现个人和部门工作效率的大幅提升！本章主要介绍如何利用Access中的AutoExec宏和Windows操作系统自带的“任务计划”工具，实现在无人干预的情况下让Access定时帮我们完成工作！

8.1 追加查询与生成表查询

前面基本上已经完成了小饭馆数据库管理软件的框架设计，接下来的工作就是不断完善程序，让程序功能更全面，界面更易操作。本书作为Access的入门书籍，用较短的篇幅捋顺了Access的大逻辑，使大家具备了对Access深入探索的能力。但笔者总觉得还有很多重要的东西需要告诉大家，其中，最先想到的就是，如何利用Access中的AutoExec宏和Windows操作系统自带的“任务计划”（Task Scheduler）工具实现Access任务的自动化执行。

小饭馆的菜品价格是随着季节变化的，Access数据库中存储的只是菜品的当前价格。假如小张想查看小饭馆在过去某年某月某日的经营情况，由于Access数据库中没有存储当时菜品价格的历史记录，因此我们无法得到当时的菜品价格数据，那么怎么解决这个问题呢？方案有以下两种。

第一种方案：每天手动备份整个Access数据库文件，如果需要分析过去某天的数据，那么直接打开那天的Access数据库文件即可。这种方案简单且安全系数高。缺点是需要手动备份，每天都得想着这件事儿，有些麻烦。

第二种方案：在Access数据库中设计一个追加查询，将每天需要备份的数据的快照备份到当前数据库中的备份数据表中。在非营业时间由电脑自动执行该追加查询，如果需要分析某天的数据，那么从备份数据表中将这一天的数据提取出来即可。

为了学习Access的功能，这里我们采用第二种方案。第二种方案里需要设计一个追加查询。到目前为止，我们所设计的查询都是选择查询。Access选择查询本质上是一个如何从一个或多个数据表中提取数据的定义，它的特点是在执行查询时，会生成一个临时的虚拟数据表。而Access追加查询会将新的数据添加到已有的实体数据表中，从而实现数据的积累。我们打开Access查询“Q3客户产品价格”，该查询执行结果展示的是Access数据库中的客户订单及购买菜品的价格，如图8-1

所示。我们决定每天定时追加备份这个查询结果到一个实体数据表中。

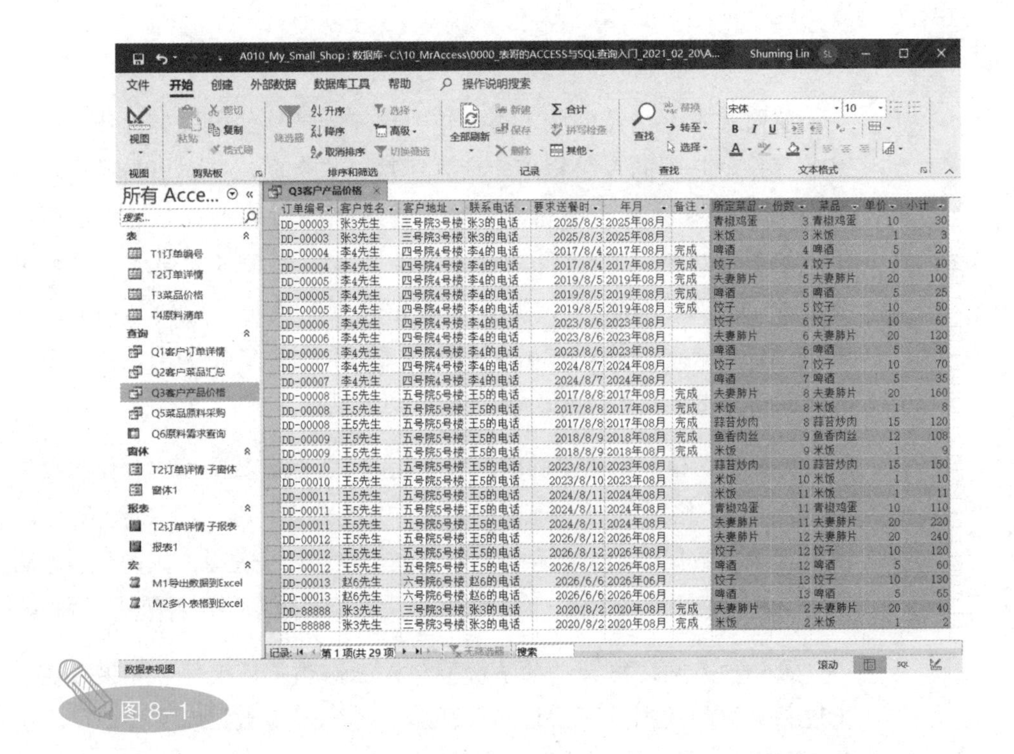

订单编号	客户姓名	客户地址	联系电话	要求送餐时	年月	备注	所定菜品	份数	菜品	单价	小计
DD-00003	张3先生	三号院3号楼	张3的电话	2025/8/3	2025年08月		青椒鸡蛋	3	青椒鸡蛋	10	30
DD-00003	张3先生	三号院3号楼	张3的电话	2025/8/3	2025年08月		米饭	3	米饭	1	3
DD-00004	李4先生	四号院4号楼	李4的电话	2017/8/4	2017年08月	完成	啤酒	4	啤酒	5	20
DD-00004	李4先生	四号院4号楼	李4的电话	2017/8/4	2017年08月	完成	饺子	4	饺子	10	40
DD-00005	李4先生	四号院4号楼	李4的电话	2019/8/5	2019年08月	完成	夫妻肺片	5	夫妻肺片	20	100
DD-00005	李4先生	四号院4号楼	李4的电话	2019/8/5	2019年08月	完成	啤酒	5	啤酒	5	25
DD-00005	李4先生	四号院4号楼	李4的电话	2019/8/5	2019年08月	完成	饺子	5	饺子	10	50
DD-00006	李4先生	四号院4号楼	李4的电话	2023/8/6	2023年08月		饺子	6	饺子	10	60
DD-00006	李4先生	四号院4号楼	李4的电话	2023/8/6	2023年08月		夫妻肺片	6	夫妻肺片	20	120
DD-00006	李4先生	四号院4号楼	李4的电话	2023/8/6	2023年08月		啤酒	6	啤酒	5	30
DD-00007	李4先生	四号院4号楼	李4的电话	2024/8/7	2024年08月		饺子	7	饺子	10	70
DD-00007	李4先生	四号院4号楼	李4的电话	2024/8/7	2024年08月		啤酒	7	啤酒	5	35
DD-00008	王5先生	五号院5号楼	王5的电话	2017/8/8	2017年08月	完成	夫妻肺片	8	夫妻肺片	20	160
DD-00008	王5先生	五号院5号楼	王5的电话	2017/8/8	2017年08月	完成	米饭	8	米饭	1	8
DD-00008	王5先生	五号院5号楼	王5的电话	2017/8/8	2017年08月	完成	蒜苔炒肉	8	蒜苔炒肉	15	120
DD-00009	王5先生	五号院5号楼	王5的电话	2018/8/9	2018年08月	完成	鱼香肉丝	9	鱼香肉丝	12	108
DD-00009	王5先生	五号院5号楼	王5的电话	2018/8/9	2018年08月	完成	米饭	9	米饭	1	9
DD-00010	王5先生	五号院5号楼	王5的电话	2023/8/10	2023年08月		蒜苔炒肉	10	蒜苔炒肉	15	150
DD-00010	王5先生	五号院5号楼	王5的电话	2023/8/10	2023年08月		米饭	10	米饭	1	10
DD-00011	王5先生	五号院5号楼	王5的电话	2024/8/11	2024年08月		米饭	11	米饭	1	11
DD-00011	王5先生	五号院5号楼	王5的电话	2024/8/11	2024年08月		青椒鸡蛋	11	青椒鸡蛋	10	110
DD-00011	王5先生	五号院5号楼	王5的电话	2024/8/11	2024年08月		夫妻肺片	11	夫妻肺片	20	220
DD-00012	王5先生	五号院5号楼	王5的电话	2026/8/12	2026年08月		夫妻肺片	12	夫妻肺片	20	240
DD-00012	王5先生	五号院5号楼	王5的电话	2026/8/12	2026年08月		饺子	12	饺子	10	120
DD-00012	王5先生	五号院5号楼	王5的电话	2026/8/12	2026年08月		啤酒	12	啤酒	5	60
DD-00013	赵6先生	六号院6号楼	赵6的电话	2026/6/6	2026年06月		饺子	13	饺子	10	130
DD-00013	赵6先生	六号院6号楼	赵6的电话	2026/6/6	2026年06月		啤酒	13	啤酒	5	65
DD-88888	张3先生	三号院3号楼	张3的电话	2020/8/2	2020年08月	完成	夫妻肺片	2	夫妻肺片	20	40
DD-88888	张3先生	三号院3号楼	张3的电话	2020/8/2	2020年08月	完成	米饭	2	米饭	1	2

图 8-1

如果要备份 Access 查询“Q3 客户产品价格”的执行结果到实体数据表中，那么先得有一个具有相同字段结构的实体数据表，但现在 Access 数据库中没有，因此我们需要生成一个。生成与查询“Q3 客户产品价格”执行结果具有相同字段结构的实体数据表的方法有以下两种。

第一种方法：在Access功能区中依次单击“创建”>>“表格”>>“表设计”按钮，仿照查询“Q3 客户产品价格”执行结果的字段结构在数据表设计视图中定义每个字段的名称和数据类型，如图 8-2 所示。

第二种方法：利用 Access 的“生成表”查询功能，在查询“Q3 客户产品价格”执行结果的基础上，直接生成一个具有相同字段结构的实体数据表。在 Access 功能区中依次单击“创建”>>“查询”>>“查询设计”按钮，切换到查询设计视图，在 Access 功能区中依次单击“设计”>>“查询类型”>>“生成表”按钮，如图 8-3 所示。

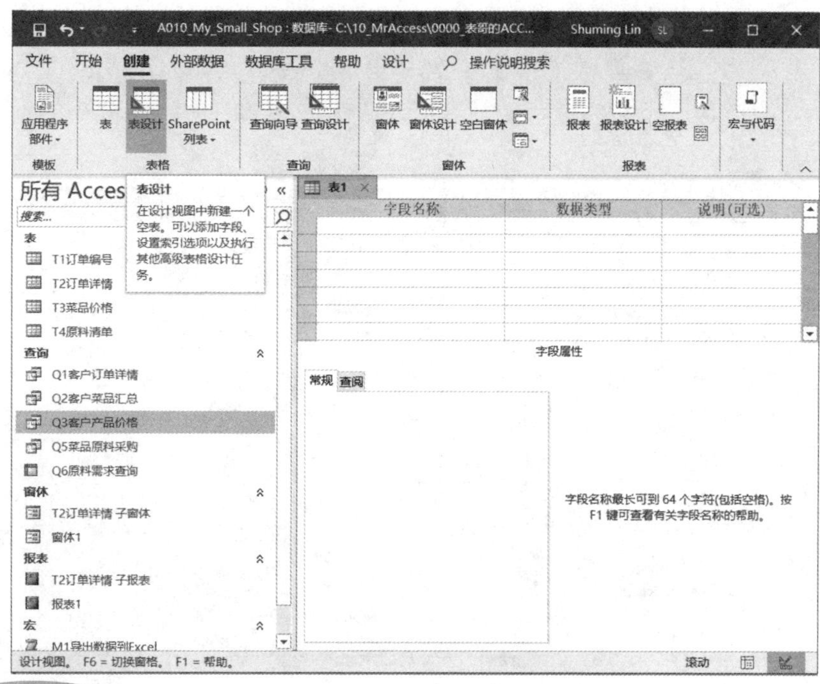
A010_My_Small_Shop : 数据库- C:\10_MrAccess\0000_表哥的ACC...
Shuming Lin
文件
开始
创建
外部数据
数据库工具
帮助
设计
操作说明搜索
应用程序部件
表
表设计
SharePoint列表
查询向导
查询设计
窗体
窗体设计
空白窗体
报表
报表设计
空报表
宏与代码
模板
表格
查询
窗体
报表
所有 Acces
表设计
在设计视图中新建一个空表。可以添加字段、设置索引选项以及执行其他高级表格设计任务。
搜索...
表
T1订单编号
T2订单详情
T3菜品价格
T4原料清单
查询
Q1客户订单详情
Q2客户菜品汇总
Q3客户产品价格
Q5菜品原料采购
Q6原料需求查询
窗体
T2订单详情 子窗体
窗体1
报表
T2订单详情 子报表
报表1
宏
M1导出数据到Excel
表1
字段名称
数据类型
说明(可选)
字段属性
常规
查阅
字段名称最长可到 64 个字符(包括空格)。按 F1 键可查看有关字段名称的帮助。
设计视图。 F6 = 切换窗格。 F1 = 帮助。
滚动

图 8-2

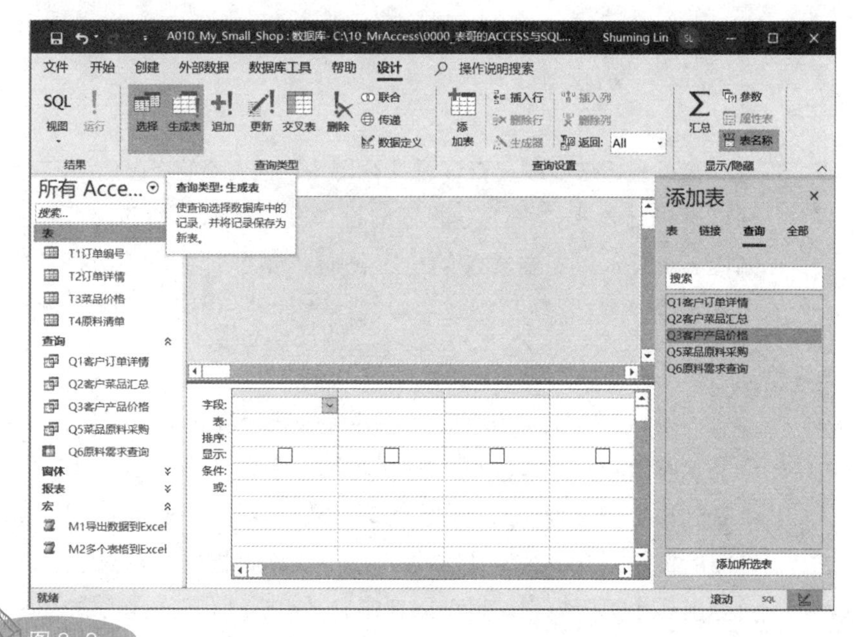
A010_My_Small_Shop : 数据库- C:\10_MrAccess\0000_表哥的ACCESS与SQL...
Shuming Lin
文件
开始
创建
外部数据
数据库工具
帮助
设计
操作说明搜索
SQL视图
运行
选择
生成表
追加
更新
交叉表
删除
联合
传递
数据定义
添加表
插入行
删除行
生成器
插入列
删除列
返回:
All
汇总
参数
属性表
表名称
结果
查询类型
查询设置
显示/隐藏
所有 Acce...
查询类型: 生成表
使查询选择数据库中的记录，并将记录保存为新表。
搜索...
表
T1订单编号
T2订单详情
T3菜品价格
T4原料清单
查询
Q1客户订单详情
Q2客户菜品汇总
Q3客户产品价格
Q5菜品原料采购
Q6原料需求查询
窗体
报表
宏
M1导出数据到Excel
M2多个表格到Excel
字段:
表:
排序:
显示:
条件:
或:
添加表
表
链接
查询
全部
搜索
Q1客户订单详情
Q2客户菜品汇总
Q3客户产品价格
Q5菜品原料采购
Q6原料需求查询
添加所选表
就绪
滚动

图 8-3

弹出“生成表”对话框，我们将即将生成的实体数据表命名为“存档 _Q3 客户产品价格”，然后单击“确定”按钮，如图 8-4 所示，即可生成一个新的数据表。

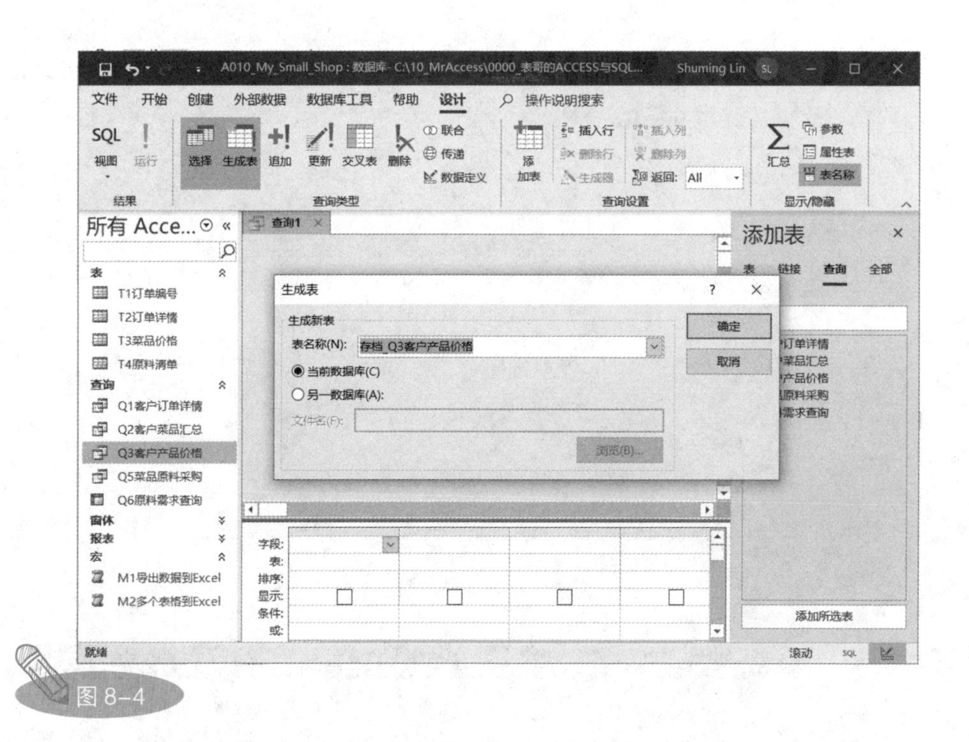

图 8-4

接下来，在生成表查询设计视图中，拖曳查询“Q3 客户产品价格”到查询设计器中，在下方的查询设计网格中对该查询进行相关设置，如图 8-5 所示。需要注意的是，我们需要在新生成的数据表中增加一个新字段“存档时间”，该字段表达式为 Now()，用于标记当前的存档时间。

关闭并保存该生成表查询，并且将该生成表查询命名为“Q7 客户产品价格存档”，即可在 Access 界面左侧的“所有 Access 对象”面板中看到该生成表查询的名称。可以发现，其名称前面有一个生成表查询专用的按钮。双击查询“Q7 客户产品价格存档”，执行该生成表查询，会弹出一个提示框，这里可以忽略它，单击“是”按钮，如图 8-6 所示。

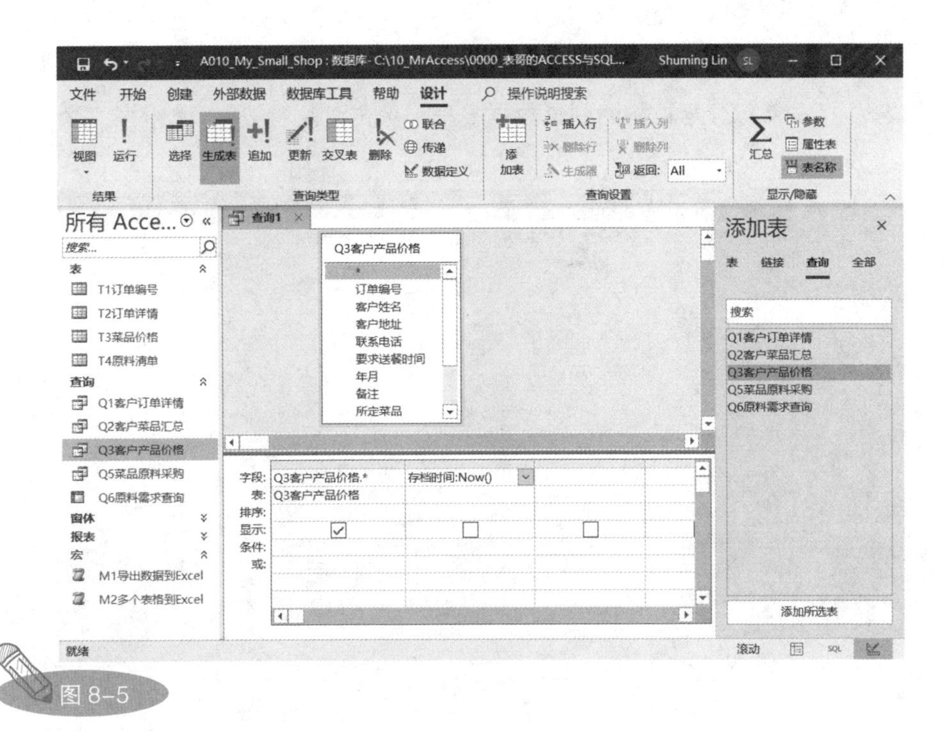
所有 Access...
Q3客户产品价格
字段: Q3客户产品价格.*
存档时间:Now()
添加表
添加所选表

图 8-5

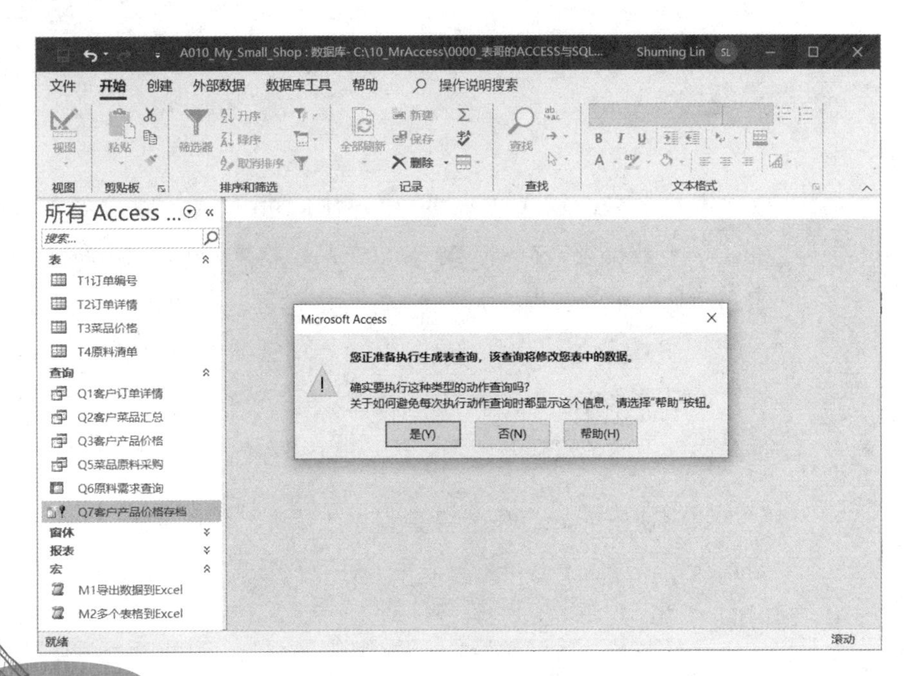
Microsoft Access
您正准备执行生成表查询，该查询将修改您表中的数据。
确实要执行这种类型的动作查询吗?
关于如何避免每次执行动作查询时都显示这个信息，请选择"帮助"按钮。
是(Y)
否(N)
帮助(H)
Q7客户产品价格存档

图 8-6

再次弹出一个提示框，提示我们将生成一个新的数据表，并且会有 29 行数据被粘贴到该数据表中，单击“是”按钮，如图 8-7 所示。

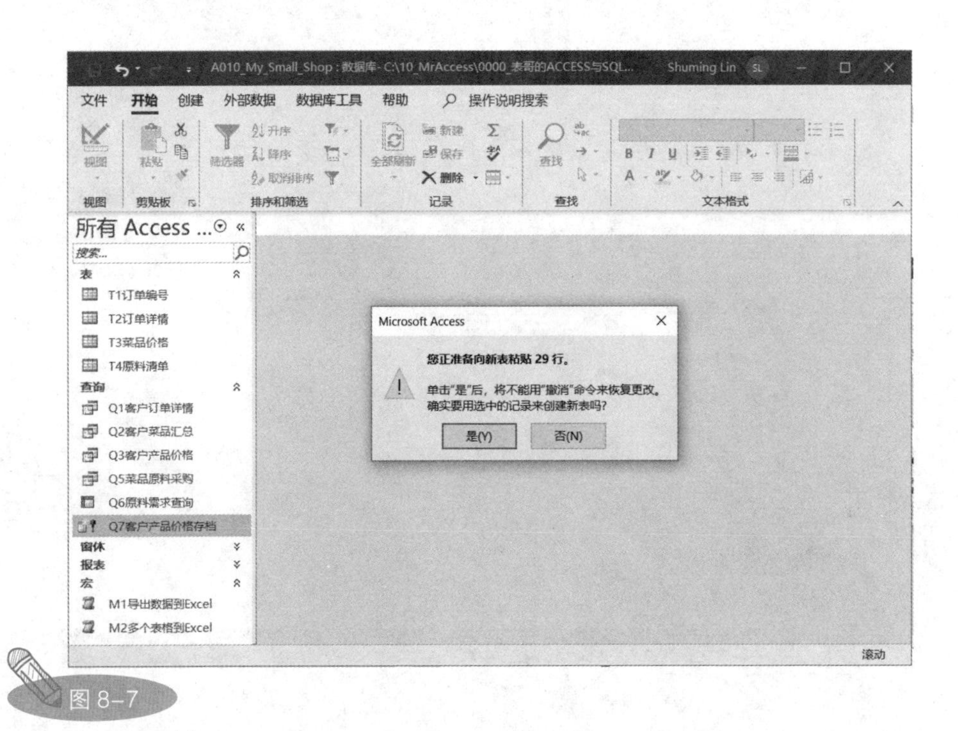

图 8-7

我们看到，在 Access 界面左侧的“所有 Access 对象”面板中增加了一个数据表“存档 _Q3 客户产品价格”，打开该数据表，即可查看该数据表中的数据，如图 8-8 所示。需要注意的是，数据表“存档 _Q3 客户产品价格”中的最后一列“存档时间”，正是生成表查询“Q7 客户产品价格存档”的执行时间。这样，我们将选择查询“Q3 客户产品价格”中的数据存储到了实体数据表“存档_Q3 客户产品价格”中。

我们使用 Access 生成表查询生成了存档用的数据表，以后的存档数据都可以存储于这个数据表中，并且该数据表中的最后一列是存档的时间。

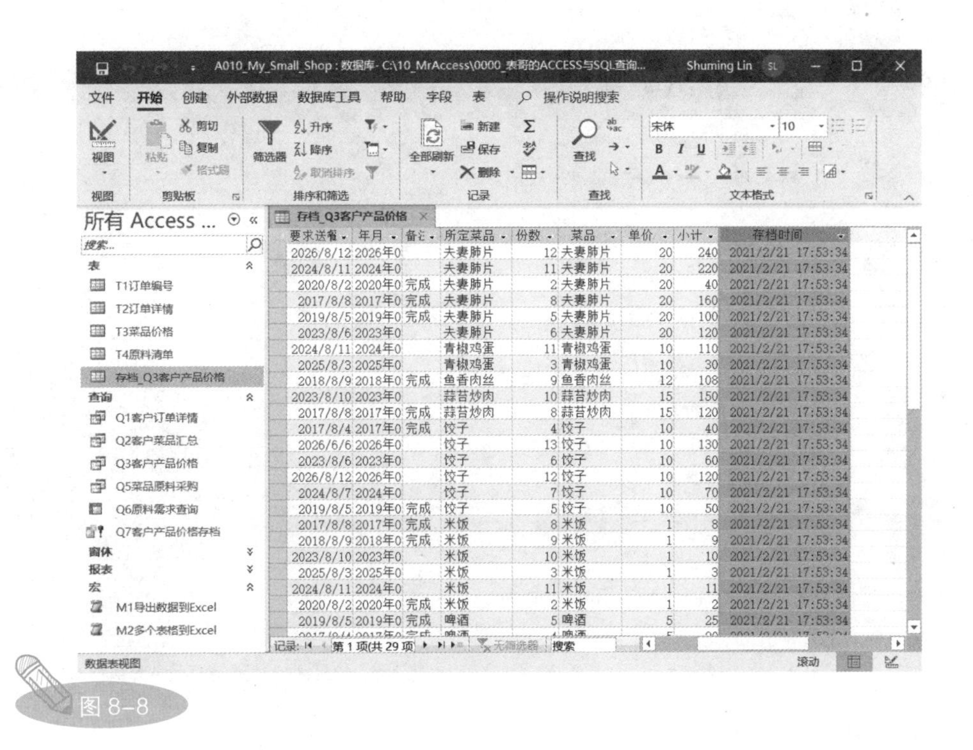

图 8-8

我们设计生成表查询的目的是生成存档用的实体数据表。现在实体数据表有了，我们后面的任务就是向这个实体数据表中追加（增加）新的数据。由于生成表查询每执行一次，都会覆盖原来的数据表，重新生成这个指定名称的数据表，不能达到存档历史数据的目的，因此我们还需要设计一个 Access 追加查询。

因为生成表查询“Q7 客户产品价格存档”已经完成了它的使命，所以我们可以直接将其转换成 Access 追加查询，具体操作步骤如下。

在“所有 Access 对象”面板中右击生成表查询“Q7 客户产品价格存档”，在弹出的快捷菜单中选择“设计视图”命令，切换到查询“Q7 客户产品价格存档”的设计视图，在 Access 功能区中依次单击“设计”>>“查询类型”>>“追加”按钮，如图 8-9 所示。

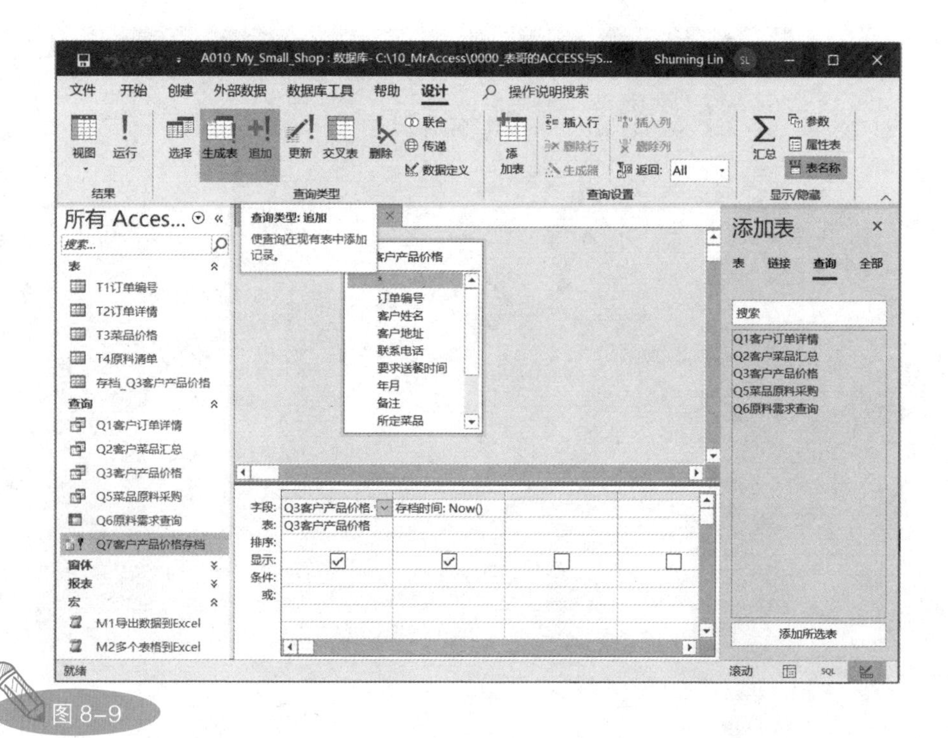

图 8-9

弹出“追加”对话框，用于设置将当前数据追加到哪个数据表中。因为该追加查询是在已有的生成表查询的基础上修改的，所以 Access 猜想你要将数据追加到刚刚生成的实体数据表“存档 _Q3 客户产品价格”中，Access 的猜想是对的，我们接受它的猜想，单击“确定”按钮，如图 8-10 所示。

在保存追加查询后，我们在 Access 界面左侧的“所有 Access 对象”面板中看到，查询“Q7 客户产品价格存档”名称前面的生成表查询按钮变成了追加查询按钮。双击追加查询“Q7 客户产品价格存档”执行该追加查询，弹出一个提示框，单击“是”按钮，如图 8-11 所示。

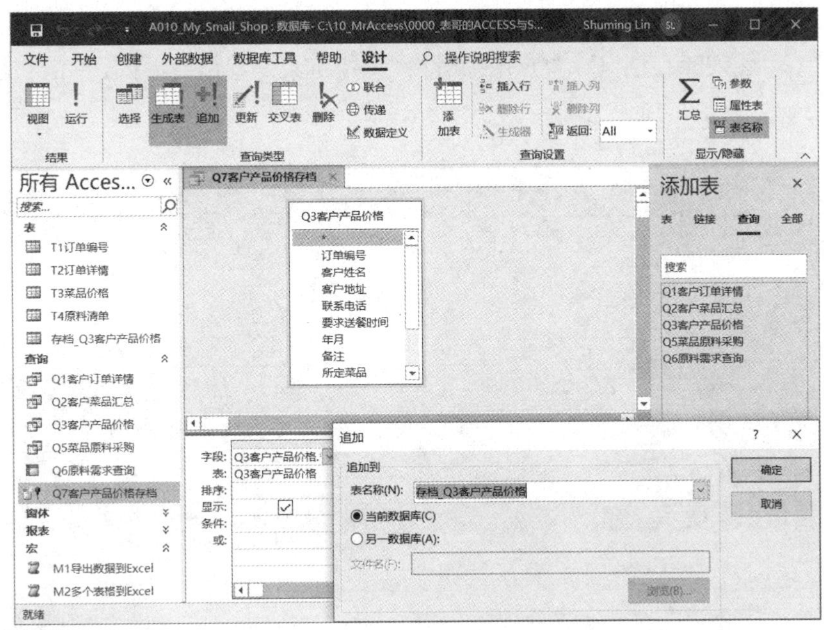
A010_My_Small_Shop : 数据库- C:\10_MrAccess\0000_表哥的ACCESS与S...
Shuming Lin
文件 开始 创建 外部数据 数据库工具 帮助 设计 操作说明搜索
视图 运行 选择 生成表 追加 更新 交叉表 删除 联合 传递 数据定义
结果 查询类型
添加表 插入行 删除行 生成器 插入列 删除列 返回: All
查询设置
汇总 参数 属性表 表名称
显示/隐藏
所有 Acces...
表
T1订单编号
T2订单详情
T3菜品价格
T4原料清单
存档_Q3客户产品价格
查询
Q1客户订单详情
Q2客户菜品汇总
Q3客户产品价格
Q5菜品原料采购
Q6原料需求查询
Q7客户产品价格存档
窗体
报表
宏
M1导出数据到Excel
M2多个表格到Excel
就绪
Q7客户产品价格存档
Q3客户产品价格
订单编号
客户姓名
客户地址
联系电话
要求送餐时间
年月
备注
所定菜品
添加表
表 链接 查询 全部
Q1客户订单详情
Q2客户菜品汇总
Q3客户产品价格
Q5菜品原料采购
Q6原料需求查询
字段:
表:
排序:
显示:
条件:
或:
追加
追加到
表名称(N): 存档_Q3客户产品价格
当前数据库(C)
另一数据库(A):
文件名(F):
浏览(B)...
确定
取消

图 8-10

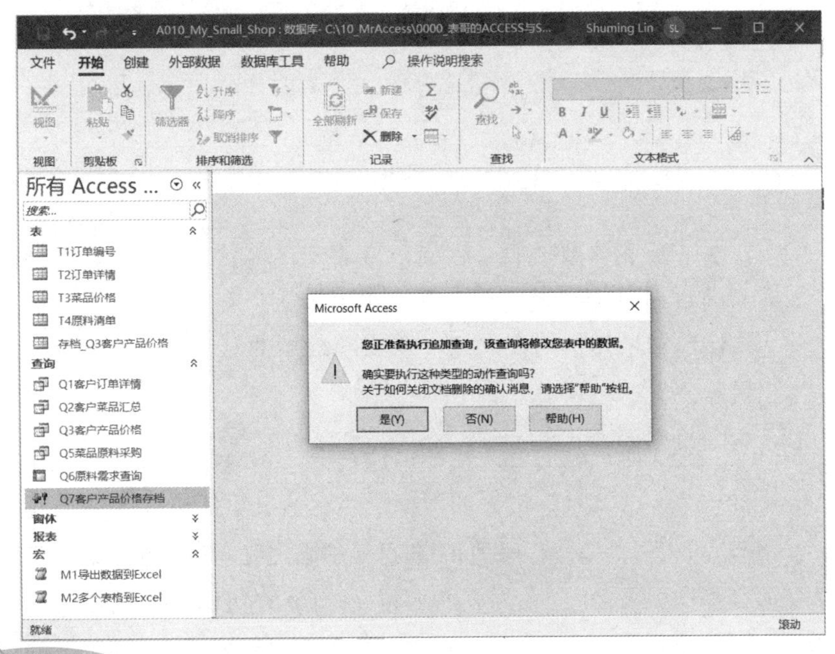
A010_My_Small_Shop : 数据库- C:\10_MrAccess\0000_表哥的ACCESS与S...
Shuming Lin
文件 开始 创建 外部数据 数据库工具 帮助 操作说明搜索
视图 粘贴 筛选器 升序 降序 取消排序 全部刷新 新建 保存 删除 查找
视图 剪贴板 排序和筛选 记录 查找 文本格式
所有 Access ...
表
T1订单编号
T2订单详情
T3菜品价格
T4原料清单
存档_Q3客户产品价格
查询
Q1客户订单详情
Q2客户菜品汇总
Q3客户产品价格
Q5菜品原料采购
Q6原料需求查询
Q7客户产品价格存档
窗体
报表
宏
M1导出数据到Excel
M2多个表格到Excel
Microsoft Access
您正准备执行追加查询，该查询将修改您表中的数据。
确实要执行这种类型的动作查询吗?
关于如何关闭文档删除的确认消息，请选择"帮助"按钮。
是(Y)
否(N)
帮助(H)
就绪
滚动

图 8-11

再次弹出一个提示框，提示我们有 29 行数据要追加到指定实体数据表“存档_Q3 客户产品价格”中，这正是我们需要的，单击“是”按钮，如图 8-12 所示。

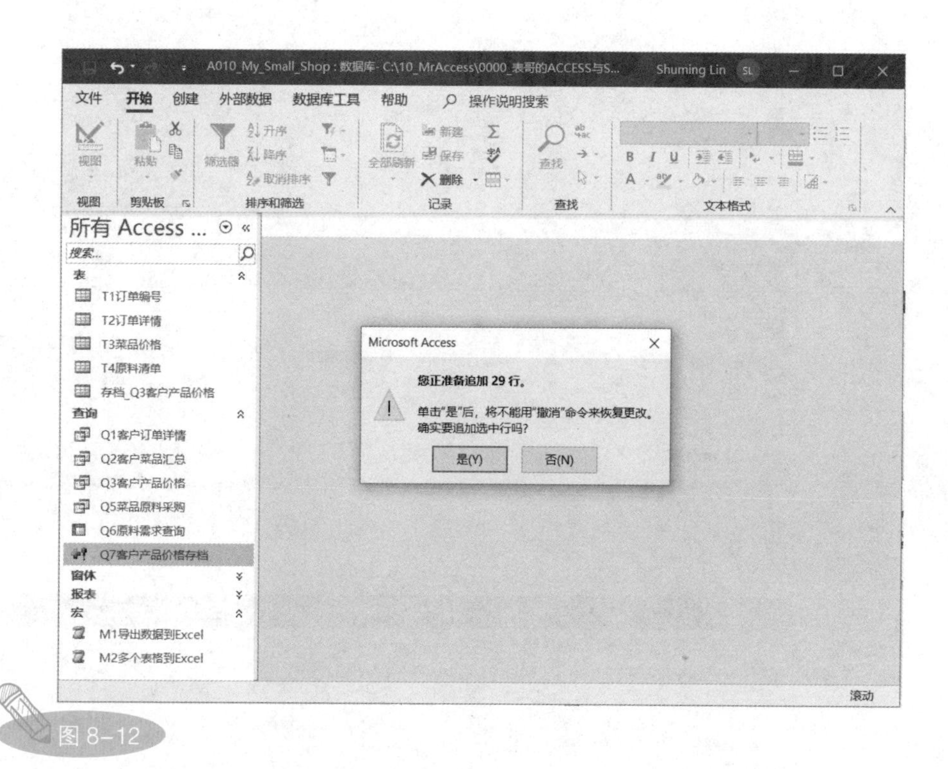

图 8-12

打开实体数据表“存档 _Q3 客户产品价格”，可以看到，刚刚追加的数据已经在里面了，观察最后一列“存档时间”，可以发现，第二次追加数据的时间与第一次保存数据的时间相差 6 分钟，如图 8-13 所示。

就这样，我们每次执行追加查询“Q7 客户产品价格存档”，都会将当时（带有时间戳）的数据快照存储于实体数据表“存档 _Q3 客户产品价格”中。如果我们能在每天的固定时间自动执行这个追加查询，则会非常便捷！下一节，我们将介绍自动存档的实现方法。

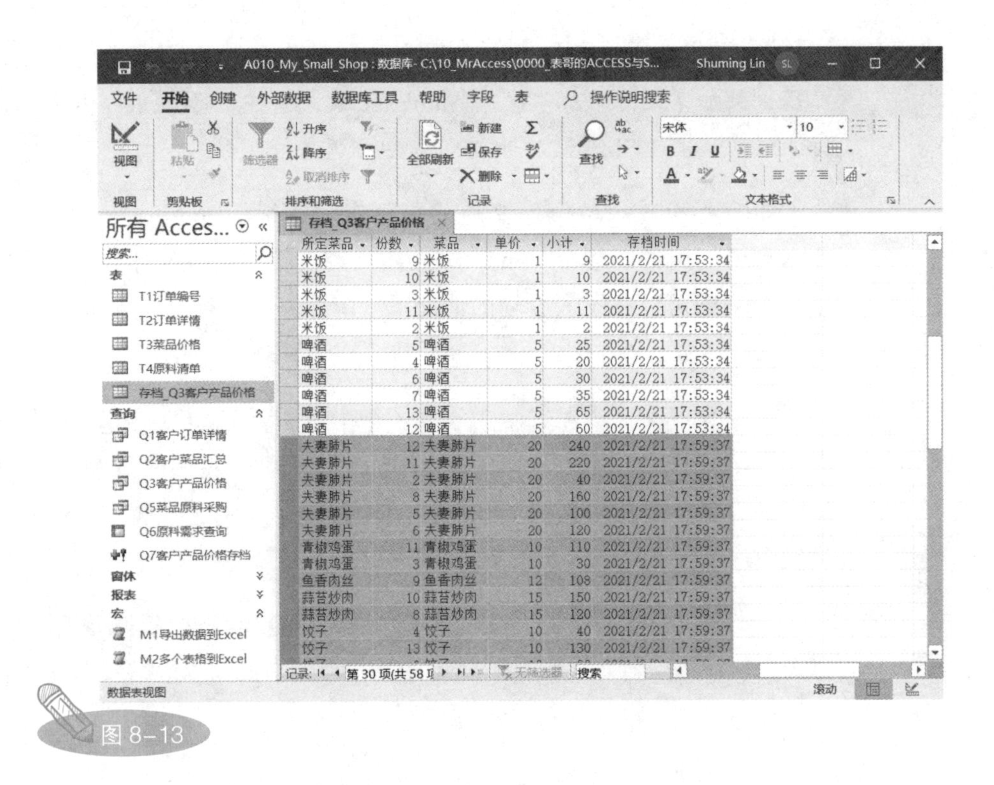

图 8-13

8.2 自动存档的 Access 宏

前面介绍过，Excel 中的宏可以将界面操作“录制”下来，以便在需要时重复执行。Access 采用另一种重复执行自定义操作的方法，称为组装宏。

Access 虽然不能自动录制界面操作，但这并不意味着在 Access 中使用宏会很复杂。事实上，在 Access 中，我们只需将 Access 中预置的宏部件按照实际工作顺序编排。从这个方面来看，Access 中的宏比 Excel 中的宏更简单！

注意：如果我们在 Access 中设计了一个宏，并且将该宏命名为 AutoExec，那么每次打开 Access 数据库文件，Access 中的这个名为

AutoExec 的宏都会随着 Access 的启动自动执行！如果你不想在打开 Access 数据库文件时自动执行 AutoExec 宏，如在进行 Access 程序调试时，则可以按着 Shift 键打开 Access 数据库文件。

能随着 Access 数据库文件的打开自动执行的 AutoExec 宏有一个非常重要的用处：结合 Windows 操作系统自带的“任务计划”工具，AutoExec 宏可以在无人看管的情况下，由计算机定时执行 AutoExec 宏中指定的任务。

上一节，我们在 Access 中设计了一个追加查询“Q7 客户产品价格存档”，每次双击执行这个追加查询，Access 都会将当时查询“Q3 客户产品价格”中的数据快照存储于实体数据表“存档_Q3 客户产品价格”中，以便对这一时刻的数据进行分析。

现在，我们打算在小饭馆休息时间，如凌晨 2 点进行数据存档操作，每天一次，该如何实现呢？不要说让小张每天半夜到小饭馆双击 Access 追加查询“Q7 客户产品价格存档”，那太麻烦了！

为了完成这个任务，我们可以在 Access 中设计一个宏，这个宏的任务就是执行追加查询“Q7 客户产品价格存档”；然后将这个宏命名为“AutoExec”，这样，每次打开 Access 数据库文件，AutoExec 宏都会自动执行；最后，利用 Windows 操作系统自带的“任务计划”工具设置每天凌晨两点自动打开 Access 数据库文件。

既然思路有了，我们就开始行动吧！

在 Access 功能区中选择“创建”选项卡，单击“宏与代码”按钮下方的下拉按钮，在弹出的下拉面板中单击“宏”按钮，如图 8-14 所示，即可进入 Access 宏设计视图。

在 Access 宏设计视图的功能区中依次单击“设计”>>“显示 / 隐藏”>>“操作目录”按钮，打开“操作目录”窗格，双击OpenQuery选项，或者拖曳OpenQuery选项，将OpenQuery宏操作加入Access宏设计视图。在 OpenQuery 宏操作的“查询名称”下拉列表中选择“Q7 客户产品价格存档”选项，如图 8-15 所示。

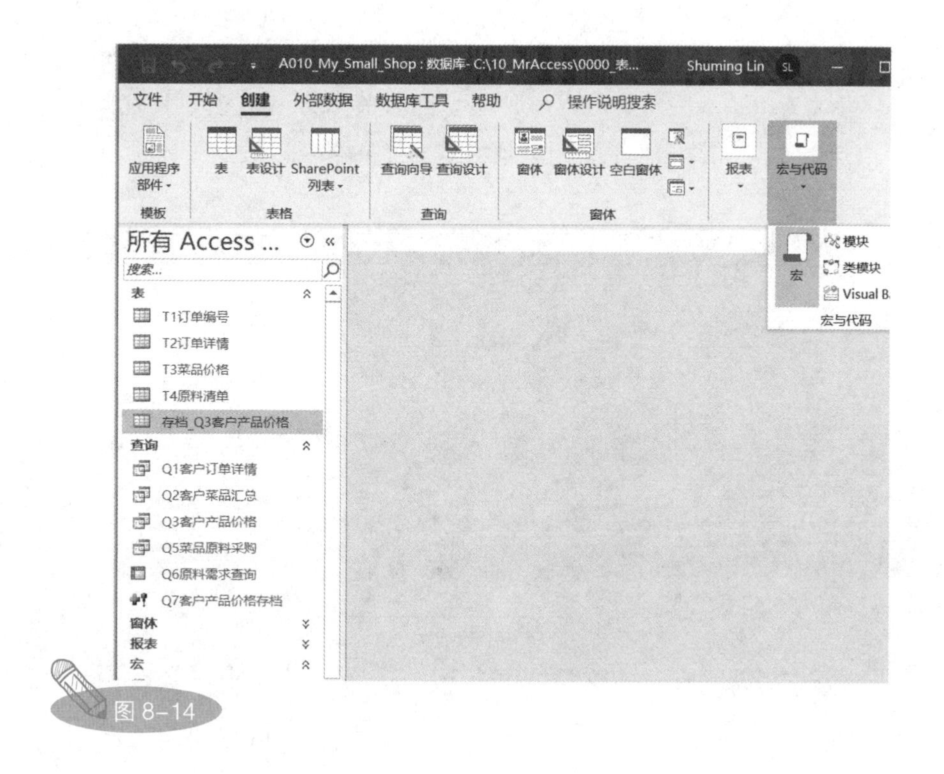
A010_My_Small_Shop : 数据库- C:\10_MrAccess\0000_表...
Shuming Lin
文件
开始
创建
外部数据
数据库工具
帮助
操作说明搜索
应用程序部件
表
表设计
SharePoint 列表
查询向导
查询设计
窗体
窗体设计
空白窗体
报表
宏与代码
模板
表格
查询
窗体
所有 Access ...
搜索...
表
T1订单编号
T2订单详情
T3菜品价格
T4原料清单
存档_Q3客户产品价格
查询
Q1客户订单详情
Q2客户菜品汇总
Q3客户产品价格
Q5菜品原料采购
Q6原料需求查询
Q7客户产品价格存档
窗体
报表
宏
模块
类模块
Visual B
宏与代码

图 8-14

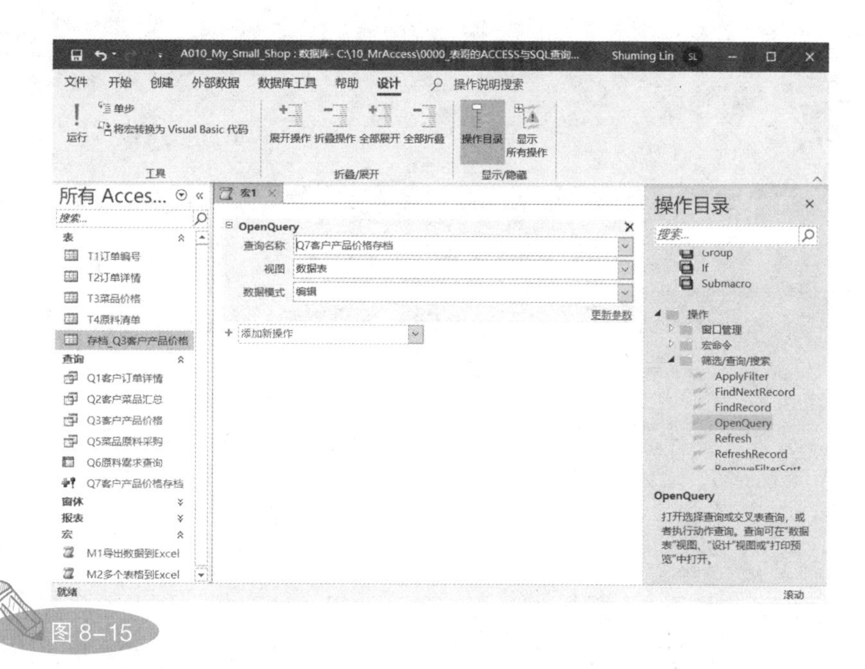
A010_My_Small_Shop : 数据库- C:\10_MrAccess\0000_表哥的ACCESS与SQL查询...
Shuming Lin
文件
开始
创建
外部数据
数据库工具
帮助
设计
操作说明搜索
运行
单步
将宏转换为 Visual Basic 代码
展开操作
折叠操作
全部展开
全部折叠
操作目录
显示所有操作
工具
折叠/展开
显示/隐藏
所有 Acces...
搜索...
表
T1订单编号
T2订单详情
T3菜品价格
T4原料清单
存档_Q3客户产品价格
查询
Q1客户订单详情
Q2客户菜品汇总
Q3客户产品价格
Q5菜品原料采购
Q6原料需求查询
Q7客户产品价格存档
窗体
报表
宏
M1导出数据到Excel
M2多个表格到Excel
宏1
OpenQuery
查询名称
Q7客户产品价格存档
视图
数据表
数据模式
编辑
更新参数
添加新操作
操作目录
搜索...
Group
If
Submacro
操作
窗口管理
宏命令
筛选/查询/搜索
ApplyFilter
FindNextRecord
FindRecord
OpenQuery
Refresh
RefreshRecord
OpenQuery
打开选择查询或交叉表查询，或者执行动作查询。查询可在"数据表"视图、"设计"视图或"打印预览"中打开。
就绪
滚动

图 8-15

单击“保存”按钮，弹出“另存为”对话框，将该Access宏命名为“AutoExec”，如图8-16所示。然后关闭Access宏设计视图。需要注意的是，AutoExec宏的名称拼写是否正确很重要！

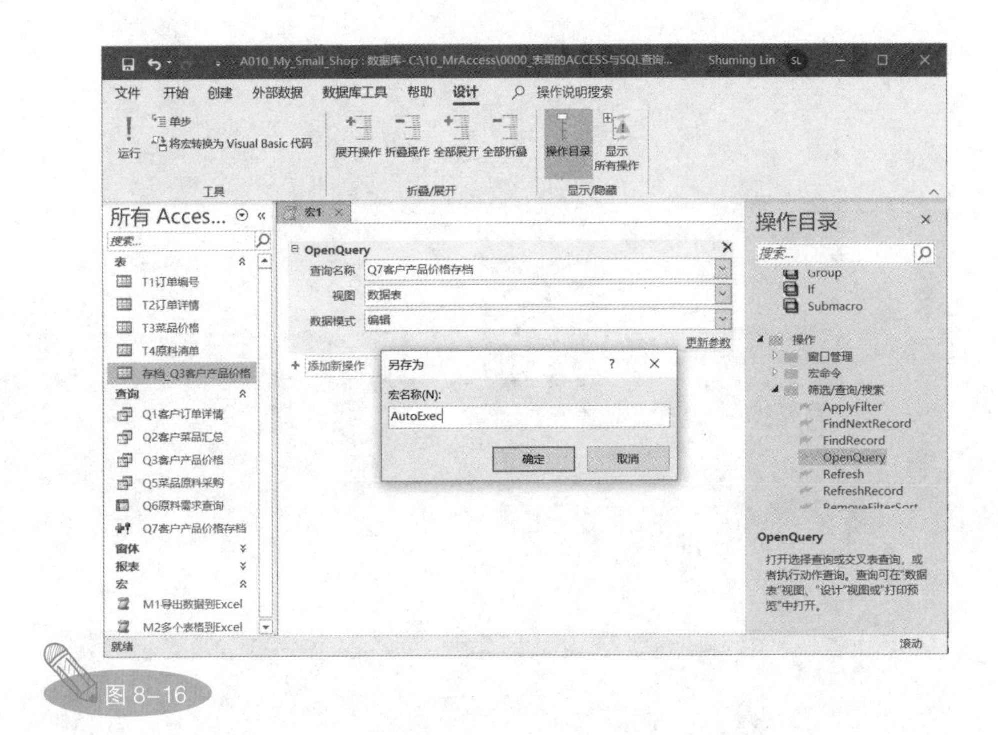

图8-16

这时，可以看到，在Access界面左侧的“所有Access对象”面板中增加了一个名为“AutoExec”的Access宏，如图8-17所示。

下面我们测试一下AutoExec宏：关闭Access数据库文件，再重新打开，弹出一个提示框，提示“您正准备执行追加查询，该查询将修改您表中的数据”。这说明AutoExec宏已经自动执行，但是，由于Access中的安全机制，因此对于修改Access数据库中数据的宏操作，都需要用户确认。这里，我们单击“是”按钮，如图8-18所示。

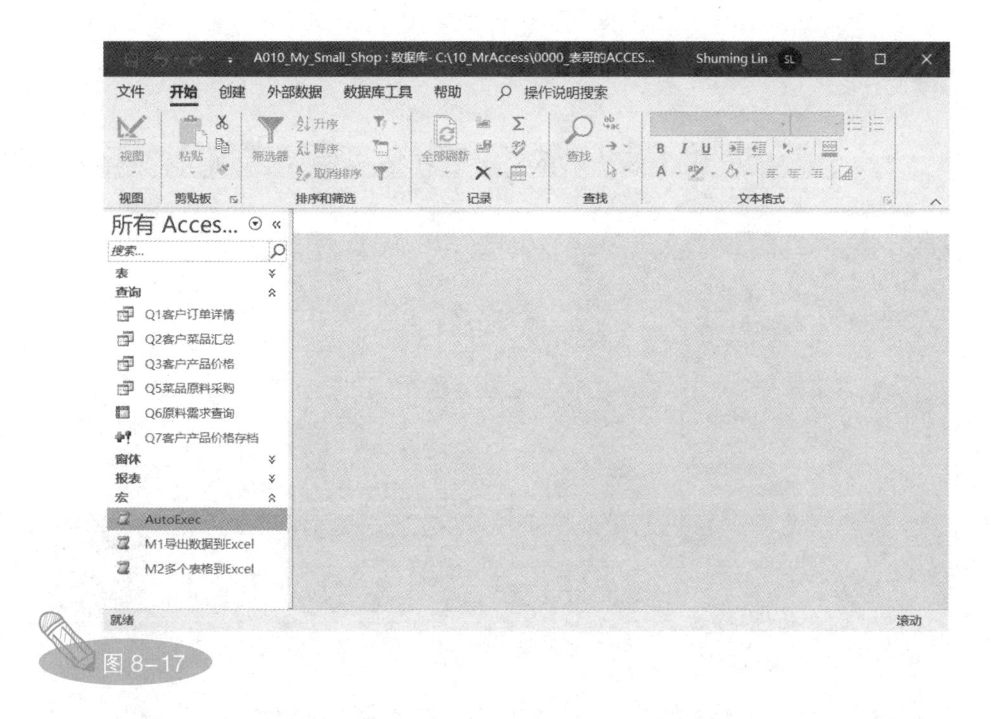
A010_My_Small_Shop : 数据库- C:\10_MrAccess\0000_表哥的ACCES...
Shuming Lin
文件
开始
创建
外部数据
数据库工具
帮助
操作说明搜索
视图
粘贴
筛选器
升序
降序
取消排序
全部刷新
查找
剪贴板
排序和筛选
记录
文本格式
所有 Acces...
搜索...
表
查询
Q1客户订单详情
Q2客户菜品汇总
Q3客户产品价格
Q5菜品原料采购
Q6原料需求查询
Q7客户产品价格存档
窗体
报表
宏
AutoExec
M1导出数据到Excel
M2多个表格到Excel
就绪
滚动

图 8-17

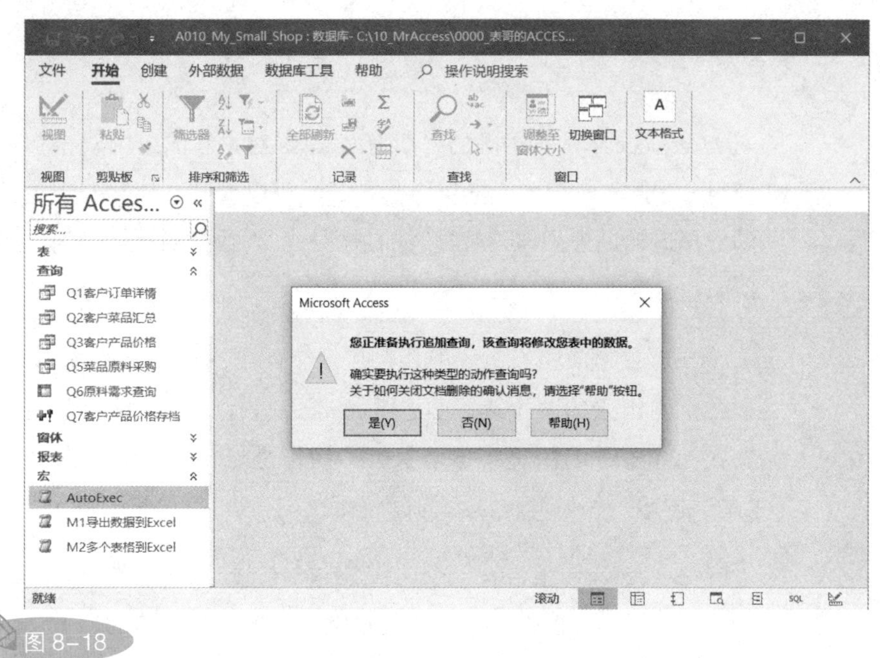
A010_My_Small_Shop : 数据库- C:\10_MrAccess\0000_表哥的ACCES...
文件
开始
创建
外部数据
数据库工具
帮助
操作说明搜索
视图
粘贴
筛选器
全部刷新
查找
调整至窗体大小
切换窗口
文本格式
剪贴板
排序和筛选
记录
窗口
所有 Acces...
搜索...
表
查询
Q1客户订单详情
Q2客户菜品汇总
Q3客户产品价格
Q5菜品原料采购
Q6原料需求查询
Q7客户产品价格存档
窗体
报表
宏
AutoExec
M1导出数据到Excel
M2多个表格到Excel
Microsoft Access
您正准备执行追加查询，该查询将修改您表中的数据。
确实要执行这种类型的动作查询吗?
关于如何关闭文档删除的确认消息，请选择"帮助"按钮。
是(Y)
否(N)
帮助(H)
就绪
滚动

图 8-18

再次弹出一个提示框，提示要追加数据，单击“是”按钮，如图 8-19 所示。至此，AutoExec 宏执行完毕。

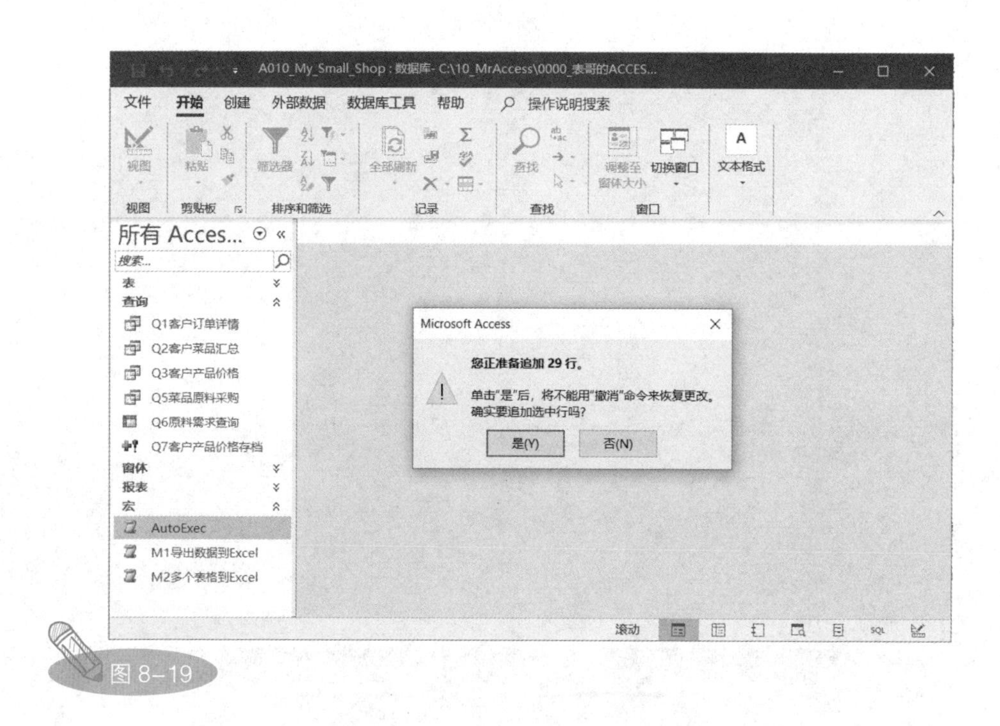

图 8-19

在 Access 界面左侧的“所有 Access 对象”面板中双击实体数据表“存档 _Q3 客户产品价格”将其打开，可以看到，该数据表中已经有新的数据追加进去了，该数据表的最后一列为数据的存档时间，如图 8-20 所示。

一切看起来还不错，但还存在一个问题：在 AutoExec 宏的执行过程中，弹出来的两个提示框会中断宏的执行过程。我们希望这个宏能够在无人干预的情况下自动执行，而不是专门安排一个人来单击两次“是”按钮，如何解决这个问题呢？

在 Access 宏中，有一个叫作 SetWarnings 的宏操作可以帮助我们抑制这些提示框。但是这个宏操作在默认情况下是隐藏的。

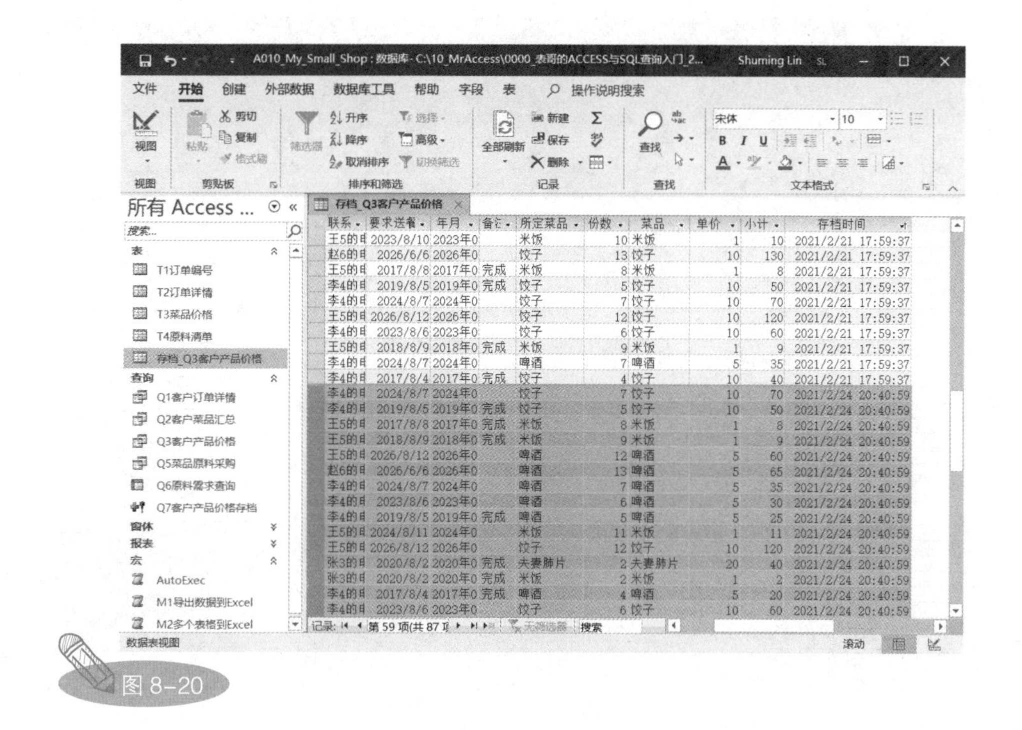

图 8-20

在Access界面左侧的“所有Access对象”面板中右击AutoExec宏，在弹出的快捷菜单中选择“设计视图”命令，切换到AutoExec宏设计视图；在Access功能区中依次单击“设计”>>“显示/隐藏”>>“显示所有操作”按钮，然后在“添加新操作”组合框中选择SetWarnings选项，如图8-21所示，即可将SetWarnings宏操作添加到AutoExec宏设计视图中。

在SetWarnings宏操作中，将“打开警告”设置为“否”。因为SetWarnings宏操作需要放在能够引起报警动作的宏操作前面，所以我们将其拖曳到所有宏操作前面，如图8-22所示。

在使用SetWarnings宏操作取消弹出提示框功能后，通常还需要在所有宏操作执行完毕后恢复弹出提示框功能，所以我们在宏操作序列的末尾再添加一个SetWarnings宏操作，将“打开警告”设置为“是”，表示恢复弹出提示框功能，如图8-23所示。

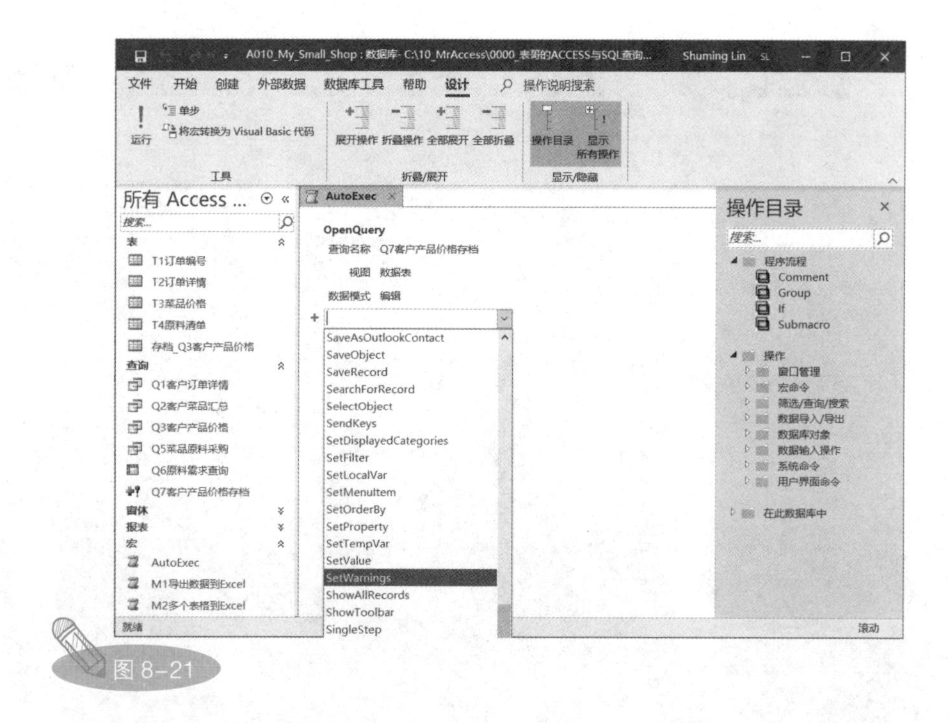

图 8-21

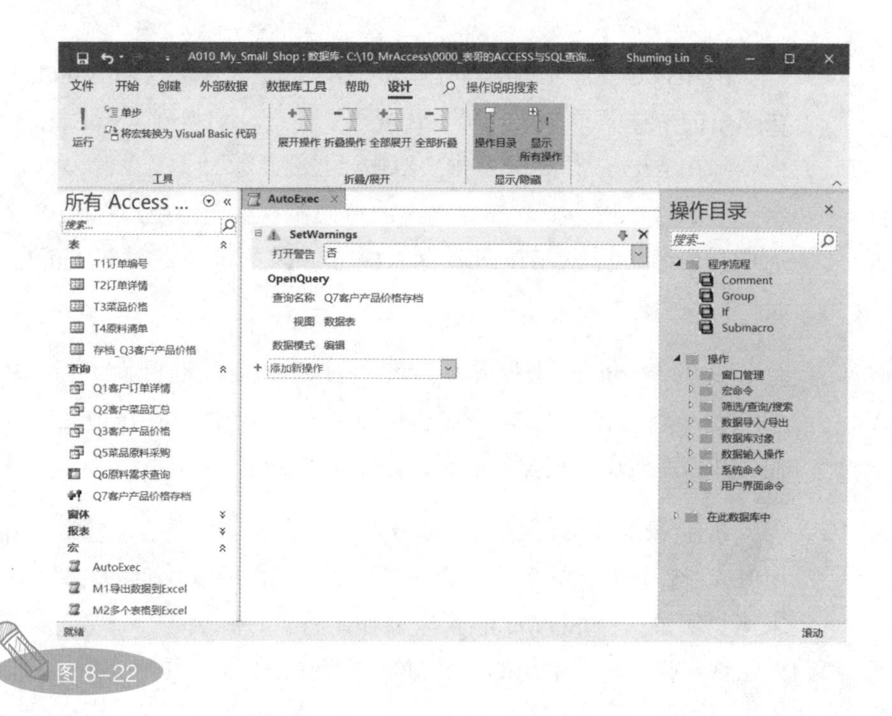

图 8-22

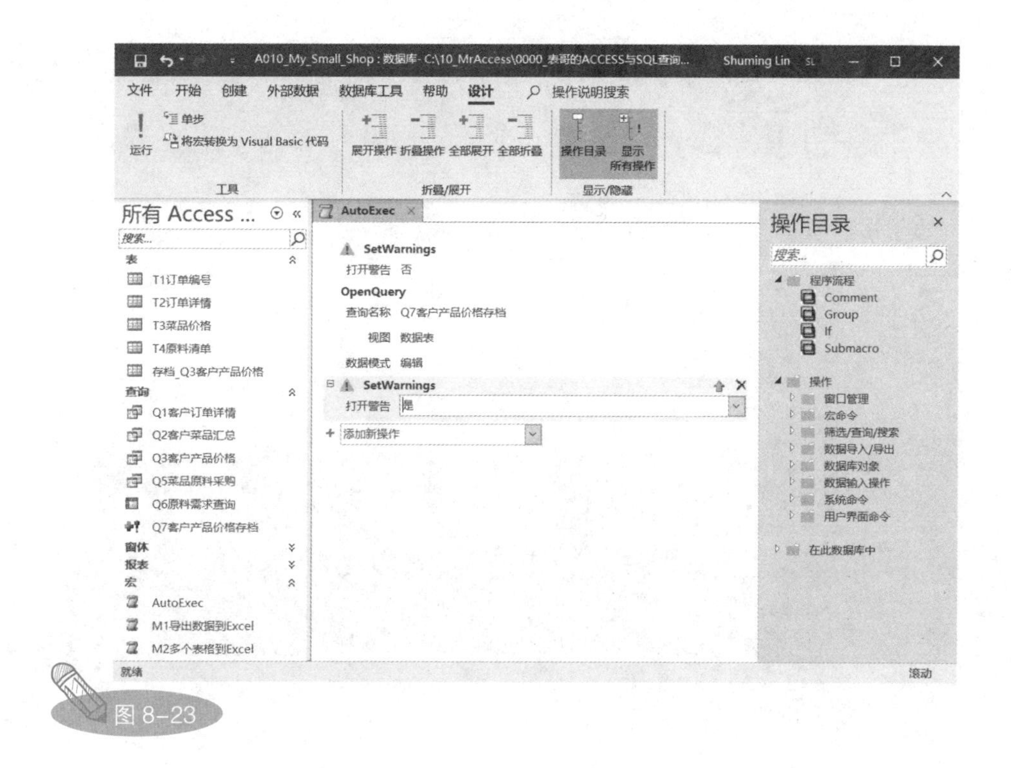

图 8-23

现在，关闭Access数据库文件再打开，AutoExec宏自动执行，这次不再弹出任何提示框。在“所有Access对象”面板中双击数据表“存档_Q3客户产品价格”，可以看到，又有新的数据追加到该数据表中了，并且“存档时间”列中的数据为本次执行追加查询的时间，如图8-24所示。

这里需要再次强调，如何在打开Access数据库文件时避免执行AutoExec宏呢？按住Shift键的同时，双击打开Access数据库文件，Access中的AutoExec宏就不会被执行。当我们想查看或修改Access数据库文件中的内容但不想自动执行AutoExec宏时，可以这样做。

到这里，其实我们还是没有解决凌晨2点自动存档的问题，别急，我们说过，自动存档只有AutoExec宏还不够，还必须配合使用Windows操作系统自带的“任务计划”工具，让我们接着学习下一节内容。

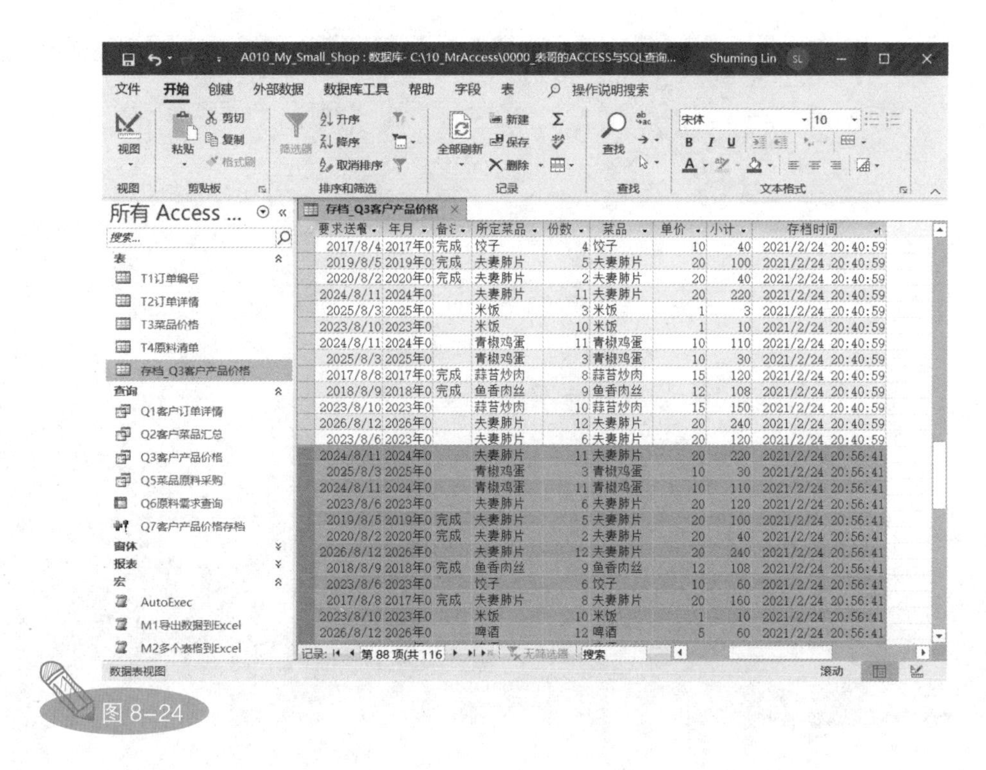

图 8-24

8.3 睡着懒觉就把活儿干了

利用前面精心设计的Access宏，我们已经将手动的工作自动化了。假如小张有精力，则可以每天凌晨2点来到饭馆，双击打开我们设计的Access数据库文件，然后Access自动执行AutoExec宏，OK，任务完成了！

可是，凌晨两点来饭馆就是为了一步操作，太麻烦了，完全没必要！利用 Windows 操作系统自带的“任务计划”工具，我们可以让 Access 在半夜帮我们干活！

在介绍 Windows 操作系统自带的“任务计划”工具前，我们再修改一下前面设计的宏操作序列。

在上一节设计的 AutoExec 宏中，在宏操作执行完毕后，Access 文件并不会自动关闭，我们希望在 Access 宏追加数据操作完成后，自动关闭 Access 数据库文件。

如果Access数据库文件还处于打开状态，那么在“所有Access对象”面板中右击 AutoExec 宏，在弹出的快捷菜单中选择“设计视图”命令，如果 Access 数据库文件已经关闭，那么在按住 Shift 键的同时，双击打开 Access 数据库文件，从而避免 AutoExec 宏自动执行。

进入 AutoExec 宏设计视图，在“显示所有操作”按钮处于激活的状态下，增加一个QuitAccess宏操作，在“选项”下拉列表中选择“全部保存”选项，将其拖曳到 SetWarnings 宏操作之前，然后保存 AutoExec 宏并关闭宏设计视图，最后关闭 Access 数据库文件，如图 8-25 所示。

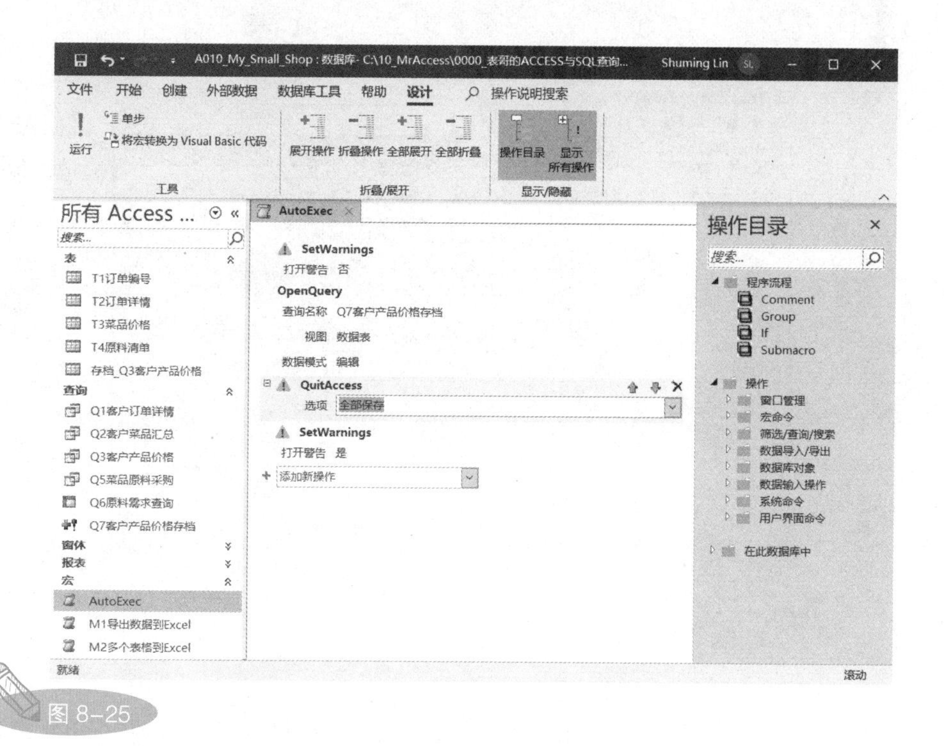

图 8-25

我们再次双击打开 Access 数据库文件，在 AutoExec 宏执行完毕后，会自动关闭Access数据库文件，好像什么也没发生一样。事实上，查询“Q3 客户产品价格”中的数据已经被实时采集到实体数据表“存档 _Q3 客户产品价格”中了。

我们可以在按着 Shift 键的同时双击打开 Access 数据库文件，查看实体数据表“存档 _Q3 客户产品价格”中是否增加了新的数据。

在修改好 AutoExec 宏后，下面介绍 Windows 操作系统自带的“任务计划”工具。“任务计划”工具能够定时打开 Windows 应用程序，让 Windows 操作系统在指定时刻自动执行某个应用程序。

在 Windows 操作系统的开始菜单中搜索“任务计划”，或者选择“开始”>>“所有程序”>>“附件”>>“系统工具”>>“任务计划”命令，打开“任务计划程序”窗口，如图 8-26 所示。

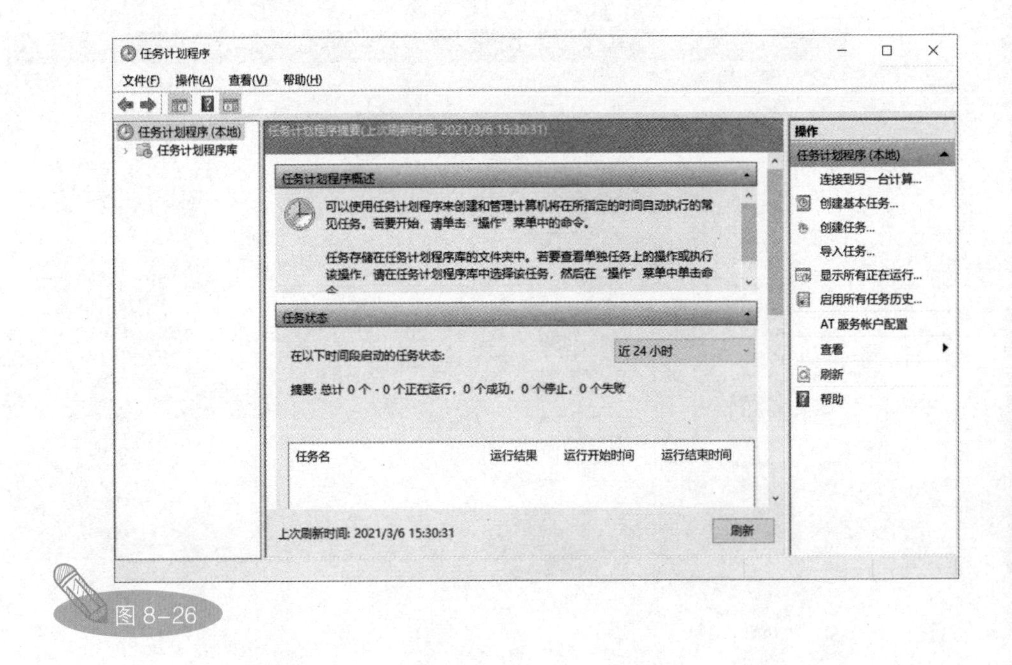

图 8-26

在“任务计划程序”窗口的顶部菜单中选择“操作”>>“创建基本任务”命令，如图 8-27 所示。

弹出“创建基本任务向导”对话框，在“名称”文本框中输入“小饭馆历史数据存档”，然后单击“下一步”按钮，如图 8-28 所示。

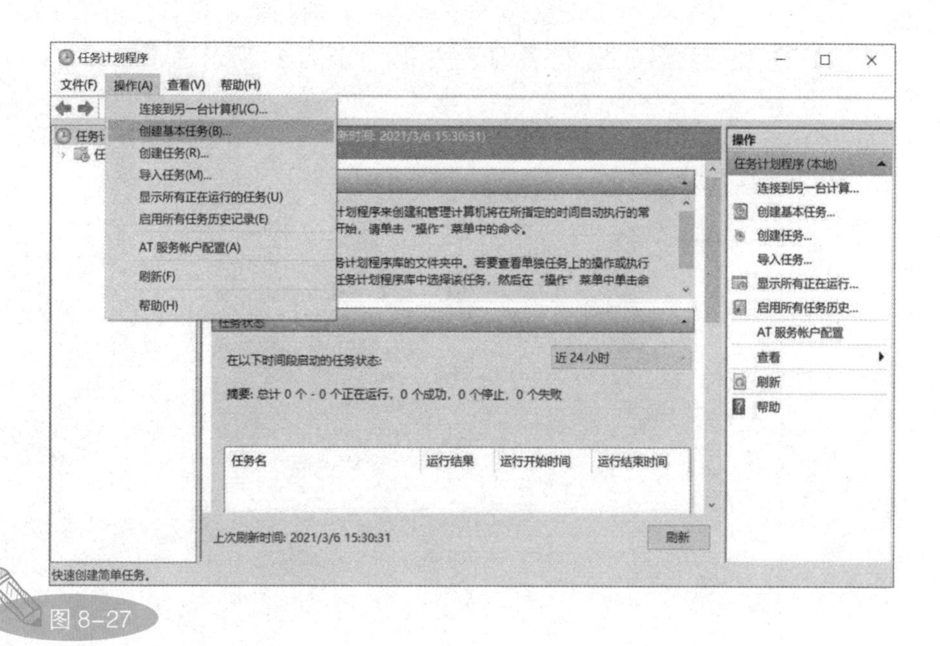
任务计划程序
文件(F)　操作(A)　查看(V)　帮助(H)
连接到另一台计算机(C)...
创建基本任务(B)...
创建任务(R)...
导入任务(M)...
显示所有正在运行的任务(U)
启用所有任务历史记录(E)
AT 服务帐户配置(A)
刷新(F)
帮助(H)
任务状态
在以下时间段启动的任务状态:
近 24 小时
摘要: 总计 0 个 - 0 个正在运行，0 个成功，0 个停止，0 个失败
任务名
运行结果
运行开始时间
运行结束时间
上次刷新时间: 2021/3/6 15:30:31
刷新
操作
任务计划程序 (本地)
连接到另一台计算...
创建基本任务...
创建任务...
导入任务...
显示所有正在运行...
启用所有任务历史...
AT 服务帐户配置
查看
刷新
帮助
快速创建简单任务。

图 8-27

图 8-28

这一步用于设置 Access 程序执行的频率，我们选择“每天”单选按钮，然后单击“下一步”按钮，如图 8-29 所示。

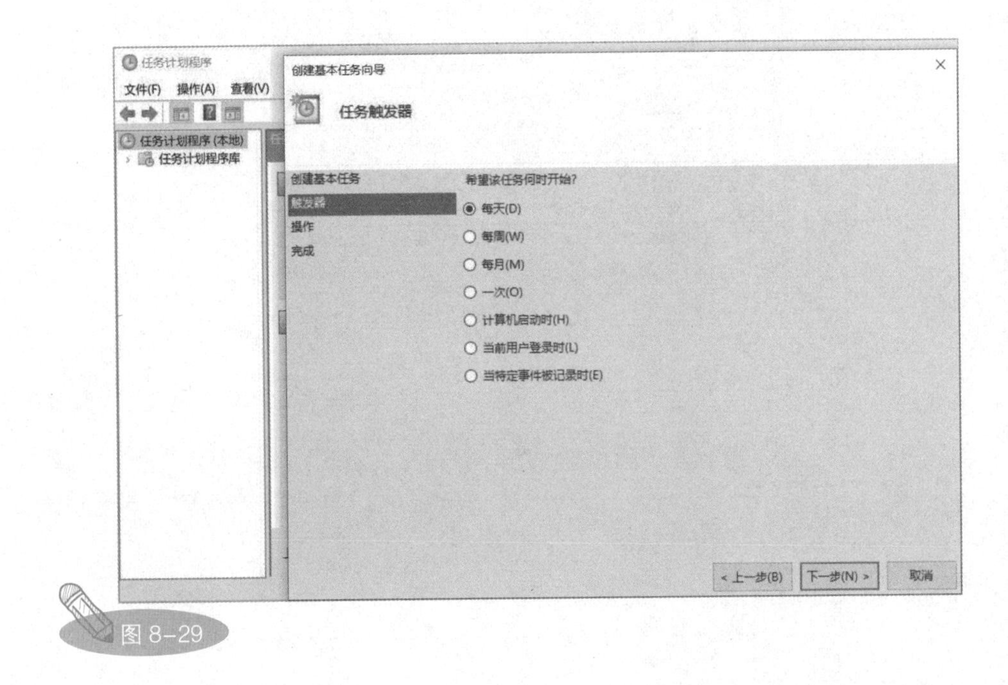

图 8-29

这一步用于设置 Access 程序具体在每天的几点几分执行。我们希望 Access 程序在小饭馆业务空闲时执行数据存档操作，因此我们设置的时间为 2:00:00，然后单击“下一步”按钮，如图 8-30 所示。

这一步用于设置定时启动任务的类型，我们希望定时启动 Access 程序，因此选择“启动程序”单选按钮，然后单击“下一步”按钮，如图 8-31 所示。

这一步用于设置要启动的 Access 程序的存储路径，这样“任务计划”工具就可以按照设置的频率和时间启动指定位置的 Access 程序了。在设置好要启动的 Access 程序的存储路径后，单击“下一步”按钮，如图 8-32 所示。

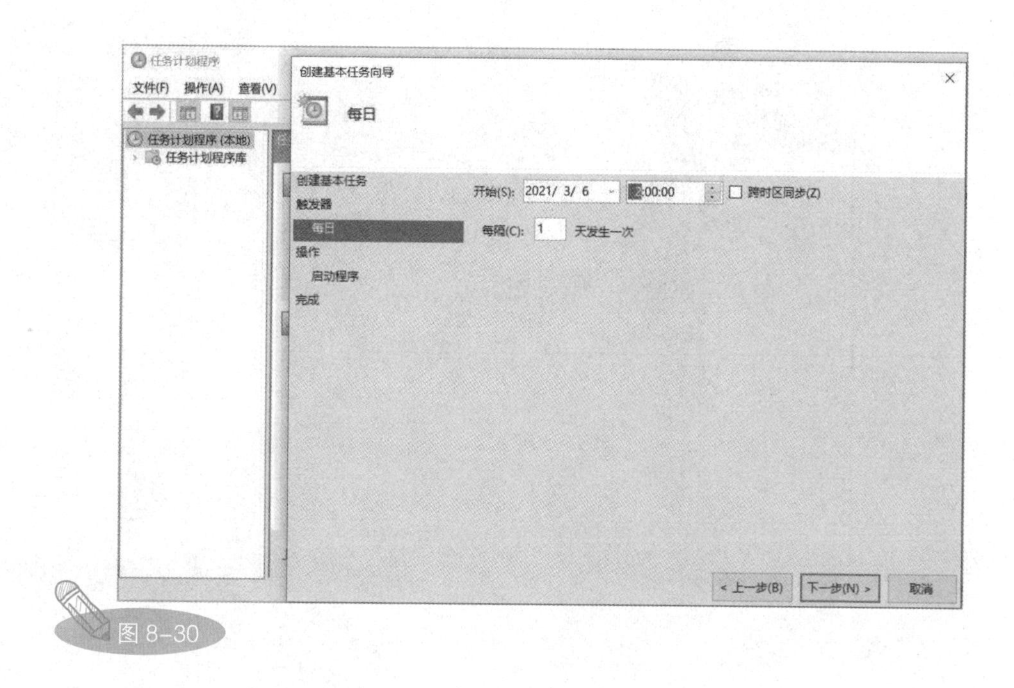
任务计划程序
文件(F) 操作(A) 查看(V)
任务计划程序 (本地)
任务计划程序库
创建基本任务向导
每日
创建基本任务
触发器
每日
操作
启动程序
完成
开始(S): 2021/ 3/ 6
:00:00
跨时区同步(Z)
每隔(C): 1 天发生一次
< 上一步(B)
下一步(N) >
取消

图 8–30

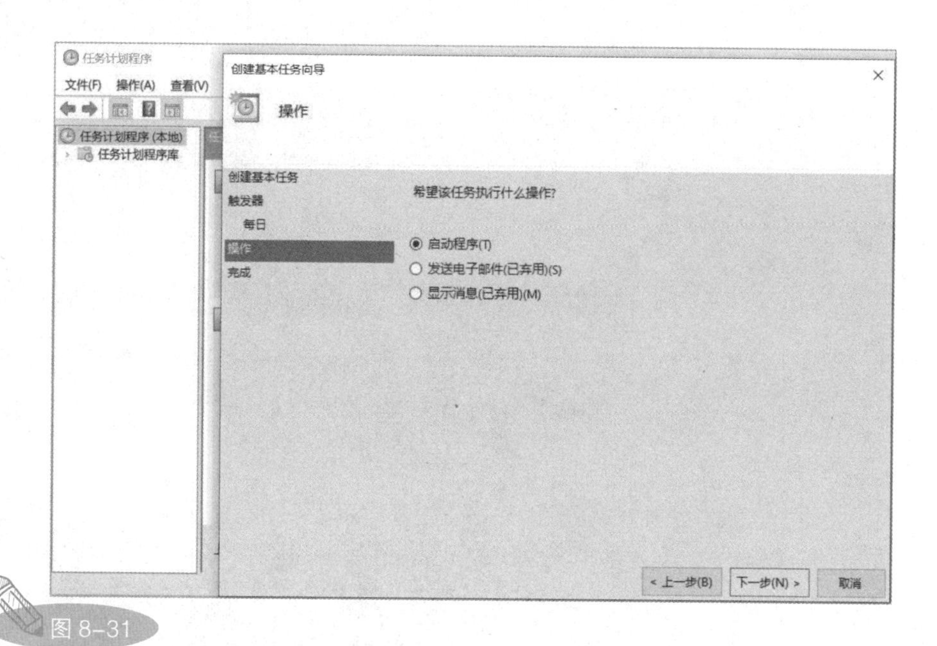
任务计划程序
文件(F) 操作(A) 查看(V)
任务计划程序 (本地)
任务计划程序库
创建基本任务向导
操作
创建基本任务
触发器
每日
操作
完成
希望该任务执行什么操作?
启动程序(T)
发送电子邮件(已弃用)(S)
显示消息(已弃用)(M)
< 上一步(B)
下一步(N) >
取消

图 8–31

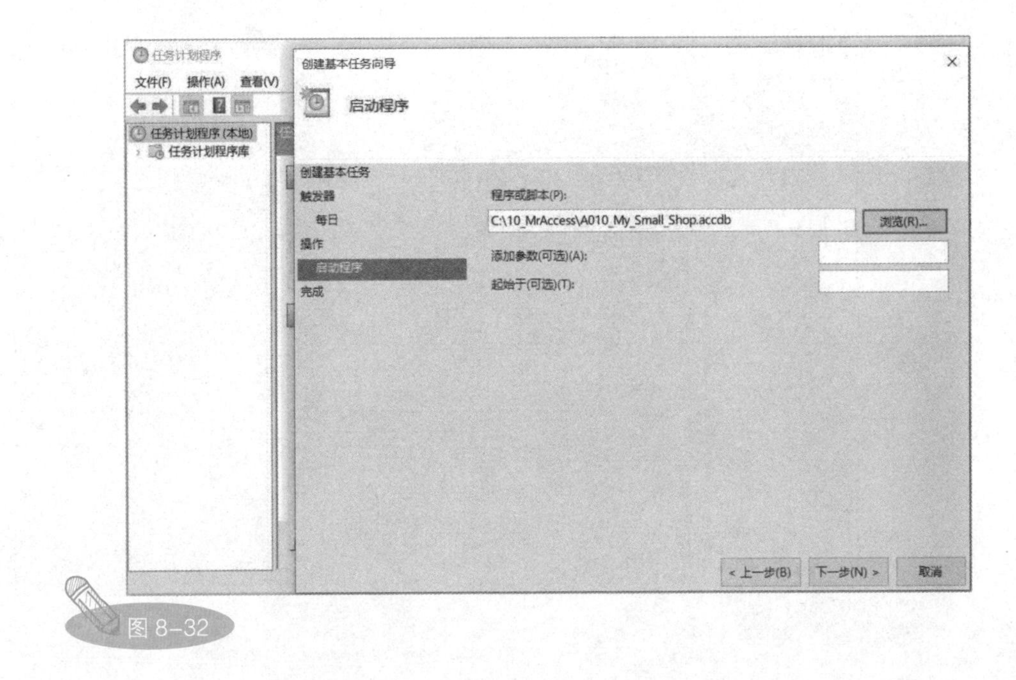

图 8-32

这样，我们就完成了“创建基本任务向导”对话框中的所有设置，单击“完成”按钮，如图 8-33 所示。

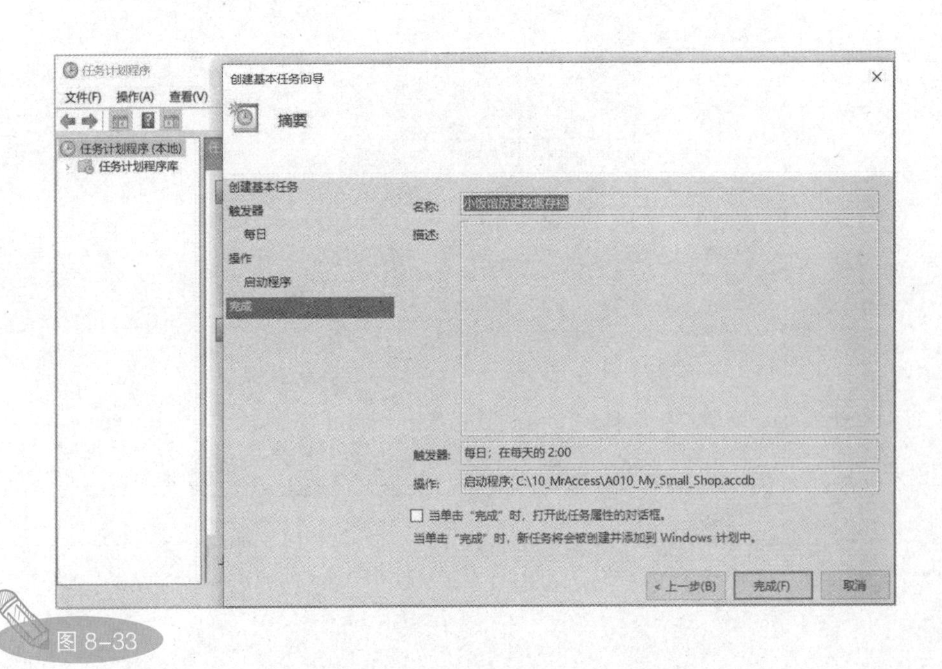

图 8-33

此时，我们看到，在“任务计划程序”窗口中出现了一条名为“小饭馆历史数据存档”的任务计划，并且带有该任务计划执行状况的基本信息，如图 8-34 所示。

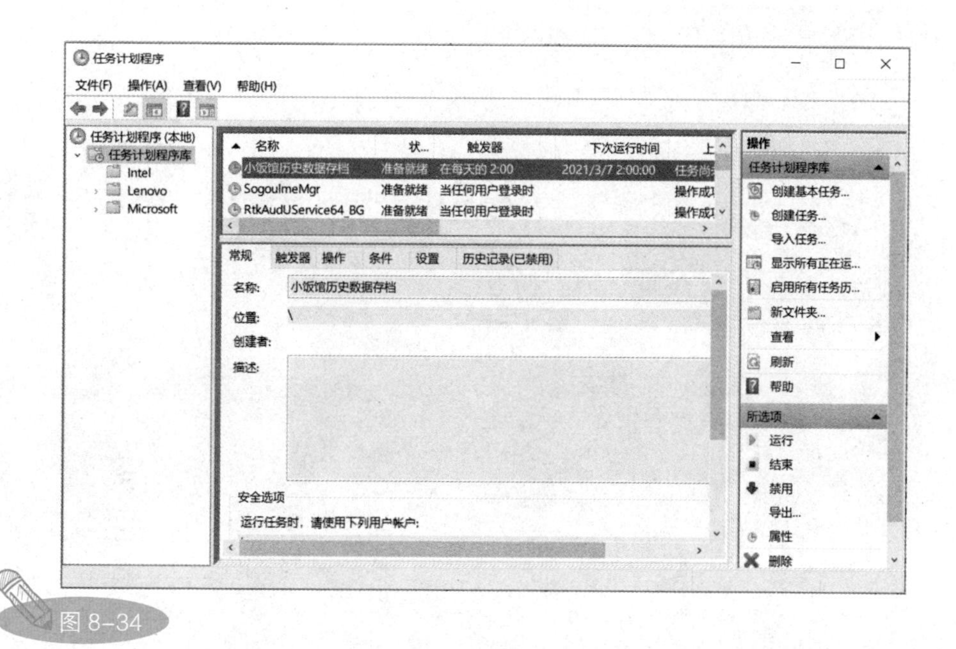

图 8-34

现在只要保证我们的电脑晚上处于开机状态，在每天凌晨 2 点，Access 程序就会准时启动，忠实地帮我们完成本来需要手动完成的工作啦！睡着懒觉就把活儿干了，快哉！

第9章

Access与SQL查询

本章内容提要：提到数据库，必然会涉及SQL。粗略地理解，SQL就是提取关系型数据库中数据的通用语言。关系型数据库有多种，除了Access，还有SQL Server、Oracle、mySQL等。了解了SQL，相当于掌握了一项通用技能。本章，我们将对SQL进行简单的介绍。

9.1 什么是 SQL

SQL 是 Structured Query Language 的缩写，中文意思是结构化查询语言。本书花了大量篇幅介绍 Access 查询，事实上，Access 查询的背后就是 SQL。SQL 是创建、访问和提取关系型数据库（如 Access）中数据的通用语言。

注意：使用 SQL 不仅可以提取数据，还可以创建和修改数据。例如，定义数据表结构，向实体数据表中插入、追加、删除数据。对于非 IT 从业者，学习如何用 SQL 提取数据库中的数据的投资回报率非常高。

我们打开小饭馆的 Access 数据库文件（如果 Access 数据库文件中已经设置了 AutoExec 宏，那么在按住 Shift 键的同时打开 Access 数据库文件），然后在“所有 Access 对象”面板中选中查询“Q1 客户订单详情”并右击，在弹出的快捷菜单中选择“设计视图”命令，进入该查询的设计视图，如图 9-1 所示。

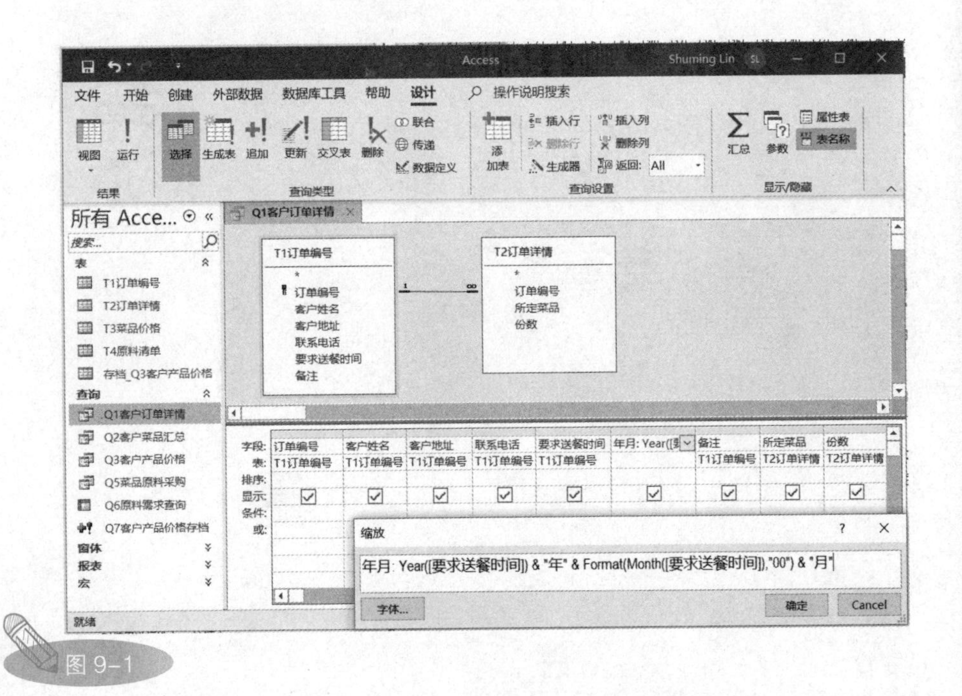

图 9-1

在设计查询“Q1客户订单详情”时，我们至少需要了解以下逻辑思想。

- 我们需要从数据表“T1订单编号”和“T2订单详情”中提取数据，或者说，我们需要的数据可以从数据表“T1订单编号”和“T2订单详情”中经过逻辑加工而来。
- 我们用联接线的方式建立了数据表“T1订单编号”和“T2订单详情”之间的关联关系，关联字段分别是数据表“T1订单编号”中的“订单编号”字段和数据表“T2订单详情”中的“订单编号”字段。数据表“T1订单编号”和“T2订单详情”之间是“一对多”的关系。也就是说，对于数据表“T1订单编号”中一条记录中的订单编号，在数据表“T2订单详情”中对应着多种菜品。
- 对于需要在查询结果中展示的字段，我们在查询设计网格的“字段”行中进行限定，并且其中还有一个自定义的计算字段“年月”。

我们在Access查询设计视图中将以上逻辑思想用联接线、拖曳字段及自定义计算字段的方式告诉Access，Access会自动帮我们将这些逻辑思想翻译成SQL语句。在Access功能区中选择“设计”选项卡，单击“视图”按钮下方的下拉按钮，在弹出的下拉菜单中选择“SQL视图”命令，如图9-2所示，即可切换到查询“Q1客户订单详情”的SQL视图。

在查询“Q1客户订单详情”的SQL视图中，可以看到该查询对应的SQL语句，如图9-3所示。

图9-3中的SQL语句看起来不太容易理解，不要紧，我们将其重新断行，如图9-4所示，这样，SQL语句的结构就清晰多了。给SQL语句加上数字标号和文字说明，如图9-5所示，其中方框中的文字是SQL专属词汇。

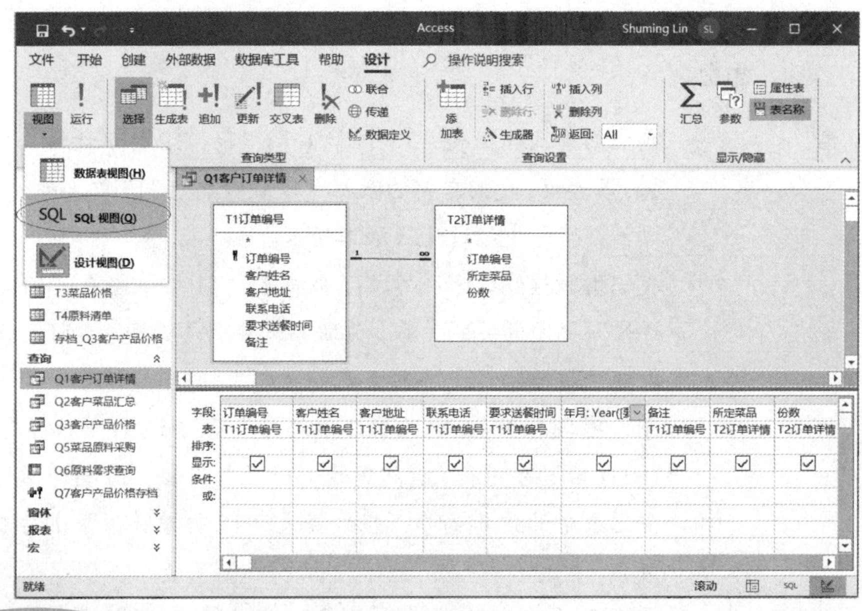
Access
文件 开始 创建 外部数据 数据库工具 帮助 设计 操作说明搜索
数据表视图(H)
SQL 视图(Q)
设计视图(D)
T1订单编号
订单编号
客户姓名
客户地址
联系电话
要求送餐时间
备注
T2订单详情
订单编号
所定菜品
份数

图 9-2

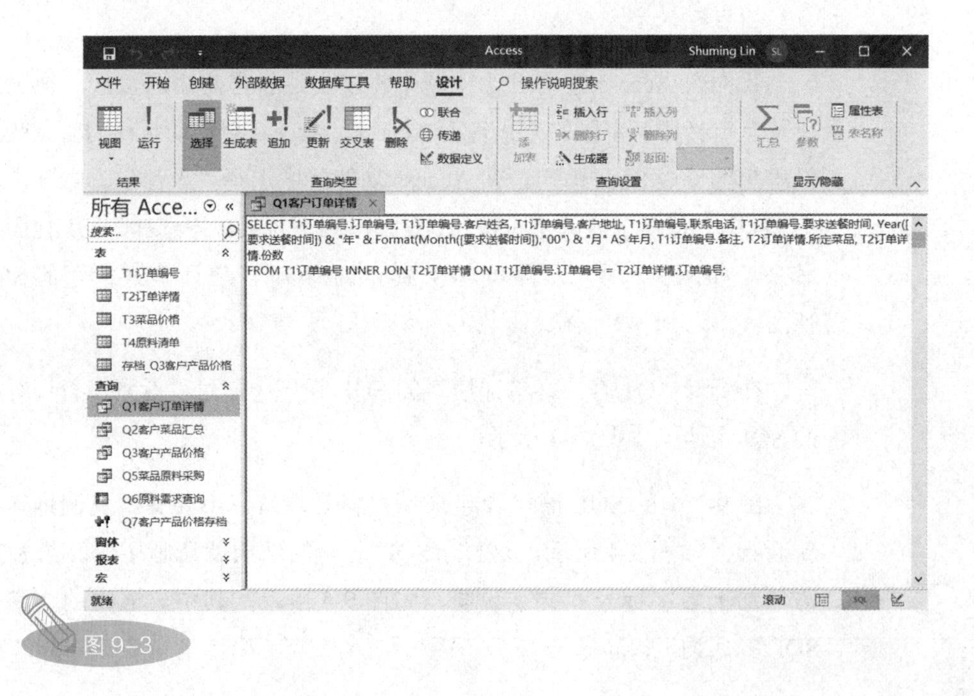
Access
Q1客户订单详情
SELECT T1订单编号.订单编号, T1订单编号.客户姓名, T1订单编号.客户地址, T1订单编号.联系电话, T1订单编号.要求送餐时间, Year([要求送餐时间]) & "年" & Format(Month([要求送餐时间]),"00") & "月" AS 年月, T1订单编号.备注, T2订单详情.所定菜品, T2订单详情.份数
FROM T1订单编号 INNER JOIN T2订单详情 ON T1订单编号.订单编号 = T2订单详情.订单编号;

图 9-3

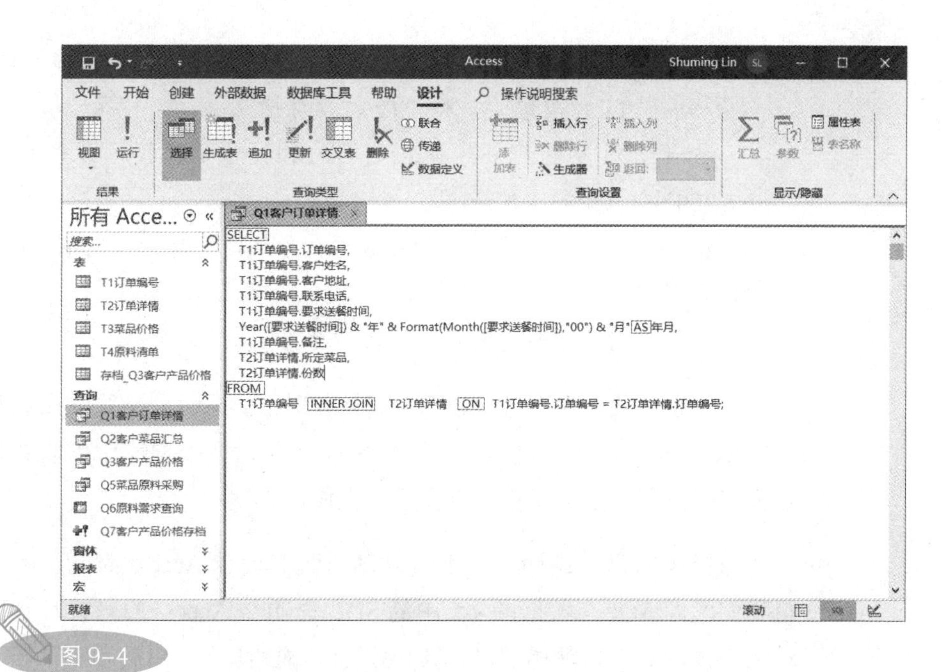

图 9-4

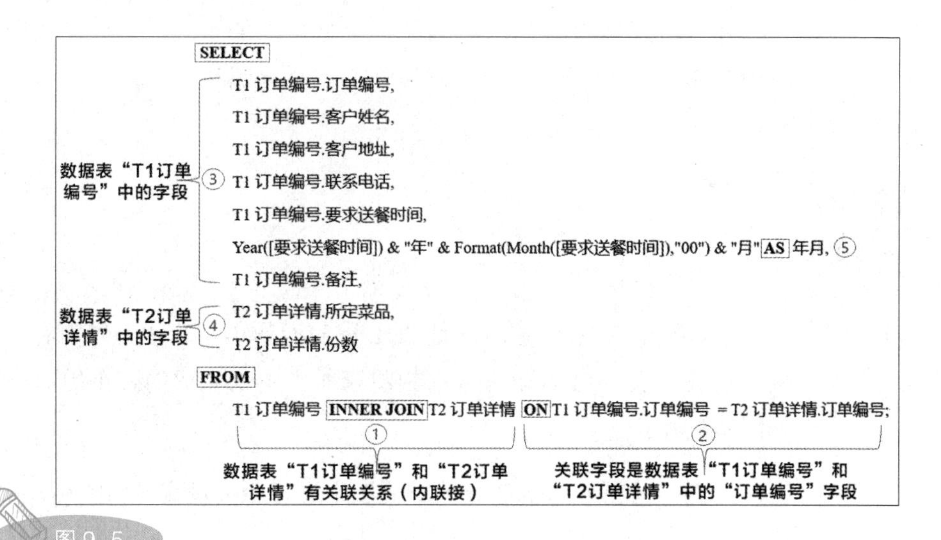

图 9-5

对比图 9-5 和查询“Q1 客户订单详情”的设计视图，可以发现，Access 将我们在查询“Q1 客户订单详情”的设计视图中的操作一一对应地翻译成了 SQL 语句，具体对应情况如下。

- 标号①对应着查询“Q1 客户订单详情”的设计视图中的两个数据表“T1 订单编号”和“T2 订单详情”。
- 标号②对应着两个数据表之间的联接线（联接方式是 INNER JOIN）。
- 标号③和④对应着查询“Q1 客户订单详情”的设计网格中的“字段”行。
- 标号⑤对应着自定义计算字段“年月”。

在关系型数据库中进行数据查询操作时，数据库只接受SQL语句，但 Access 为了方便普通 Office 用户也能从关系型数据库中提取数据，给我们提供了一个可视化的查询设计视图。

Accsss 的查询设计视图不仅可以帮我们设计 Access 查询，还可以帮我们学习 SQL。根据图 9-5 中的 SQL 语句与 Access 查询设计视图的对照关系，是不是觉得学习 SQL 也没什么难度？

好了，既然我们对 SQL 有了一个概念上的了解，那么让我们从最基础的 SQL 语句开始，逐步进入 SQL 的世界吧！

9.2 SELECT…FROM

最基础的 SQL 语句应该是 SQL 单表操作语句。我们先来看一个案例：从数据表“T1 订单编号”中将李 4 先生未完成的订单提取出来，如图 9-6 所示。

我们可以在 Access 查询设计视图中进行相关设置，如图 9-7 所示。

切换到 SQL 视图，可以得到相关的 SQL 语句，如图 9-8 所示。这个 SQL 语句很直观：从（用 FROM 表示）数据表“T1 订单编号”中提取数据，筛选条件为（用 WHERE 表示）“T1 订单编号 . 客户姓名 = " 李 4 先生 " AND T1 订单编号 . 备注 <>" 完成 "”，在筛选完成后，将数据表中的所有字段展示在查询执行结果中（用“T1 订单编号 .*”表示）。

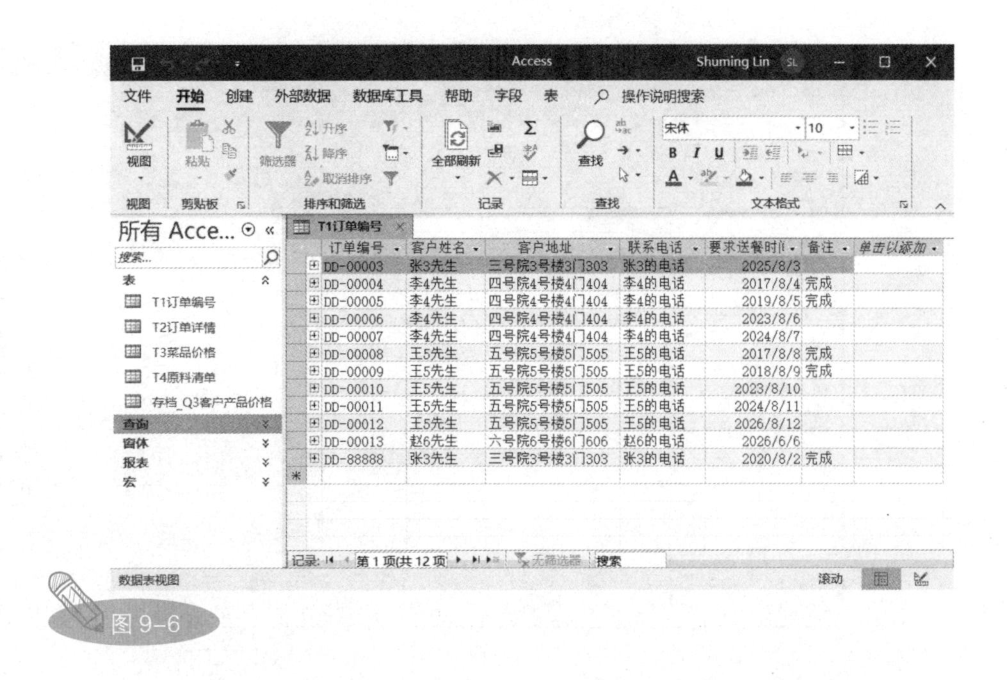

图 9-6

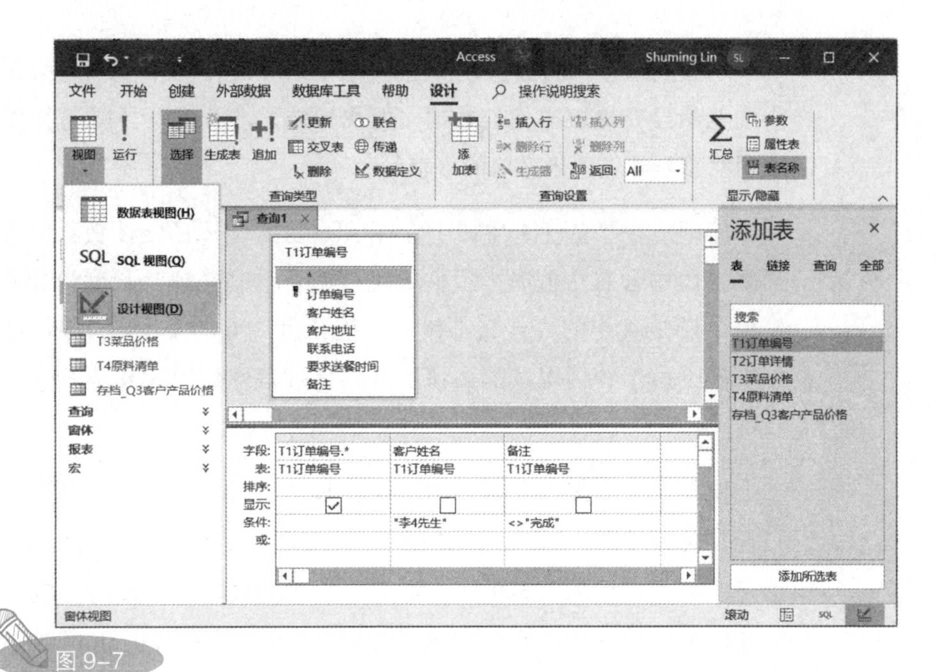

图 9-7

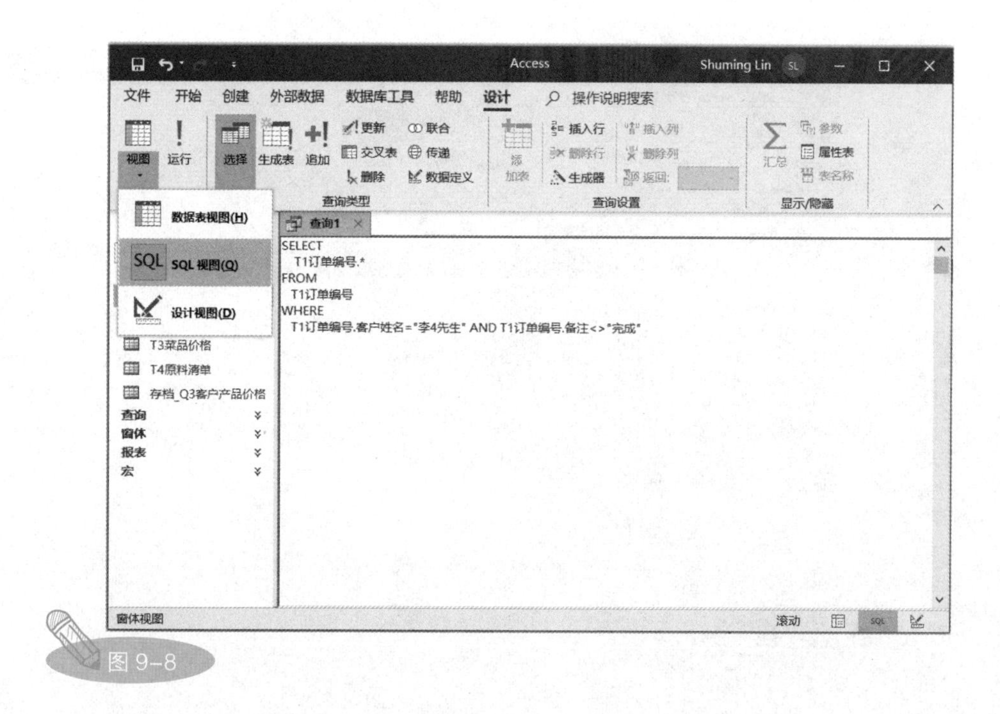

图 9-8

切换到该查询的数据表视图，如图 9-9 所示。我们意外地发现，该查询竟然没有提取出任何数据，而我们知道，数据表“T1 订单编号”中明明有李 4 先生未完成的订单。

问题出在“备注”字段上。在 Access 数据库的实体数据表中，当某个字段中含有空值时，我们一定要确认这些空值是长度为 0 的空字符串，还是真正的“什么都没有，连长度为 0 的空字符串都不是”。如果属于后一种情况，那么该字段的这种特殊值用 SQL 关键字 NULL 表示。

如果一个字段中含有 NULL 值，那么要提取 NULL 值所在的行，只能用专用判断方式 IS NULL。在本案例中，实体数据表“T1 订单编号”中未完成的订单的“备注”字段中确实什么都没有，应该用 IS NULL 作为 WHERE 语句的筛选条件，修改后的 SQL 语句如图 9-10 所示。

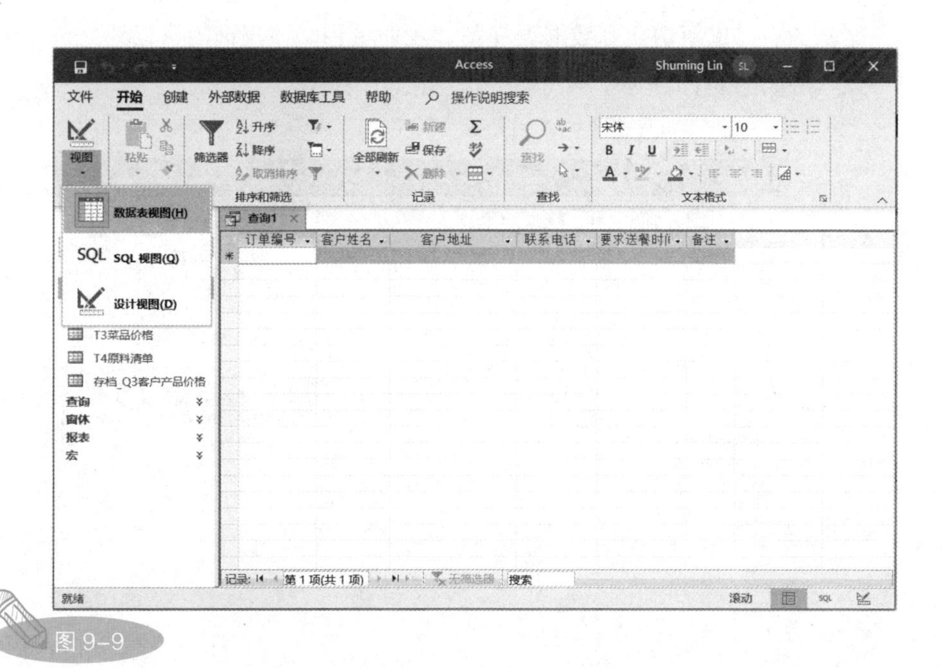
Access
Shuming Lin
文件
开始
创建
外部数据
数据库工具
帮助
操作说明搜索
视图
粘贴
筛选器
升序
降序
取消排序
排序和筛选
全部刷新
新建
保存
删除
记录
查找
文本格式
宋体
10
数据表视图(H)
SQL 视图(Q)
设计视图(D)
查询1
订单编号
客户姓名
客户地址
联系电话
要求送餐时间
备注
T3菜品价格
T4原料清单
存档_Q3客户产品价格
查询
窗体
报表
宏
记录: 第 1 项(共 1 项)
无筛选器
搜索
就绪
滚动

图 9-9

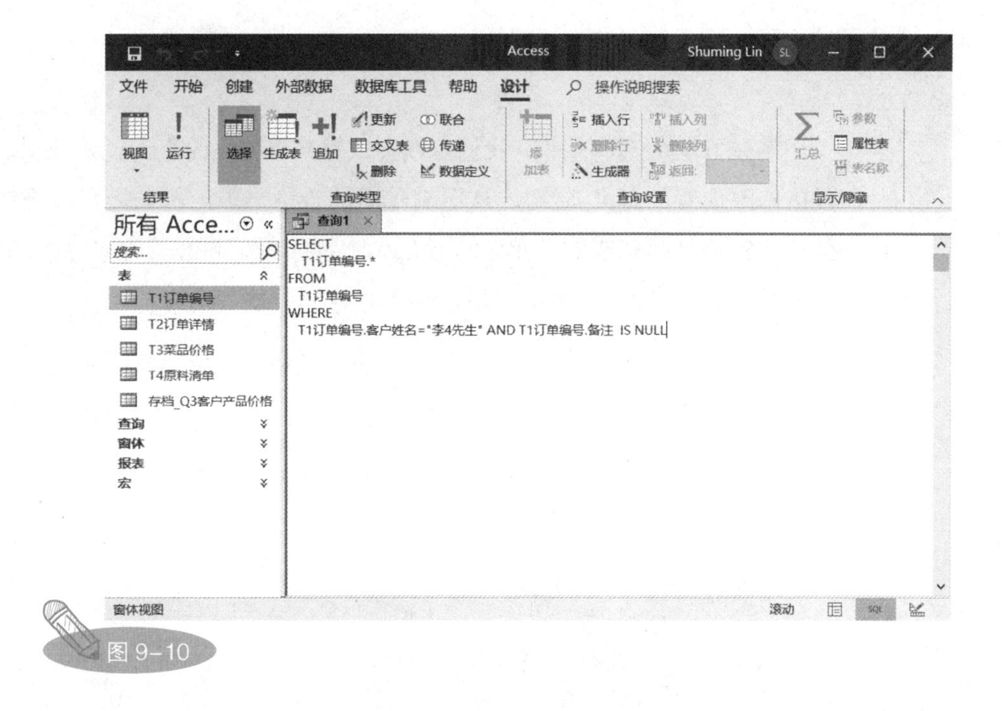
Access
Shuming Lin
文件
开始
创建
外部数据
数据库工具
帮助
设计
操作说明搜索
视图
运行
选择
生成表
追加
更新
交叉表
删除
联合
传递
数据定义
添加表
插入行
删除行
生成器
插入列
删除列
返回:
汇总
参数
属性表
表名称
结果
查询类型
查询设置
显示/隐藏
所有 Acce...
搜索...
表
T1订单编号
T2订单详情
T3菜品价格
T4原料清单
存档_Q3客户产品价格
查询
窗体
报表
宏
查询1
SELECT
T1订单编号.*
FROM
T1订单编号
WHERE
T1订单编号.客户姓名="李4先生" AND T1订单编号.备注 IS NULL
窗体视图
滚动

图 9-10

重新切换到数据表视图，我们看到，该查询的执行结果是正确的，如图 9-11 所示。

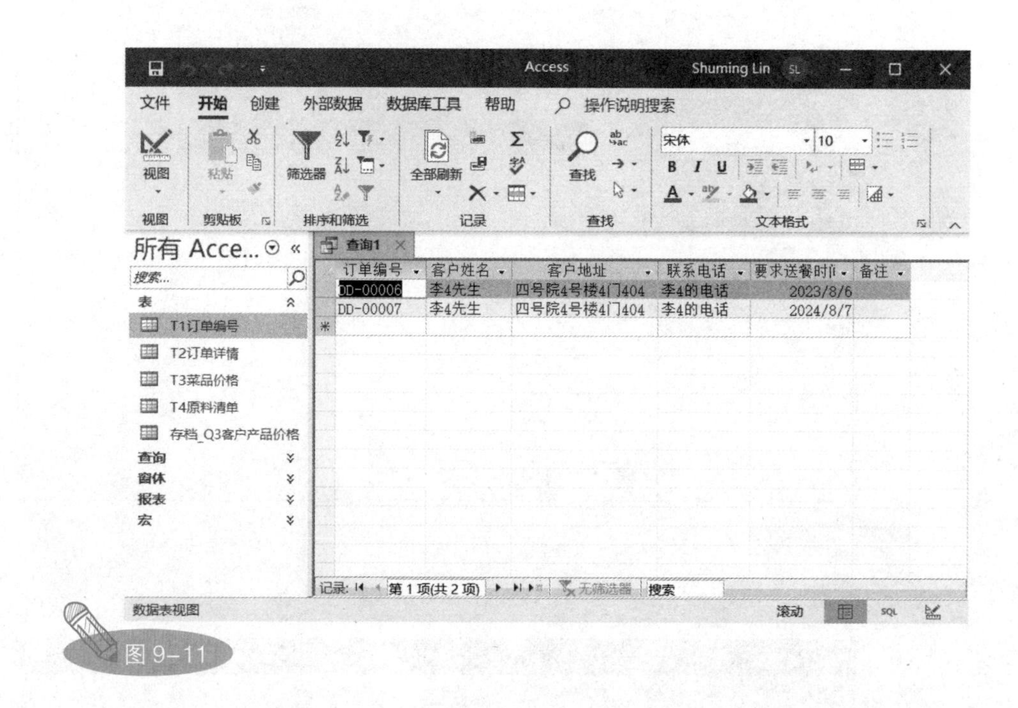

图 9-11

掌握了 SQL 基础知识，我们可以尝试抛开可视化的查询设计视图，直接修改现有的 SQL 语句，从而满足新的查询需求。例如，我们想知道李 4 先生已经完成的订单，应该怎么办呢？我们可以直接在 SQL 视图中写入相应的 SQL 语句，如图 9-12 所示。

切换到数据表视图，我们得到了该查询的正确执行结果，如图 9-13 所示。

如果我们要将数据表“T1 订单编号”中未完成的订单按照“要求送餐时间”字段进行升序排序，那么 SQL 语句如下。

```
SELECT  T1订单编号.*
FROM  T1订单编号
WHERE  T1订单编号.备注 Is Null
ORDER BY  要求送餐时间 ASC;
```

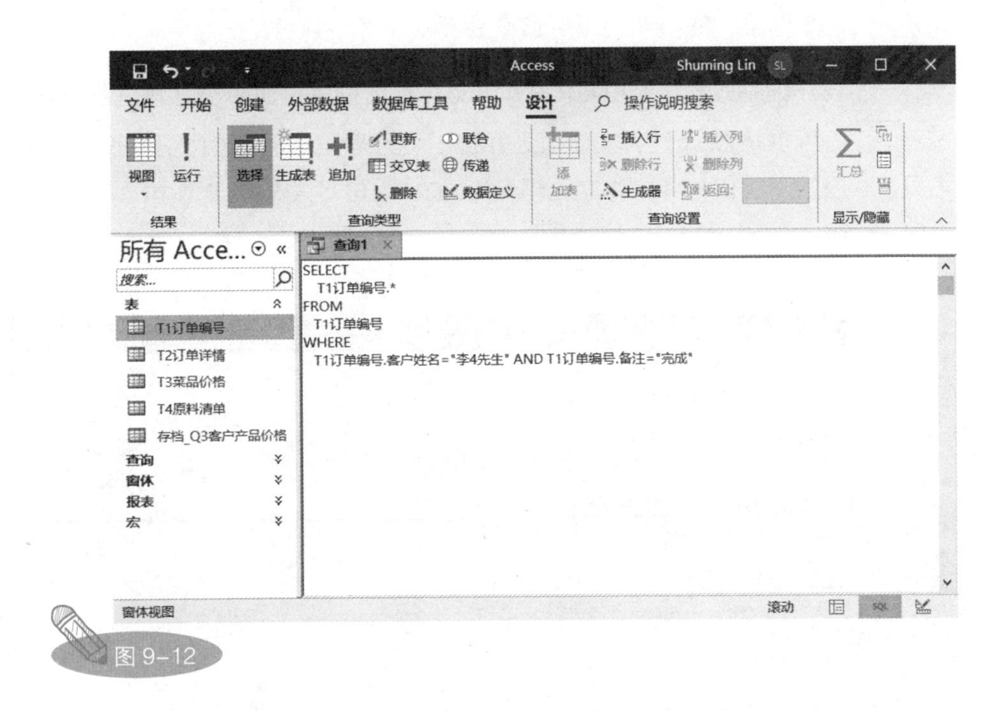
Access
Shuming Lin
文件
开始
创建
外部数据
数据库工具
帮助
设计
操作说明搜索
视图
运行
选择
生成表
追加
更新
交叉表
删除
联合
传递
数据定义
添加表
插入行
删除行
生成器
插入列
删除列
返回:
汇总
结果
查询类型
查询设置
显示/隐藏
所有 Acce...
搜索...
表
T1订单编号
T2订单详情
T3菜品价格
T4原料清单
存档_Q3客户产品价格
查询
窗体
报表
宏
查询1
SELECT
T1订单编号.*
FROM
T1订单编号
WHERE
T1订单编号.客户姓名="李4先生" AND T1订单编号.备注="完成"
窗体视图
滚动

图 9-12

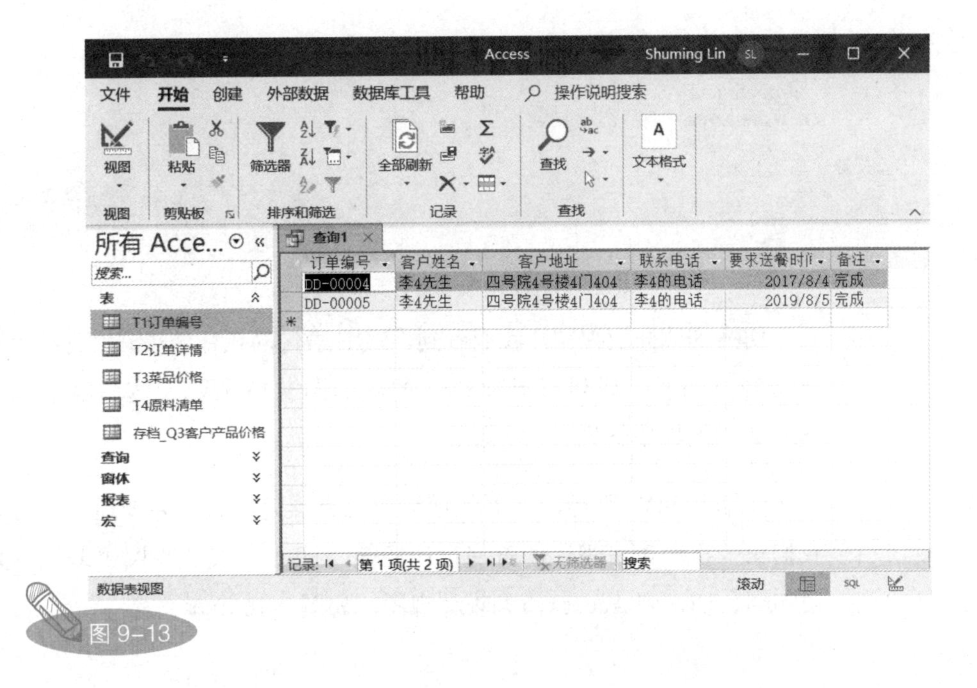
Access
Shuming Lin
文件
开始
创建
外部数据
数据库工具
帮助
操作说明搜索
视图
粘贴
筛选器
全部刷新
查找
文本格式
视图
剪贴板
排序和筛选
记录
查找
所有 Acce...
搜索...
表
T1订单编号
T2订单详情
T3菜品价格
T4原料清单
存档_Q3客户产品价格
查询
窗体
报表
宏
查询1
订单编号
客户姓名
客户地址
联系电话
要求送餐时间
备注
DD-00004
李4先生
四号院4号楼4门404
李4的电话
2017/8/4
完成
DD-00005
李4先生
四号院4号楼4门404
李4的电话
2019/8/5
完成
记录:
第 1 项(共 2 项)
无筛选器
搜索
数据表视图
滚动

图 9-13

注意：SQL 语句最后的分号可以省略。

排序方式用 ORDER BY 定义，不仅可以按照单个字段进行排序，还可以按照多个字段分别进行排序，升序用 ASC 表示，降序用 DESC 表示，默认按升序排序。将上述 SQL 语句写入 SQL 视图中，如图 9-14 所示。

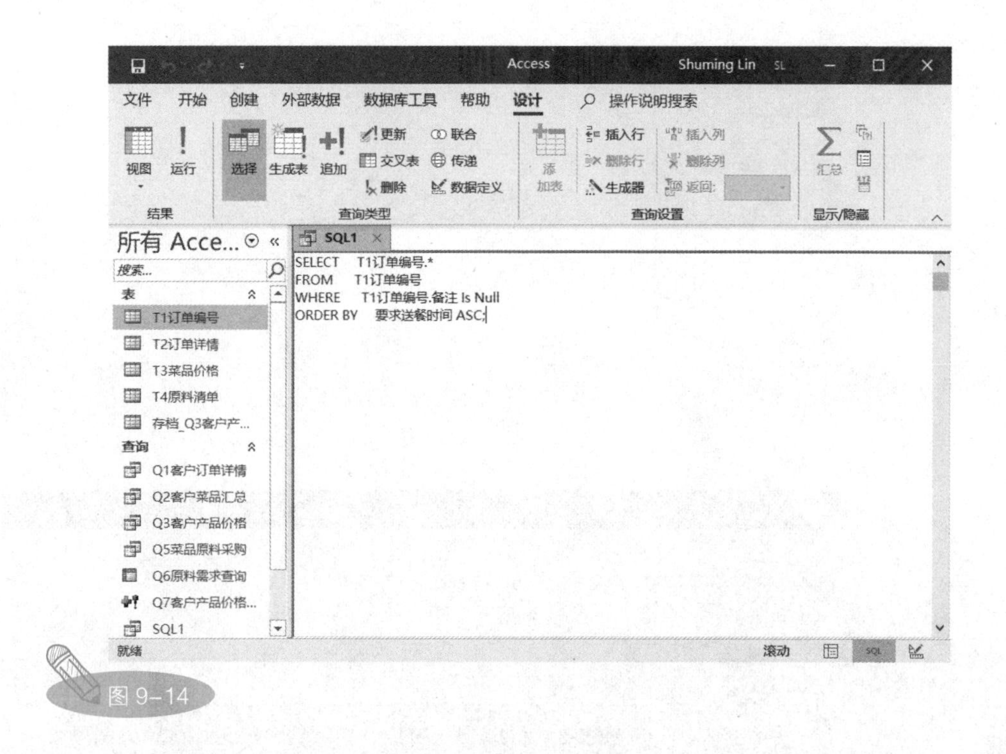

图 9–14

切换到数据表视图，我们看到，SQL 语句的执行结果确实是按“要求送餐时间”字段进行升序排序的，如图 9-15 所示，这与我们编写 SQL 语句的期望结果完全一致！

能编写 SQL 语句，是不是觉得自己有点儿厉害？要知道，这可是我们第一次脱离可视化的查询设计视图，直接在 SQL 视图中编写 SQL 语句啊！切换到 Access 查询设计视图，如图 9-16 所示。

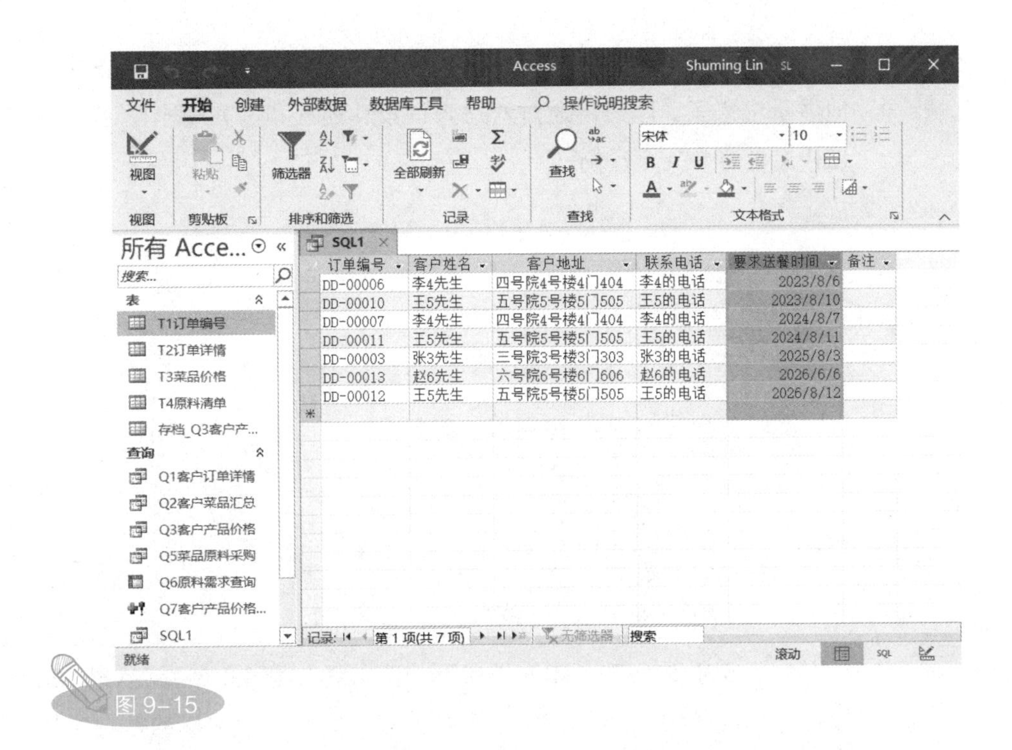
Access
Shuming Lin
文件
开始
创建
外部数据
数据库工具
帮助
操作说明搜索
视图
粘贴
剪贴板
筛选器
排序和筛选
全部刷新
记录
查找
宋体
10
文本格式
所有 Acce...
搜索...
表
T1订单编号
T2订单详情
T3菜品价格
T4原料清单
存档_Q3客户产...
查询
Q1客户订单详情
Q2客户菜品汇总
Q3客户产品价格
Q5菜品原料采购
Q6原料需求查询
Q7客户产品价格...
SQL1
订单编号 客户姓名 客户地址 联系电话 要求送餐时间 备注
DD-00006 李4先生 四号院4号楼4门404 李4的电话 2023/8/6
DD-00010 王5先生 五号院5号楼5门505 王5的电话 2023/8/10
DD-00007 李4先生 四号院4号楼4门404 李4的电话 2024/8/7
DD-00011 王5先生 五号院5号楼5门505 王5的电话 2024/8/11
DD-00003 张3先生 三号院3号楼3门303 张3的电话 2025/8/3
DD-00013 赵6先生 六号院6号楼6门606 赵6的电话 2026/6/6
DD-00012 王5先生 五号院5号楼5门505 王5的电话 2026/8/12
记录: 第 1 项(共 7 项)
无筛选器
搜索
就绪
滚动
图 9-15

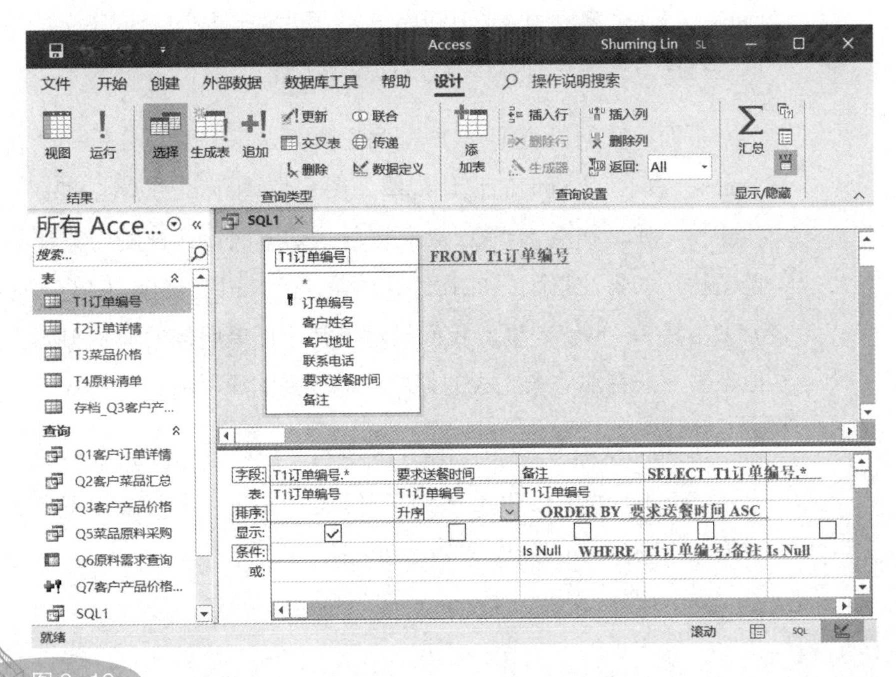
Access
Shuming Lin
文件
开始
创建
外部数据
数据库工具
帮助
设计
操作说明搜索
视图
运行
选择
生成表
追加
更新
交叉表
删除
联合
传递
数据定义
添加表
插入行
删除行
生成器
插入列
删除列
返回: All
汇总
结果
查询类型
查询设置
显示/隐藏
SQL1
T1订单编号
*
订单编号
客户姓名
客户地址
联系电话
要求送餐时间
备注
FROM T1订单编号
字段: T1订单编号.* 要求送餐时间 备注 SELECT T1订单编号.*
表: T1订单编号 T1订单编号 T1订单编号
排序: 升序 ORDER BY 要求送餐时间 ASC
显示:
条件: Is Null WHERE T1订单编号.备注 Is Null
或:
就绪
滚动
图 9-16

我们看到，Access将我们编写的SQL语句在查询设计视图中完美地展示出来了。因此，通过对比查询设计视图和SQL视图，我们就可以快速学习SQL语句了！

9.3 GROUP BY

上一节介绍的SQL语句的语法格式如下。

```
SELECT  字段列表
FROM  特定数据表
WHERE  筛选条件
ORDER BY 排序字段 排序方式
```

上述SQL语句的基本原理如下：首先对“特定数据表”（FROM）根据“筛选条件”（WHERE）进行筛选，然后从筛选后的数据中提取（SELECT）“字段列表”中指定的字段，最后按照“排序字段”以指定的“排序方式”进行排序（ORDER BY）。

下面，我们以查询“Q5菜品原料采购”为例，分析一个较复杂的Access查询。该查询的设计视图如图9-17所示。为了让SQL语句更有代表性，我们在查询“Q5菜品原料采购”的设计视图中添加了一个筛选条件，“备注”字段的筛选条件是“Is Null”（SQL中的关键字不区分大小写），也就是说，我们只对未完成订单所需的原材料感兴趣。这很正常，只有那些未完成的订单才需要采购原材料。

切换到SQL视图，如图9-18所示。可以看到，SQL语句的默认排版比较凌乱，我们按SQL关键字对其进行断行，并且去掉多余的括号，规范后的SQL语句如图9-19所示。

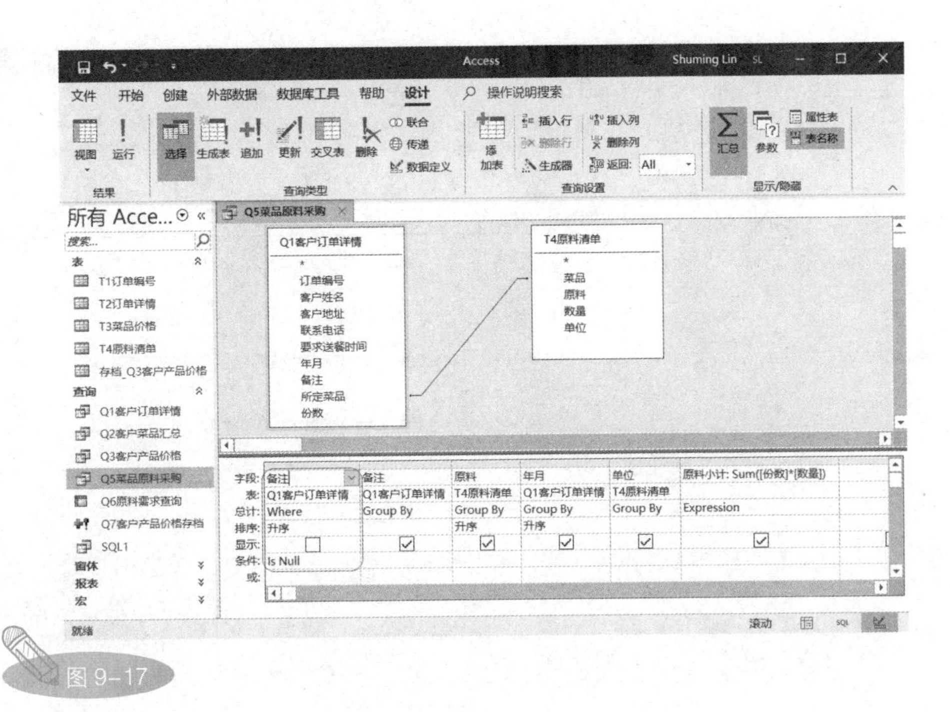
Access
Shuming Lin
文件 开始 创建 外部数据 数据库工具 帮助 设计 操作说明搜索
Q5菜品原料采购
Q1客户订单详情
*
订单编号
客户姓名
客户地址
联系电话
要求送餐时间
年月
备注
所定菜品
份数
T4原料清单
*
菜品
原料
数量
单位
字段: 备注 | 备注 | 原料 | 年月 | 单位 | 原料小计: Sum([份数]*[数量])
表: Q1客户订单详情 | Q1客户订单详情 | T4原料清单 | Q1客户订单详情 | T4原料清单
总计: Where | Group By | Group By | Group By | Group By | Expression
排序: 升序 | 升序 | 升序
条件: Is Null

图 9-17

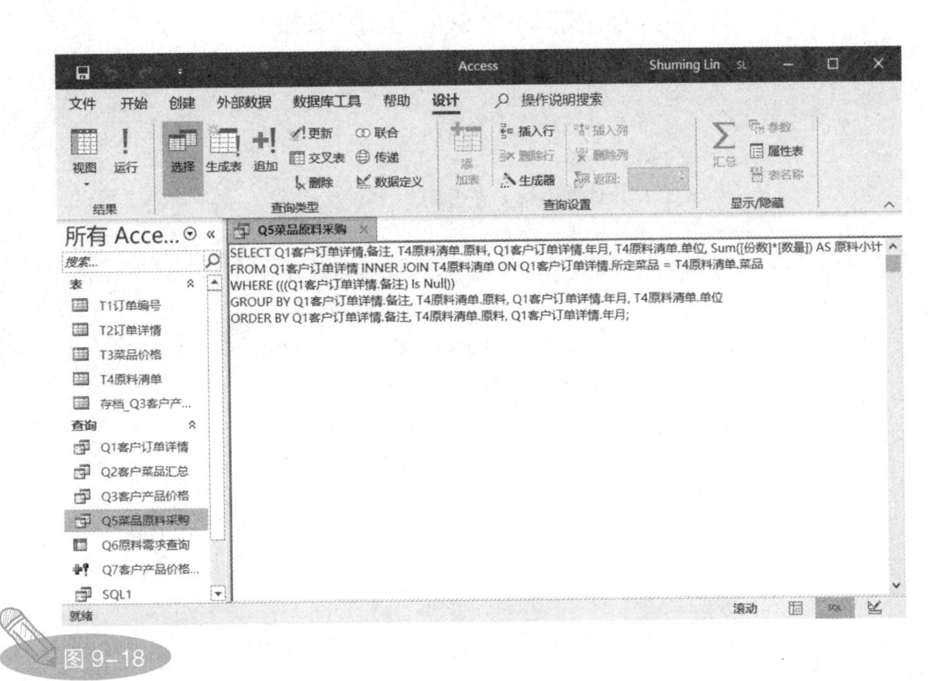
Access
Shuming Lin
Q5菜品原料采购
SELECT Q1客户订单详情.备注, T4原料清单.原料, Q1客户订单详情.年月, T4原料清单.单位, Sum([份数]*[数量]) AS 原料小计
FROM Q1客户订单详情 INNER JOIN T4原料清单 ON Q1客户订单详情.所定菜品 = T4原料清单.菜品
WHERE (((Q1客户订单详情.备注) Is Null))
GROUP BY Q1客户订单详情.备注, T4原料清单.原料, Q1客户订单详情.年月, T4原料清单.单位
ORDER BY Q1客户订单详情.备注, T4原料清单.原料, Q1客户订单详情.年月;

图 9-18

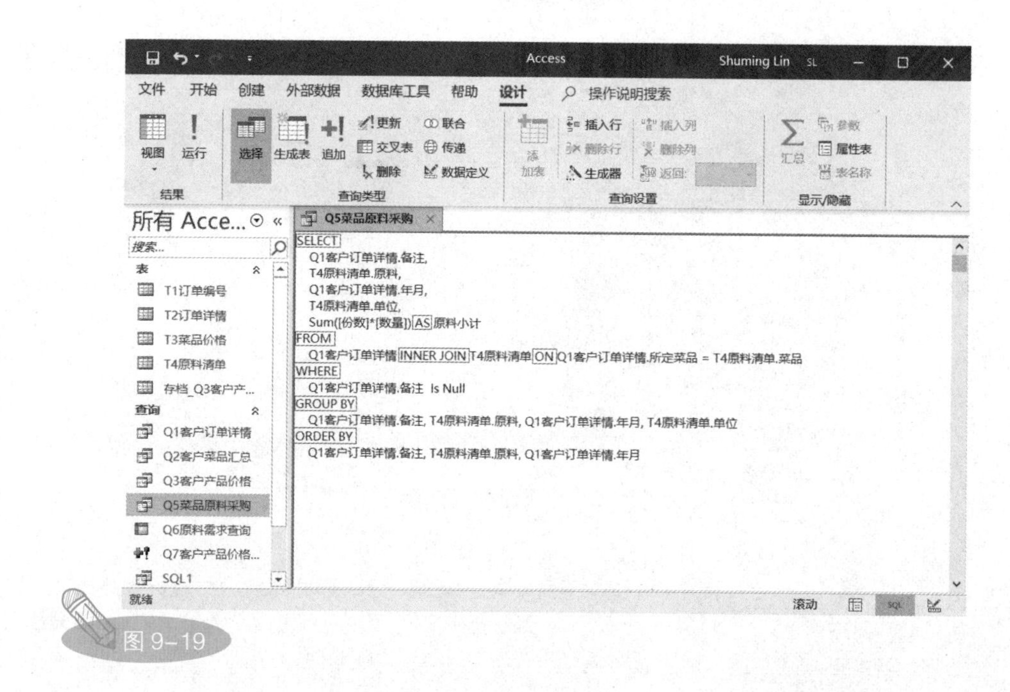

图 9-19

我们将 SQL 视图中的 SQL 语句抄录如下。

```
SELECT
    Q1客户订单详情.备注,
    T4原料清单.原料,
    Q1客户订单详情.年月,
    T4原料清单.单位,
    Sum([份数]*[数量]) AS 原料小计
FROM
    Q1客户订单详情 INNER JOIN T4原料清单 ON Q1客户订单详情.所定菜品 = T4原料清单.菜品
WHERE
    Q1客户订单详情.备注 Is Null
GROUP BY
    Q1客户订单详情.备注, T4原料清单.原料, Q1客户订单详情.年月, T4原料清单.单位
ORDER BY
    Q1客户订单详情.备注, T4原料清单.原料, Q1客户订单详情.年月
```

由于在设计查询“Q5 菜品原料采购”时，我们已经对该查询的设

计目的和设计方法有所了解，因此，下面只对该查询对应的 SQL 语句进行详细讲解。

查询“Q5 菜品原料采购”对应的 SQL 语句的执行顺序如图 9-20 所示。

图 9-20

首先，SQL 会对查询“Q5 菜品原料采购”涉及的数据表进行联接处理。在查询“Q5 菜品原料采购”的设计视图中，可以看到，查询“Q1 客户订单详情”和实体数据表“T4 原料清单”之间存在关联关系，关联字段是查询“Q1 客户订单详情”中的“所定菜品”字段和实体数据表“T4 原料清单”中的“菜品”字段。这个关联关系用 SQL 语句表示如下。其中的 JOIN 表示数据表之间存在关联关系，关联类型是 INNER，关联字段用 ON 表示。

```
FROM
Q1 客户订单详情 INNER JOIN T4 原料清单
ON Q1 客户订单详情 . 所定菜品 = T4 原料清单 . 菜品
```

在建立两个数据表之间的关联关系后，接下来对两个数据表进行筛选，SQL 语句如下。筛选用 SQL 关键字 WHERE 表示。

```
WHERE  Q1 客户订单详情 . 备注 Is Null
```

然后，对筛选后的数据表进行分组操作，分组的标准在 SQL 关键字 GROUP BY 后面，这里按照 4 个字段组合起来对筛选后的数据进行分组。分组操作的 SQL 语句如下。

```
GROUP BY
Q1 客户订单详情 . 备注 ,
T4 原料清单 . 原料 ,
Q1 客户订单详情 . 年月 ,
T4 原料清单 . 单位
```

在分组后，可以对其他字段进行自定义的汇总计算。在本案例中，自定义汇总计算表达式如下。

Sum([份数]*[数量]) AS 原料小计

这里，我们将汇总计算字段的标题设置为“原料小计”，并且将其放在 AS 关键字的后面。

在 SELECT 语句中，除了汇总计算字段外，其他字段名必须出现在 GROUP BY 语句中，这样才能体现“按照 GROUP BY 中的字段分组，然后对其他字段汇总计算”的含义。

```
SELECT
    Q1 客户订单详情 . 备注 ,
    T4 原料清单 . 原料 ,
    Q1 客户订单详情 . 年月 ,
    T4 原料清单 . 单位 ,
    Sum([ 份数 ]*[ 数量 ]) AS 原料小计
```

SQL 对筛选结果的排序操作总是在一切都处理完毕后，相应的 SQL 语句会放在最后，具体如下。

```
ORDER BY  Q1 客户订单详情 . 备注 , T4 原料清单 . 原料 , Q1 客户订单
详情 . 年月
```

9.4 HAVING

针对上一节设计的 SQL 查询，我们进一步提出一个问题：在由 GROUP BY 语句定义的字段分组下，如果只想筛选出“原料小计”值大于或等于 1000 的记录，该怎么办呢？很简单，我们只需在 GROUP BY 语句后面添加一个 HAVING 语句，修改后的 SQL 语句如图 9-21 所示。

```
SELECT
    Q1 客户订单详情 . 备注 ,
    T4 原料清单 . 原料 ,
    Q1 客户订单详情 . 年月 ,
    T4 原料清单 . 单位 ,
    Sum([ 份数 ]*[ 数量 ]) AS 原料小计
FROM
    Q1 客户订单详情 INNER JOIN T4 原料清单 ON Q1 客户订单详情 . 所
定菜品 = T4 原料清单 . 菜品
WHERE
    Q1 客户订单详情 . 备注 Is Null
GROUP BY
    Q1 客户订单详情 . 备注, T4 原料清单 . 原料, Q1 客户订单详情 . 年月,
T4 原料清单 . 单位
HAVING
    Sum([ 份数 ]*[ 数量 ])>=1000
ORDER BY
    Q1 客户订单详情 . 备注 , T4 原料清单 . 原料 , Q1 客户订单详情 . 年月
```

我们添加的 SQL 语句如下。

HAVING Sum([份数]*[数量])>=1000

这里的 HAVING 关键字表示在分组后的汇总计算字段上添加筛选条件。切换到数据表视图，可以看到，该查询的执行结果是正确的，如图 9-22 所示。

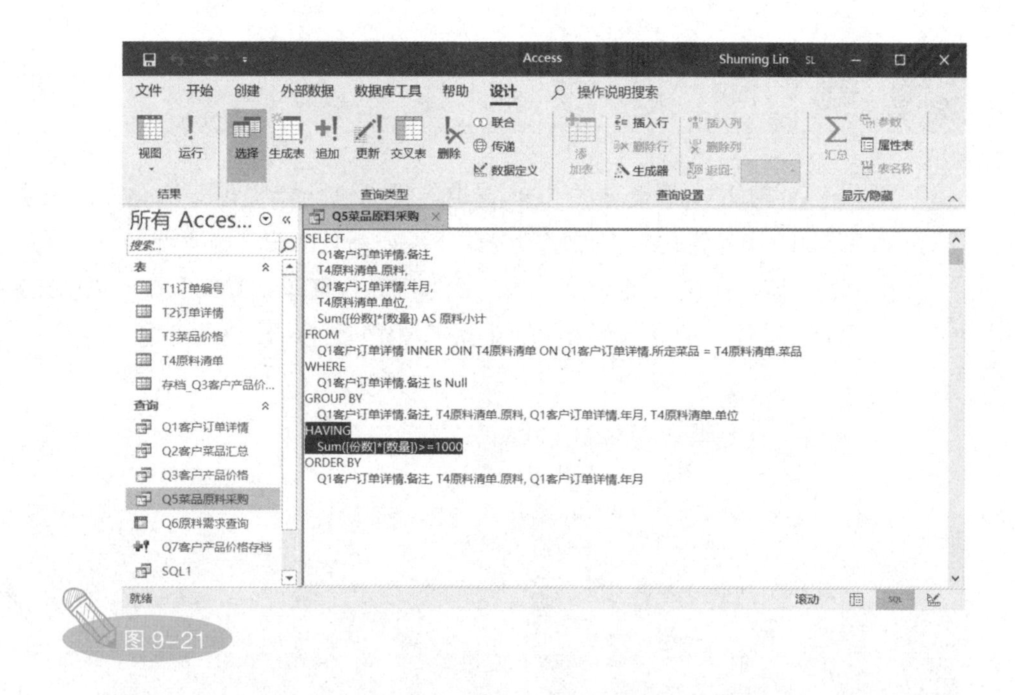

图 9-21

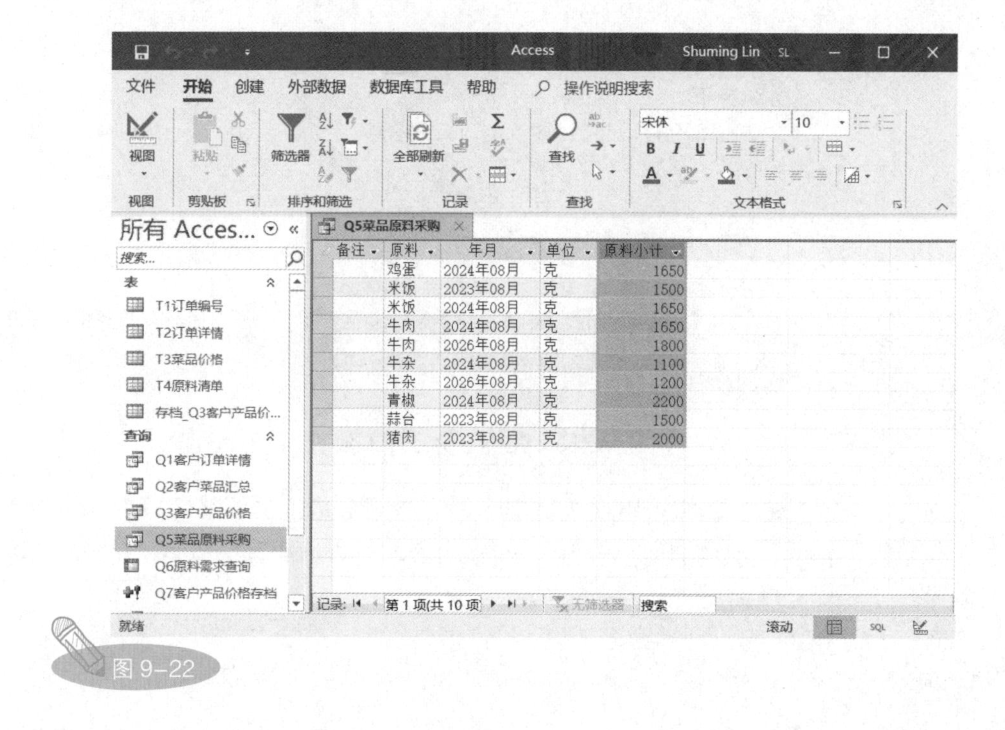

备注	原料	年月	单位	原料小计
	鸡蛋	2024年08月	克	1650
	米饭	2023年08月	克	1500
	米饭	2024年08月	克	1650
	牛肉	2024年08月	克	1650
	牛肉	2026年08月	克	1800
	牛杂	2024年08月	克	1100
	牛杂	2026年08月	克	1200
	青椒	2024年08月	克	2200
	蒜台	2023年08月	克	1500
	猪肉	2023年08月	克	2000

图 9-22

切换到查询设计视图，可以看到，我们刚刚增加的 SQL 语句“HAVING Sum([份数]*[数量])>=1000”在查询设计视图中的表示方法如图 9-23 所示。HAVING 语句不像 WHERE 语句，需要在 Access 查询设计网格中将相关字段的“总计”设置为 Where 关键字，如果需要对分组汇总后的字段施加筛选条件，则需要在 Access 查询设计网格中将相关字段的“总计”设置为 Expression 关键字（对于这个关键字，在编写汇总函数时，Access 已经设置好了），然后在“条件”一行设置筛选条件即可！

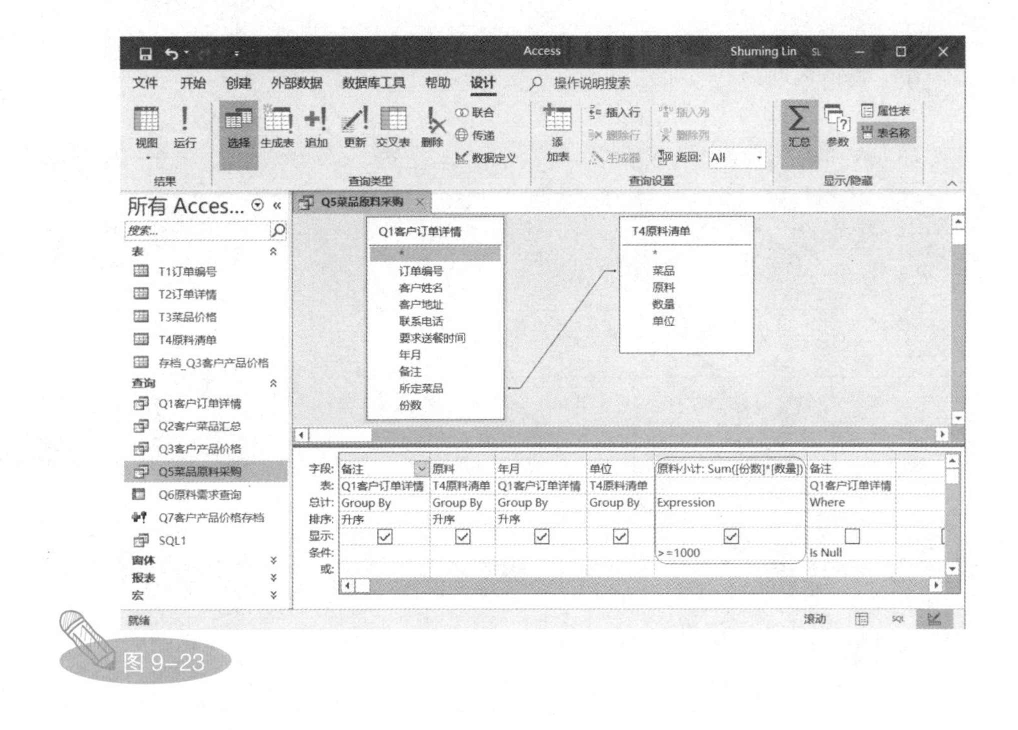

图 9-23

至此，我们已经介绍完了 SQL 的主要内容，利用这些基本知识，我们可以在任何关系型数据库（如 SQL Server、Oracle 等）中提取所需数据，当然前提是拥有关系型数据库的访问权限。关于如何连接数据库，你可能需要公司 IT 部门数据管理员的帮助。

结束语

在本书开头曾经提到，Excel 是一门技能，Access 是一门技术。既然 Access 是一门技术，在理解上就有一定的难度。虽然本书介绍了如何应用 Access 解决一些实战问题，但要达到在 Access 世界中“自由发挥”的状态，单靠一本入门书籍是远远不够的。值得高兴的是，到现在为止，我们已经以最大的投资回报比，具备了很好的 Access 进阶学习的基础，并且已经能够利用 Access 解决很多工作中 Excel 难以解决的问题，实实在在地提升了我们个人和部门的工作效率。

反侵权盗版声明

电子工业出版社依法对本作品享有专有出版权。任何未经权利人书面许可，复制、销售或通过信息网络传播本作品的行为；歪曲、篡改、剽窃本作品的行为，均违反《中华人民共和国著作权法》，其行为人应承担相应的民事责任和行政责任，构成犯罪的，将被依法追究刑事责任。

为了维护市场秩序，保护权利人的合法权益，我社将依法查处和打击侵权盗版的单位和个人。欢迎社会各界人士积极举报侵权盗版行为，本社将奖励举报有功人员，并保证举报人的信息不被泄露。

举报电话：(010)88254396；(010)88258888

传　　真：(010)88254397

E-mail：　dbqq@phei.com.cn

通信地址：北京市万寿路173信箱　电子工业出版社总编办公室

邮　　编：100036